全 国 水 利 水 电 高 职 教 研 会
中国高职教研会水利行业协作委员会 **规划推荐教材**

高职高专土建类专业系列教材

水处理微生物学

主　编　张漂清
副主编　赵　喆　张思梅

中国水利水电出版社
www.waterpub.com.cn

图书在版编目（CIP）数据

水处理微生物学/张漂清主编．—北京：中国水利水电出版社，2007（2023.2 重印）
（高职高专土建类专业系列教材）
ISBN 978-7-5084-4412-3

Ⅰ．水…　Ⅱ．张…　Ⅲ．水处理—微生物学—高等学校：技术学校—教材　Ⅳ．TU991.2

中国版本图书馆 CIP 数据核字（2007）第 020312 号

书　　名	高职高专土建类专业系列教材 全国水利水电高职教研会 中国高职教研会水利行业协作委员会　规划推荐教材 **水处理微生物学**
作　　者	主编　张漂清　副主编　赵喆　张思梅
出版发行	中国水利水电出版社 （北京市海淀区玉渊潭南路 1 号 D 座　100038） 网址：www.waterpub.com.cn E-mail：sales@mwr.gov.cn 电话：(010) 68545888（营销中心）
经　　售	北京科水图书销售有限公司 电话：(010) 68545874、63202643 全国各地新华书店和相关出版物销售网点
排　　版	中国水利水电出版社微机排版中心
印　　刷	天津嘉恒印务有限公司
规　　格	184mm×260mm　16 开本　12.5 印张　296 千字
版　　次	2007 年 3 月第 1 版　2023 年 2 月第 4 次印刷
印　　数	5501—6100 册
定　　价	**46.00** 元

高职高专土建类专业系列教材

编 审 委 员 会

前言

目前，水污染问题日益严重。城市污水和工业废水排放造成大部分水体的污染。水是宝贵的资源，人类生活和社会发展都离不开它。要提供合格的生产生活用水，必须对水进行处理。水处理微生物学研究的是如何利用微生物处理水中的有毒物和如何消除水中的病原微生物。

本书主要阐述了微生物学原理，介绍了生活饮用水的处理和废水生物处理的基本原理。读者可根据需要选择学习。

本书编写人员如下：陈亚萍编写第1章、第3章、实验一、实验二；王雪平编写第2章、实验三、实验四；赵喆编写第4章、第5章、实验五、实验六；张漂清编写绪论、第6章、第8章、实验七、实验八；张思梅编写第7章、实验九。最后由张漂清统稿，黄河水利职业技术学院赵兴安副教授进行了审定。

本书编写过程中，得到各方面的大力支持，在此一并表示深深的谢意。

限于编者水平，书中错误之处敬请读者提出宝贵意见。

编　者

2007年1月

目录

绪　论

1. 水处理微生物学的研究对象

微生物是指所有形体微小、单细胞（或个体较为简单的多细胞，甚至无细胞）结构，用肉眼看不见，只有在光学显微镜甚至电子显微镜下放大后，才能观察到的低等生物，其大小要用微米（μm）甚至纳米（nm）来量测。

研究微生物的形态、分类和生理等特性以及它们生活的环境条件和它们在自然界物质转化中所起的作用以及控制它们生命活动的方法，称为微生物学。

水处理微生物学是在研究微生物的一般形态和生理特性的基础上，着重讨论水处理过程中有关微生物的问题。

2. 微生物简介

（1）微生物的特点。

1）个体微小。微生物个体微小，其大小用微米甚至纳米来表示，其中的病毒则小到不能用普通光学显微镜观测。由于微生物个体微小且质轻，所以常通过风和水的传播而广泛分布到江、河、湖、海等各水体。

2）种类繁多。微生物种类繁多，已发现的微生物有十几万种之多，并且代谢方式也不相同，能利用各种有机物和无机物作为其营养物质，使各种有机物分解为无机物（无机化或矿物化），或使各种无机物合成复杂的有机物。所以，微生物在自然界的物质循环中起着重要作用，通过微生物分解和转化各种污染物，正是利用了微生物种类繁多、代谢类型多样的特点。

3）快速繁殖。大多数微生物可以在几十分钟繁殖一代，由一个分裂为两个。例如，大肠杆菌在最适宜的条件下，17min 即可繁殖一代。利用这个特点，在水处理过程中可以通过培养和分离获得所需纯种微生物，进行水的生化处理。

4）容易变异。微生物繁殖后，容易发生变异。这一特点使微生物较能适应各种环境。

（2）水处理过程中常见的微生物。水处理过程中常见的微生物包括非细胞形态的病毒（包括噬菌体），单细胞的细菌、放线菌和蓝细菌，属于真菌的酵母菌和霉菌，单细胞藻类和原生动物、后生动物等。

非细胞形态的病毒是一种个体很小的微生物，其个体一般都小于 0.2μm，用光学显微镜无法观察到。

原核微生物的核发育不完全，没有核膜，核质裸露，与细胞质没有明显界限，称为拟核或似核。原核微生物没有细胞器，只有由细胞质膜内陷形成的不规则的泡沫结构体系，不进行有丝分裂。原核微生物包括古细菌、细菌、放线菌、蓝细菌、黏细菌、支原体、衣原体和螺旋体。

真核微生物有发育完好的细胞核，核内有核仁和染色质，细胞核和细胞质被核膜分开，两者之间有明显的界限。有高度分化的细胞器，如线粒体、中心体、高尔基体、内质网、溶酶体和叶绿体等。真核微生物进行有丝分裂。包括除蓝藻外的藻类、酵母菌、霉菌、原生动物、微型后生动物等。

3. 水处理微生物学在给排水工程中的作用

水处理微生物学在水处理过程中的作用主要是解决水源的无害化问题。

(1) 水处理微生物学在给水工程中的作用。给水水质评价的一项重要内容是水的卫生细菌学标准。水处理微生物学对给水处理的一项重要内容就是知道水中有哪些微生物，哪些微生物是致病微生物，这些病原微生物在水中的生长、繁殖及传播规律，掌握去除这些病原微生物的方法，保证饮水卫生，防止传染病的蔓延。

藻类大量繁殖时会使水的浊度、色度增加，出现异味，甚至有毒性作用，还可能阻塞滤池。在工业用水中如果含有大量微生物，就有可能堵塞设备和管道，所以在给水过程中也要尽可能去除，以提供符合标准的生活和生产用水。

在给水工程中也可以利用生物处理技术来消除水中的杂质，进一步提高供水水质。

(2) 水处理微生物学在排水工程中的作用。水微生物学在排水工程中的主要作用是研究利用各种微生物分解作用，使水中的各种有机污染物降解和转化为无害的无机物且使水中的重金属适当转化。

在受污染水体的生物修复技术中，微生物也有重要的作用。

总之，微生物在给排水工程中具有重要的作用，给排水专业的工程技术人员，必须掌握水处理微生物学的基本知识。掌握水中微生物的检验方法，以确定水和废水的生物学性质。了解水微生物的形态和生理特性，掌握微生物在水处理工程中的作用机理，有效地去除水中有害的微生物，为有益的微生物提供适宜的繁殖条件，以便提高废水处理的效率。

第1章　细菌的形态和结构

学习目标：

细菌是单细胞的、没有真正细胞核的原核微生物，其基本形态可以分为四大类型：球菌、杆菌、螺旋菌、丝状菌；其个体微小，通常以微米作为计量单位；虽然个体微小，但其内部构造却相当复杂，典型的细菌细胞构造可分为两部分：一是基本构造，包括细胞壁、原生质膜，为所有细菌细胞所共有；二是特殊构造，如荚膜、鞭毛、芽孢等，这些特殊结构只在某些细菌种类中发现，具有某些特定功能。细菌一般进行无性繁殖，主要为裂殖；细菌的命名，采用瑞典植物学家林奈（Linnaeus）创始的双名制命名法，即属名加种名。因此通过本章的学习，了解细菌的形态、大小，重点掌握细菌的结构以及细菌的生长和繁殖，并能进行常见细菌的命名。

1.1　细菌的外形和大小

1.1.1　细菌的外形

细菌是单细胞的、没有真正细胞核的原核微生物，是微生物在自然界分布最广、数量最多、与人类关系最密切的一类。其个体微小，种类繁多。一滴水里，可以含有好几千万个细菌。所以要观察细菌的形状，必须要有一架可以放大一千倍或倍数更高的显微镜。但是由于细菌本身是无色半透明的，即使放在显微镜下看起来还是比较模糊，不容易看清楚。为了要清楚地观察细菌，目前已使用了各种细菌的染色法，把细菌染成红的、紫的或其他颜色。这样，在显微镜下看起来，细菌的轮廓就很清楚。就菌体的体形来看，其基本形态可分为四大类型——球菌、杆菌、螺旋菌、丝状菌（见图1.1）。

1.1.1.1　球菌

细胞呈球形，或近似球形。它们中的很多种，在分裂后产生的新细胞中，按其排列的形式，又可分为数种。例如细菌分裂后各自分散单独存在的称单球菌，如尿素微球菌；成双存在的，称双球菌，如肺炎双球菌；成串状的，称链球菌，如乳链球菌；四个联在一起的，称四联球菌，如四联微球菌；八个叠在一起的，称八叠球菌，如产甲烷八叠球菌；积聚成葡萄状的，称葡萄球菌，如金黄色葡萄球菌。

排列方式是球菌的特征，在分类鉴定上有重要意义。但不论在哪种类型的球菌培养基上，常可看到游离的单个菌体存在［见图1.1（*a*）］。

1.1.1.2　杆菌

细胞呈杆状或圆柱状。多种杆菌的长度与直径比例差异很大，有的粗短，有的细长，较长的为长杆菌，较短的为短杆菌，更短至近球形者为球杆菌。有的菌体两端平齐，如炭疽芽孢杆菌；有的两端钝圆，如维氏固氮菌；还有的两端削尖，如梭杆菌属。杆菌细胞常沿一个平面分裂，大多数菌体分散存在，但有的杆菌呈长短不同的链状，有的则呈栅状或

“八”字形排列。杆菌在细菌中种类最多，有不少是人和动植物的致病菌，如大肠杆菌、伤寒杆菌、流感杆菌等［见图1.1（*b*）］。

1.1.1.3　螺旋菌

细胞呈弯曲杆状。根据弯曲的程度可分为弧菌和螺旋菌两大类，弯曲不足一圈的称弧菌，如霍乱弧菌；弯曲度大于一周的称为螺旋菌，即菌体作多次弯曲回旋。螺旋菌的旋转圈数和螺距大小因种而异。有些螺旋菌的菌体僵硬，借鞭毛运动，如迂回螺菌。有些螺旋菌的菌体柔软，借轴丝收缩运动并称为螺旋体，如梅毒密螺旋体［见图1.1（*c*）和（*d*）］。

1.1.1.4　丝状细菌

丝状细菌分布在水生环境、潮湿土壤和活性污泥中，如球衣细菌等。球衣菌属，能形成衣鞘，杆状的细胞呈链状排列在衣鞘内而成为丝状体。另外，还有铁细菌、硫细菌等［见图1.1（*e*）］。

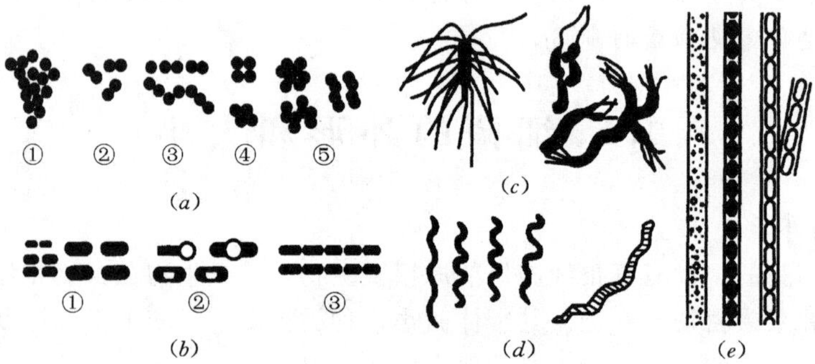

图1.1　细菌的各种形态

（*a*）球菌；（*b*）杆菌；（*c*）螺旋菌；（*d*）螺旋体；（*e*）丝状菌

细菌的形态除上述四种基本形态外，还有其他形态的细菌，如柄细菌属，细胞呈弧状或肾状并具有一根特征性的细柄，可附着于基质上。此外还有呈星状的星状菌属、正方形的细菌等（见图1.2）。

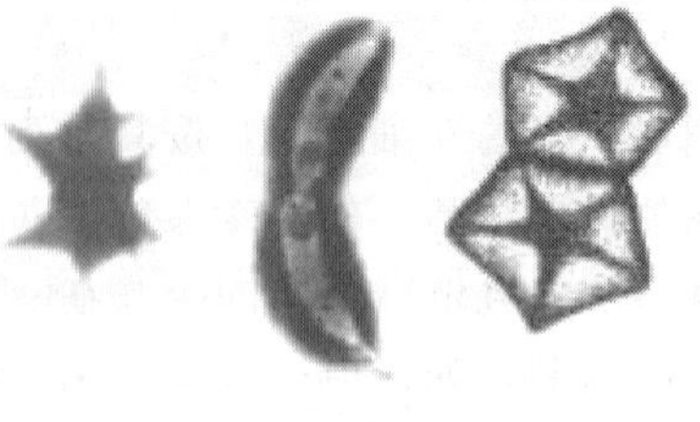

图1.2　特殊形态的细菌

细菌的形态常常受环境条件的影响。如果培养时间与温度、培养基的成分与浓度等发生改变，均可能引其细菌形态的改变。一般来说，细菌在初生时期或适宜生活条件下呈现其典型形态，在衰老期或不正常条件下表现形态异常，此时如给予新鲜培养基或适宜的培养基条件，细菌形态可恢复其典型状态。这些典型的形态特征是鉴别菌种的依据之一。

1.1.2　细菌的大小

细菌体积微小，通常以微米作为计量单位，可用测微尺在显微镜下进行测量，也可通过投影法或照相制成图片，再按放大倍数测算。球菌以其直径表示，大多数球菌直径一般为0.5～2μm；杆菌和螺旋菌以其长度和宽度表示，杆菌一般为（0.5～1）μm×（1～5）μm，螺旋菌常约为（0.3～1）μm×（1～50）μm，不过螺旋菌的长度是指菌体两端点的距离，而不是真正的长度。表 1.1 为常见细菌的大小。

表 1.1　　常见细菌的大小　　单位：μm

菌　名	直径或宽×长度	菌　名	直径或宽×长度
乳链球菌	0.5～1	枯草芽孢杆菌	(0.8～1.2) × (1.2～3)
金黄色葡萄球菌	0.8～1	炭疽芽孢杆菌	(1～1.5) × (4～8)
最大八叠球菌	4～4.5	德氏乳细菌	(0.4～0.7) × (2.8～7)
大肠杆菌	0.5× (1～3)	霍乱弧菌	(0.3～0.6) × (1～3)
伤寒沙门氏菌	(0.6～0.7) × (2～3)	迂回螺菌	(1.5～2) × (10～20)

1.2 细菌细胞的结构

细菌是单细胞微生物，虽然个体微小，但其内部构造却相当复杂。典型的细菌细胞构造可分为两部分：一是不变部分或称基本构造，包括细胞壁、原生质体，为所有细菌细胞所共有；二是可变部分或称特殊构造，如荚膜、芽孢、鞭毛等，这些结构只在某些细菌种类中发现，具有某些特定功能。细菌细胞的典型结构如图 1.3 所示。

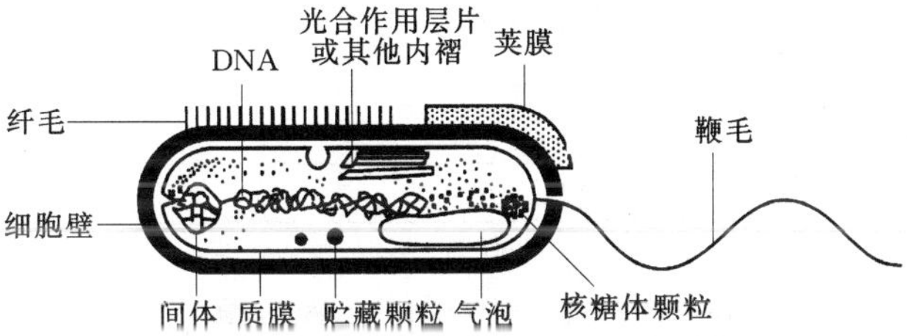

图 1.3　细菌细胞的典型结构

1.2.1 基本结构

细菌的基本结构包括细胞壁和原生质体两部分。原生质体位于细胞壁内，包括细胞膜（细胞质膜）、细胞质、核质和内含物。

1.2.1.1 细胞壁

细胞壁是包围在细胞表面，内侧紧贴细胞膜的一层较为坚韧、略具弹性的结构，占细胞干重的 10%～25%。

细胞壁具有固定细胞外形和保护细胞的功能，是细胞中很重要的结构单元，也是细菌分类中最重要的依据之一。失去细胞壁后，各种形态的细菌都变成球形。细菌在一定范围的高渗溶液中，原生质收缩，出现质壁分离现象。在低渗溶液中，细胞膨大，但不会改变形状或破裂，这些都与细胞壁具有一定坚韧性和弹性有关。细胞壁的化学组成也使细菌具有一定的抗原性、致病性以及对噬菌体的敏感性。有鞭毛的细菌失去细胞壁后，仍可保持有鞭毛，但不能运动，可见细胞壁的存在为鞭毛运动提供了力学支点，是鞭毛运动所必需的。细胞壁是多孔性的，可允许水及一些化学物质通过，但对大分子物质有阻拦作用。

1884年丹麦人革兰氏（Christian Gram）发明了一种染色法，这种染色方法的基本步骤为：在一个已固定的细菌涂片上用结晶紫染色，再加媒染剂——碘液染色，然后用乙醇脱色，最后用复染液（沙黄或蕃红）复染。显微镜下菌体呈红色者为革兰氏染色反应阴性细菌（常以 G^- 表示），呈深紫色者为革兰氏染色反应阳性细菌（常以 G^+ 表示）。这一程序后称革兰氏染色法。通过这一简单染色可将所有细菌分为革兰氏阳性菌和革兰氏阴性菌两大类。这两大类细菌在细胞结构、成分、形态、生理、生化、遗传、免疫、生态和药物敏感性等方面都呈现出明显差异，因此革兰氏染色有着十分重要的理论与实践意义。

事实上，通过电镜观察以及细胞壁化学结构的分析表明革兰氏阳性细菌与阴性细菌的细胞壁在结构和化学组分上有显著的差异，见表1.2和图1.6。

表1.2　革兰氏阳性细菌与革兰氏阴性细菌细胞壁的主要区别

特　征	G^+ 细　菌	G^- 细　菌
强度	较坚韧	较疏松
细胞壁厚度	厚，20～80nm	薄，5～10nm
肽聚糖层数	多层，可达50层	少，1～3层
肽聚糖含量	多，占细胞壁干重的40%～90%	少，占细胞壁干重的5%～10%
磷壁酸	+	−
外膜	−	+
结构	三维空间（立体结构）	二维空间（平面结构）
脂肪	1%～4%	11%～22%
蛋白质	约20%	约60%
对青霉素、溶菌酶	敏感	不够敏感

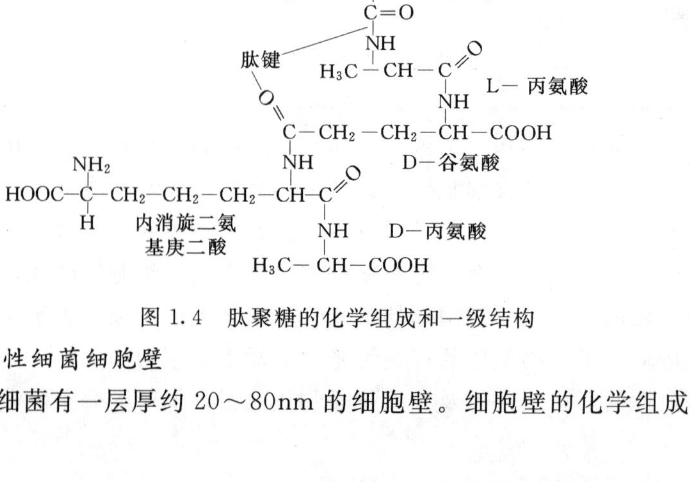

图1.4　肽聚糖的化学组成和一级结构

1. 革兰氏阳性细菌细胞壁

革兰氏阳性细菌有一层厚约20～80nm的细胞壁。细胞壁的化学组成以肽聚糖为主，占细胞壁物质总量的40～90％。另外还结合有磷壁质酸，又称垣酸，是G^{+}细菌细胞壁特有的成分。

肽聚糖是除古细菌外，凡有细胞壁的原核生物细胞壁中的共有组分。肽聚糖是由若干肽聚糖单体（见图1.4）聚合而成的多层网状结构大分子化合物。肽聚糖的单体含有三种组分：N-乙酰葡萄糖胺（简写NAG）、N-乙酰胞壁酸（简称NAM）和四肽链。N-乙酰葡萄糖胺与N-乙酰胞壁酸交替排列，通过糖苷键连接成聚糖链骨架。四肽链则是通过一个酰胺键与N-乙酰胞壁酸相连，肽聚糖单体聚合成肽聚糖大分子时，主要是两条不同聚糖链骨架上与N-乙酰胞壁酸相连的两条相邻四肽链间的相互交联（见图1.5）。不同种类细菌的肽聚糖聚糖链骨架基本是相同的，不同的是四肽链氨基酸的组成以及两条四肽链间的交联方式。如革兰氏阳性菌（以金黄色葡萄球菌为例）的四肽链是L-丙氨酸、D-谷氨酸、L-赖氨酸和D-丙氨酸组成。

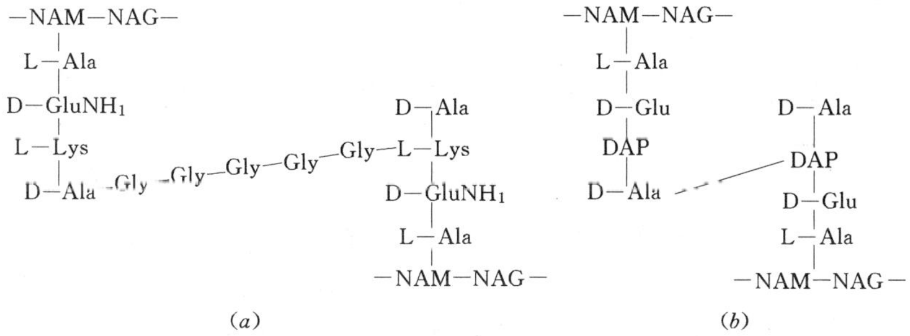

图1.5 肽聚糖单层结构模式图

（*a*）革兰氏阳性菌；（*b*）革兰氏阴性菌

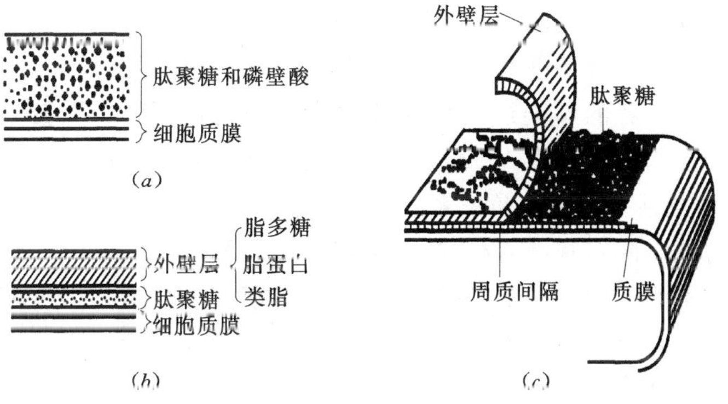

图1.6 革兰氏阴性细菌与革兰氏阳性细菌细胞壁比较

（*a*）革兰氏阳性细菌细胞壁；（*b*）革兰氏阴性细菌细胞壁；

（*c*）革兰氏阴性细菌细胞壁图解

磷壁质酸是大多数革兰氏阳性菌细胞壁组分，占细胞壁干重的50％左右，以磷酸二酯键同肽聚糖的N-乙酰胞壁酸相结合。

磷壁酸的作用：

（1）磷壁酸含有大量的带负电性的磷酸，故大大加强了细胞膜对二价离子的吸附，尤其是镁离子。而高浓度的镁离子有利于维持细胞膜的完整性、提高细胞壁合成酶的活性。

（2）保证革兰氏阳性致病菌与宿主的粘连。

（3）磷壁酸赋予了革兰氏阳性菌特异的表面抗原（C抗原）。

（4）提供某些噬菌体以特异的吸附受体。

2. 革兰氏阴性菌细胞壁

G^-菌的细胞壁比G^+菌的薄，可分为内壁层和外壁层。内壁层紧贴细胞膜，厚约2～3nm，由肽聚糖组成，占细胞壁干重的5%～10%。外壁层又称外膜，约8～10nm，主要由脂多糖和外膜蛋白组成。

G^-菌与革兰氏阳性菌肽聚糖的不同之处就在于它们短肽上的氨基酸以及两条短肽上氨基酸相联结的方式不同。革兰氏阴性菌（以大肠杆菌为例）肽聚糖肽链中的四个氨基酸是L-丙氨酸、D-谷氨酸、内消旋二氨基庚二酸及D-丙氨酸。一股肽链第三位上的二氨基庚二酸的游离氨基与相邻的另一股肽链末端的D-丙氨酸的羧基形成肽键，将两条肽链联结起来。

脂多糖是G^-菌细胞壁的特有成分，G^+菌中不存在。脂多糖由三部分组成，即O^-侧链、核心多糖和类脂A。

外膜蛋白指嵌合在脂多糖和磷脂层外膜上的20多种蛋白。其中脂蛋白的蛋白质部分末端游离的氨基酸残基与肽聚糖层的某些二氨基庚二酸残基形成肽键，呈共价结合，其脂质部分同外壁层磷脂相结合。因此，脂蛋白是从肽聚糖层到外壁层之间的桥梁。另有一类称微孔蛋白的蛋白存在于G^-菌的外壁层中，这些蛋白的功能是作为一个通道使低分子的亲水性物质得以进出。有特异性与非特异性两类。特异性孔蛋白形成“充水”的通道，任何类型的小物质都可以通过。而另一些孔蛋白具有高度特异性，是因为它们含有一种或多种物质的特异性结合位点。最大的微孔蛋白可以允许分子量高达5000的物质进入。

革兰氏阳性细菌与革兰氏阴性细菌细胞壁结构的区别见表1.2。由表可知，革兰氏阳性细菌含大量肽聚糖、独含磷壁酸、不含脂多糖。革兰氏阴性细菌含极少肽聚糖，独含脂多糖，不含磷壁酸。两者的不同还表现在各种成分的含量不同，尤其是脂肪的含量最明显。革兰氏阳性细菌脂肪含量为1%～4%，革兰氏阴性细菌脂肪含量为11%～22%。

3. 细胞壁结构与革兰氏染色的关系

革兰氏染色的性质同细胞壁的结构与组分有关。现在大多数人认为，在染色过程中，细胞内形成了一种不溶性的结晶紫—碘的复合物，这种复合物可被乙醇（或丙酮）从G^-细菌细胞内抽提出来，但不能从G^+菌中抽提出来。这是由于G^+菌细胞壁较厚，肽聚糖含量高，脂质含量低甚或没有，经乙醇处理后引起脱水，结果肽聚糖孔径变小，渗透性降低，结晶紫—碘复合物不能外流，于是保留初染的紫色。而革兰氏阴性细菌细胞壁肽聚糖层较薄，含量较少，而且脂质含量高，经乙醇处理后，脂质被溶解，渗透性增高，结果结晶紫—碘复合物外渗，细胞被蕃红复染成红色。

1.2.1.2　原生质体

原生质体位于细胞壁内，包括细胞质膜（细胞膜）、细胞质、核质和内含物。

1. 细胞质膜

细胞质膜，又称细胞膜，是围绕在细胞质外面的一层柔软而富有弹性的半透性薄膜，厚约 8nm，是重要的代谢活动中心，对于细菌的呼吸、能量的产生、运动、生物合成、内外物质的交换运送等均有重要的作用。

（1）细胞质膜的化学组成。细菌细胞膜占细胞干重的 10%左右，膜上具有与物质渗透、吸收、转运和代谢等有关的许多蛋白质或酶类。蛋白质是细菌细胞膜中的主要成分，约占细胞膜的 60%～70%，脂类占细胞膜的 20%～30%，另外还有大约 2%的多糖。细菌细胞的脂类主要是极性类脂——甘油磷脂，由甘油、脂肪酸、磷酸和含氮碱组成。

（2）细胞质膜的结构（见图 1.7）。细菌细胞膜的脂类主要为甘油磷脂。磷脂分子在水溶液中很容易形成具有高度定向性的双分子层，相互平行排列，亲水的极性基指向双分子层的外表面，疏水的非极性基朝内（即排列在组成膜的内侧面），这样就形成了膜的基本骨架。磷脂中的脂肪酸有饱和及不饱和两种，膜的流动性高低主要取决于它们的相对含量和类型，如低温型微生物的膜中含有较多的不饱和脂肪酸，而高温型微生物的膜则富含饱和脂肪酸，从而保持了膜在不同温度下的正常生理功能。

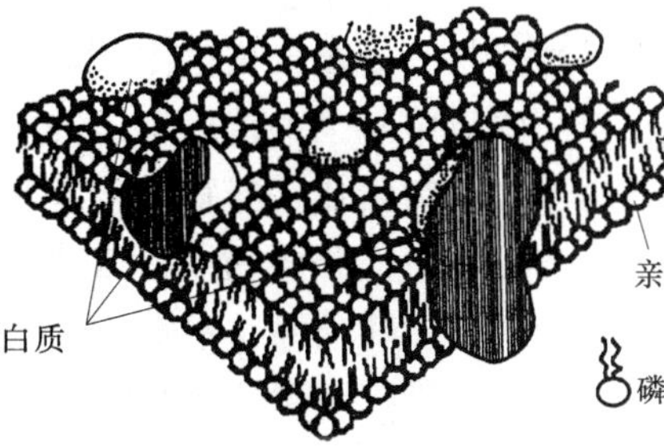

图 1.7 细菌细胞质膜的基本结构

细胞膜中的蛋白质依其存在位置可分为外周蛋白和内嵌蛋白两大类。外周蛋白存在于膜的内或外表面，系水溶性蛋白，占膜蛋白总量的 20%～30%。内嵌蛋白又称固有蛋白或结构蛋白，镶嵌于磷脂双层中，多为非水溶性蛋白，占总量的 70%～80%。膜蛋白除作为膜的结构成分之外，许多蛋白质本身就是运输养料的透酶或具催化活性的酶蛋白，在细胞代谢过程中起着重要作用。脂类和蛋白质都在运动，而且是彼此之间相对运动，这就是目前大家比较公认的“镶嵌细胞膜结构模型”。

因此，细菌细胞膜结构模型的要点是：

1）磷脂双分子层组成膜的基本骨架。

2）磷脂分子在细胞膜中以多种方式不断运动，因而膜具有流动性。

3）膜蛋白以不同方式分布于膜的两侧或磷脂层。

（3）细胞膜的主要功能：

1）控制细胞内、外的物质（营养物质和代谢废物）的运送、交换。

2）维持细胞内正常渗透压的屏障作用。

3）合成细胞壁各种组分（LPS、肽聚糖、磷壁酸）和荚膜等大分子的场所。

4）进行氧化磷酸化或光合磷酸化的产能基地。

5）传递信息。膜上的某些特殊蛋白质能接受光、电及化学物质等产生的刺激信号并发生构象变化，从而引起细胞内的一系列代谢变化和产生相应的反应。

6）鞭毛的着生和生长点。

2. 细胞质

细胞质是一种无色透明而粘稠的胶体，其主要成分是水、蛋白质、核酸和脂类等。细胞质内具有各种酶系统，能不断地进行新陈代谢活动。由于富含核糖核酸（RNA），所以是嗜碱性的，即与碱性染料结合能力较强。幼龄菌的细胞质非常稠密、均匀、很容易染色。成熟细胞的细胞质内含有不少颗粒状的贮藏物质，又由于细菌的生命活动产生了许多空泡，染色能力较差，因此着色不均匀。根据染色特点，可以通过观察染色均匀与否来判断细菌是处于幼龄还是衰老阶段。此外，细胞质内还含有核糖体等物质。

（1）核糖体。核糖体亦称核蛋白体，为多肽和蛋白质合成的场所，化学成分为蛋白质与核糖核酸（RNA）。细菌细胞中绝大部分（约90%）的RNA存在于核糖体内。原核生物的核糖体常以游离状态或多聚核糖体状态分布于细胞质中，而真核细胞的核糖体既可以游离状态存在于细胞质中，也可结合于内质网上。

（2）内含物。很多细菌在营养物质丰富的时候，其细胞内聚合各种不同的贮藏颗粒，当营养缺乏时，它们又能被分解利用。这种贮藏颗粒可在光学显微镜下观察到，通称为内含物。贮藏颗粒的多少可随菌龄及培养条件不同而改变。

主要的内含物有异染粒、聚β-羟基丁酸（PHB）颗粒肝糖粒和淀粉粒、硫滴。

（3）气泡。某些水生细菌，如蓝细菌、不放氧的光合细菌和盐细菌细胞内贮存气体的特殊结构称气泡。气泡由许多小的气囊组成，气囊膜只含蛋白质而无磷脂。气泡的大小、形状和数量随细菌种类而异。气泡能使细胞保持浮力，从而有助于调节并使细菌生活在它们需要的最佳水层位置，以利于获得氧气、光和营养。

3. 核质

一般的细菌仅具有分散而不固定形态的核质。核或核质内几乎集中有全部与遗传变异有密切关系的某些核酸（如脱氧核糖核酸DNA），所以常称核是决定生物遗传的主要部分。细菌的核非常简单，没有核膜包围，也没有核仁，它只是一团裸露的且高度折叠缠绕的DNA分子，故称细菌是原核生物，这样的核又称拟核体。

细菌细胞的原核只有一个染色体，主要含有具有遗传特征的脱氧核糖核酸（DNA），拟核中尚有少量RNA和蛋白质，但没有真核生物细胞核所含的组蛋白（结构蛋白）。染色体是由双螺旋的大分子链构成，一般呈环形结构，总长度为0.25～3mm。

1.2.2 特殊结构

1.2.2.1 荚膜、衣鞘、菌胶团

1. 荚膜

有些细菌生活在一定营养条件下，可向细胞壁外分泌出一层粘性物质，犹如穿在菌体表面的一件外套，用电子显微镜观察，中心部位是细菌菌体，在暗色背景下荚膜呈透明状环绕菌体，如图1.8所示。

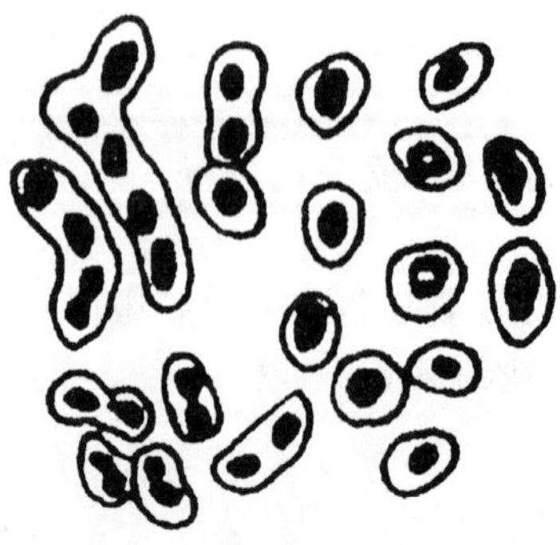

图1.8 细菌的荚膜

（1）荚膜的结构与组成。荚膜的含水率在90%～98%，主要成分为多糖、多肽或蛋白质，尤以多糖居多。肺炎球菌、炭疽杆菌等都能生成荚膜。产荚膜的细菌菌落通常光滑透明，称光滑型（S型）菌落，不产荚膜细菌菌落表面粗糙，称粗糙型（R型）菌落。

根据荚膜外这层粘性物质的厚度、可溶性及在细胞

表面存在的状况可把它们分为荚膜、微荚膜或粘液层。

（2）荚膜的功能：

1）作为细胞外碳源和能源性贮藏物质。

2）能增强某些病原菌的致病能力，使之抵抗宿主吞噬细胞的吞噬，保护细胞免受干燥的影响。

3）废水生物处理中的细菌荚膜有生物吸附作用，将废水中的有机物、无机物机胶体吸附在细菌体表面上。

2. 衣鞘

有的细菌，如硫磺细菌、铁细菌和球衣细菌的丝状体周围的粘液层会逐渐硬质化，形成透明坚韧的空壳，即所谓衣鞘。

3. 菌胶团

当荚膜物质相融合成一团块，内含许多细菌时，称为菌胶团。并不是所有的细菌都能形成菌胶团。凡是能够形成菌胶团的细菌，则称为菌胶团细菌。不同细菌形成不同形状的菌胶团，有分枝状的、垂丝状的、球形的、椭圆形的、蘑菇形的、片状的以及各种不规则形状的（见图 1.8）。菌胶团细菌包藏在胶体物质内，一方面对动物的吞噬起保护作用，同时也增强了它对不良环境的抵抗能力。

菌胶团是活性污泥（如废水生物处理构筑物曝气池中所形成的污泥）中细菌的主要存在形式，有较强的吸附和氧化有机物的能力，在废水生物处理中具有较为重要的作用。一般来说，处理生活污水的活性污泥，其性能的好坏，主要可根据所含菌胶团多少、大小及结构的紧密程度来定。新生菌胶团（即新形成的菌胶团）颜色较浅，甚至无色透明，但有旺盛的生命力，氧化分解有机物的能力强。老化了的菌胶团，由于吸附了较多的杂质，颜色较深，看不到细菌单体，而像一团烂泥似的，生命力较差。一定种类的细菌在适宜环境条件下形成一定形态结构的菌胶团，而当遇到不适宜的环境时，菌胶团就发生松散，甚至呈现单个游离细菌，影响处理效果。因此，为了使废水处理达到较好的效果，要求菌胶团结构紧密，吸附、沉降性能良好，这就必须满足菌胶团细菌对营养及环境的要求。

1.2.2.2 芽孢

1. 芽孢的形态与结构

某些细菌在其生活史的一定阶段，在营养细胞内形成一个圆形、椭圆形或圆柱形的结构，称为芽孢。因为细菌芽孢都形成在菌体内，故亦称内生孢子。含有芽孢的菌体细菌称为孢子囊，芽孢成熟后可脱落出来。生成芽孢的细菌多为杆菌，球菌和螺旋菌仅少数种能生芽孢。

由于不是所有的细菌都能形成芽孢，芽孢形成的位置、形状、大小也因菌种而异，所以芽饱在分类鉴定上有一定意义。有些细菌的芽孢位于细胞的中央，其直径大于细胞直径，孢子囊呈梭状，如某些梭状芽孢杆菌属的种；芽孢在细胞顶端，若其直径大于细胞的直径时，则孢子囊呈鼓槌状，如破伤风梭菌；芽孢直径小于细胞直径，则细胞不变形，如常见的枯草芽孢杆菌。能形成芽孢的细菌一般是革兰氏阳性细菌。细菌的芽孢本身着色能力很弱，必须采用特殊的芽孢染色法才能在光学显微镜下观察到（见图 1.9）。

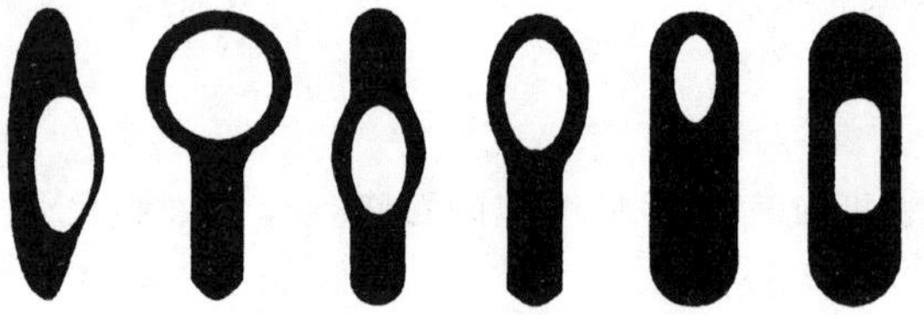

图1.9 芽孢的大小、形状、位置示意图

芽孢有比较厚的壁和高度的折光性，在显微镜下观察芽孢为一透明小体。利用电子显微镜，不仅可观察到芽孢的表面特征，还可观察到一个成熟的芽孢具有核心、芽胞壁、皮层、芽胞衣、胞外壁等多层结构（见图1.10）。

2. 芽孢的形成

根据电子显微镜的观察，芽孢形成包含着下述一系列复杂过程（见图1.11）。

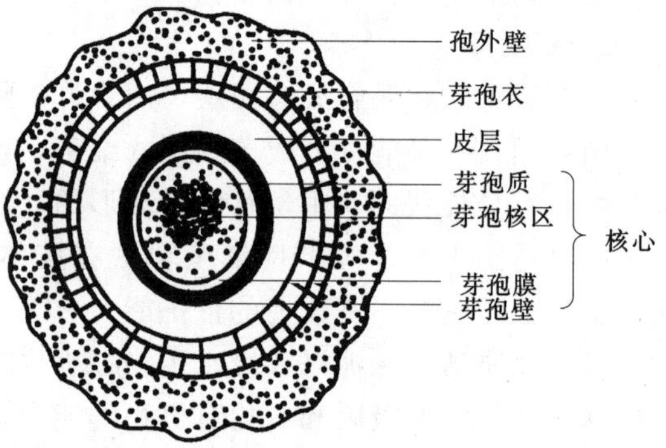

图1.10 成熟芽孢的结构示意图

（1）轴丝形成。在营养细胞内，分开存在的两个染色体首先发生构型变化，即两个染色体聚集在一起，以致密发育的形式，逐渐成为一个连续的、位于细胞中央的轴丝状结构，并通过中间体与细胞膜相连接。有人认为这是芽孢早期所具有的特异结构。

（2）膈膜形成。在接近细胞一端处，细胞膜内陷，向心延伸，产生膈膜，将细胞分成大小两部分。与此同时，轴丝状结构也分为两部分。

（3）前孢子形成。在细胞中，较大部分的细胞膜围绕较小部分迅速地继续延伸，直至将小的部分完全包围到大的部分中为止。这个新形成的细胞（结构）称为前孢子。此时前孢子由两层极性相反的细胞膜组成，其中内膜将发育成为营养细胞的细胞膜。

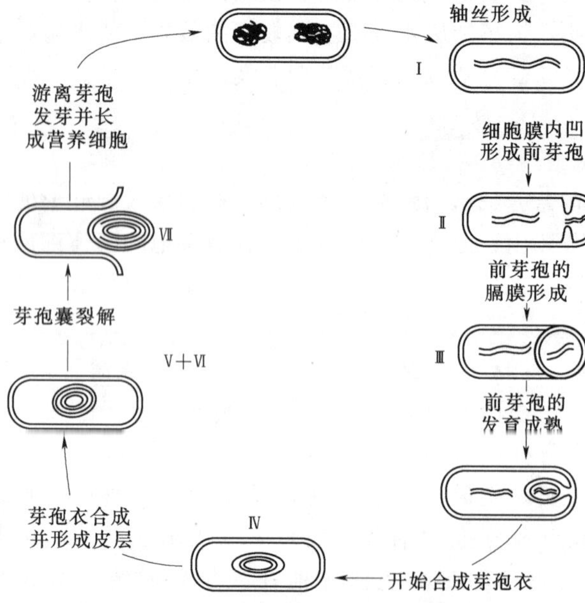

图1.11 细菌芽孢形成的几个阶段

（4）皮层形成。由于前孢子迅速进行合成作用，新形成的物质沉积于前孢子的两层极性相反的细胞膜之间，逐渐发育形成皮层。

（5）孢子外壳层的形成。在皮层形成过程中，前孢子外膜表面合成外壳物质，并沉积于皮层外表，逐渐形成一个连续的致密层。

（6）芽孢成熟。芽孢合成过程全部完成，此时芽孢具有了很强的抗热性和特殊结构。

（7）芽孢的释放。孢子囊壁破裂（溶解），释放出成熟的芽孢。

3. 芽孢的生理特性

芽孢水分少，一般在40%左右；不易透水；含有特殊的抗热性物质。芽孢所具有的特殊结构加上代谢活力也较弱，所以能够抵抗极不适宜的环境。

一般来说，普通细菌在70～80℃时煮10min就死亡，而芽孢在120～140℃时还能生存几小时，又如在5%石炭酸（苯酚）溶液中普通细菌很快死亡，而芽孢能忍耐15d之久。芽孢的休眠力是十分惊人的，一般的芽孢在普通条件下可保存几年至几十年的活力。细菌芽孢和营养细胞的比较详见表1.3。

表1.3　细菌的芽孢和营养细胞的区别

项　目	营养细胞	芽　孢
结构	典型革兰氏阳性	有髓、孢子衣、外壁
光学显微镜下	无折光性	有折光性
钙	低	高
吡啶二羧酸	无	有
聚β-羟基丁酸（PHB）	有	无
多糖	高	低
蛋白质	较低	较高
含硫氨基酸	低	高
酶活性	高	低
代谢作用（O_2 利用）	高	低或无
大分子合成	有	无
mRNA	有	低或无
抗热性	低	高
抗辐射	低	高
抗药和酸	低	高
染色力	可染	需用特殊方法染色
溶菌酶作用	敏感	有抗性

1.2.2.3　鞭毛

1. 鞭毛的形态结构和分类

某些细菌的细胞表面伸出细长、波曲、毛发状的附属物称为鞭毛。鞭毛细而长，其长度常为细胞的若干倍，最长可达70μm，但直径只有10～20nm，因此用光学显微镜看不见。如果采用特殊的鞭毛染色法，使染料沉积在鞭毛上，加粗其直径，就可在光学显微镜下观察到细菌鞭毛，但真实形态只有在电镜下可见，如图1.12所示。

鞭毛是细菌的运动器官。但不是一切细菌所共有，螺旋菌和弧菌一般都具鞭毛；杆菌中有的生鞭毛，有的不生鞭毛；球菌中仅尿素八叠球菌生鞭毛。具有鞭毛的细菌能真正运动。无鞭毛的细菌在液体中只能呈分子运动。

完整的一根鞭毛从形态上可分三部分：鞭毛丝、鞭毛钩和基体。鞭毛丝是由鞭毛蛋白组成的伸展在细胞外面的细丝状结构，是进行运动的主体。鞭毛钩是鞭毛丝基部弯曲的筒状部分。基体是指鞭毛与细胞壁、细胞膜相结合的结构体。

细菌鞭毛的数目和着生位置是细菌种的特征。据此，可将有鞭毛的细菌分为三类（见图 1.12）：

（1）单生鞭毛，在菌体的一端或两端只生一根鞭毛。

（2）丛生鞭毛菌，菌体一端生一束鞭毛，或菌体两端各具一束鞭毛，如红色螺菌。

（3）周生鞭毛菌，周身都有鞭毛，如大肠杆菌、枯草杆菌等。

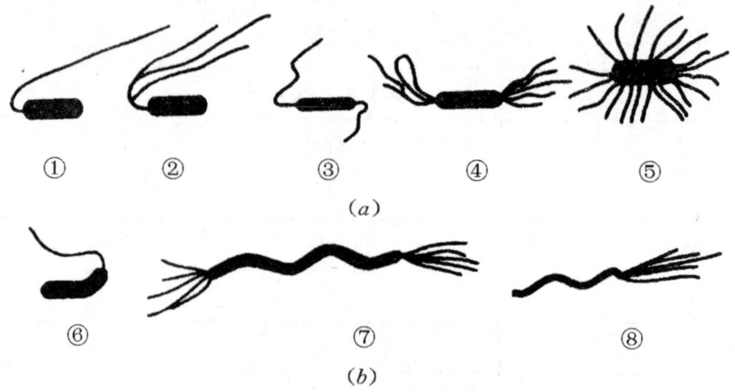

图 1.12　细菌鞭毛的类型

(*a*) 杆菌；(*b*) 弧菌

①—极端生；②—亚极端生；③—两极端生；④—两束极端生；⑤—周生；

⑥—单根极端生；⑦—两束极端生；⑧—束极端生

2. 鞭毛的化学组分

鞭毛的主要成分是蛋白质，有的还含有极少量的多糖和类脂等。如枯草杆菌的鞭毛纯制品中，蛋白质占 99%，碳水化合物在 0.2%以下，类脂少于 0.1%。

3. 鞭毛的特性

鞭毛是细菌的运动器官，它极易脱落。有鞭毛的细菌一般在幼龄时具鞭毛，老龄时脱落。有鞭毛的细菌并不一定总是运动的，有时也会丧失运动性。运动性的丧失可由于环境变化或突变引起。细菌运动还表现出趋光性和趋化性，亦即向着光或某种化学吸引物运动。细菌的运动是惊人的，它们的运动速度每秒可达到自身长度的 10 倍或数十倍，这比世界上最优秀的短跑冠军要快得多。此外，有的细菌还可以从某些物质或环境因子游开，以避免伤害。因此，细菌运动可看成是一种适应作用，即增加微生物与食物或其他有利环境相遇机会，或者避免有害因子以利于生存。

1.3　细菌的生长繁殖和命名

1.3.1　细菌的生长繁殖

细菌虽然很小，但是照样是一个活的生命有机体，因此和其他生命有机体一样具有生长和繁殖的能力。生长是繁殖的基础，繁殖是生长的结果。

1.3.1.1　细菌生长繁殖的方式

细菌生长繁殖包括菌体各组分有规律的增长及菌体数量的增加。

细菌一般进行无性繁殖，表现为细胞的横分裂，称为裂殖。绝大多数类群在分裂时产生大小相等和形态相似的两个子细胞，称作同形裂殖。电镜研究表明，细菌分裂大致经过细胞核和细胞质的分裂、横膈壁的形成、子细胞分离等过程（见图 1.13）。首先是核的分裂和膈膜的形成。细菌染色体 DNA 的复制往往先于细胞分裂，并随着细菌生长而分开。与此同时，细胞赤道附近的细胞膜从外向中心作环状推进，然后闭合形成一个垂直于细胞长轴的细胞质膈膜，使细胞质和细胞核均一分为二。第二步形成横膈壁，如蕈状芽孢杆菌，随着细胞膜的内陷，母细胞的细胞壁也跟着由四周向中心逐渐延伸，把细胞质膈膜分为两层，每层分别成为子细胞的细胞膜，横膈壁也逐渐分为两层，这样每个细胞便各自具备了一个完整的细胞壁。有的细菌如链球菌、双球菌等在分裂过程中，横膈壁尚未完全形成，细胞就停止了生长，留下了一个小孔，此时两个细胞的细胞膜仍然相连，即形成了“胞间连丝”。第三步是子细胞分离。有些种类的细菌细胞，在横膈壁形成后不久便相互分开，呈单个游离状态；而有的却数个细胞相连呈短链状或多个排列成长链状。尤其是球菌，因分裂面的不同，使分裂后排列成单球菌、双球菌、链球菌、四联球菌、八叠球菌和葡萄球菌等。

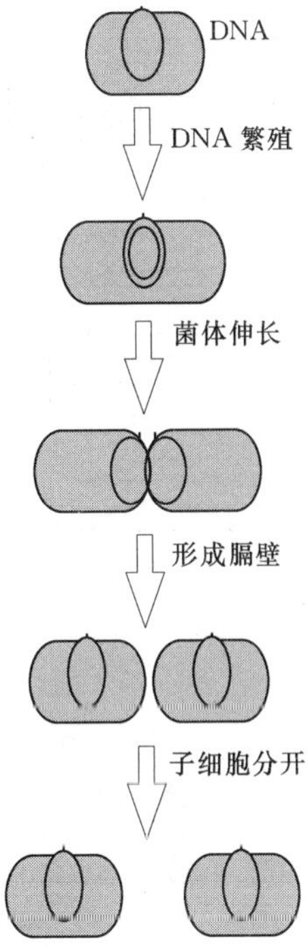

图 1.13　细菌的繁殖

少数种类如柄细菌分裂后产生一个有柄不运动和一个无柄有鞭毛的子细胞，称为异形分裂。此外还有通过出芽方式进行繁殖，如芽生杆菌、生丝微菌的芽殖，蛭弧菌侵入宿主细菌细胞的壁与膜间隙生长、分裂、产生多个子细胞的多次分裂以及节杆菌的劈裂等特殊的繁殖方式。

1.3.1.2　细菌生长繁殖的速度

细菌的繁殖速度极快。细菌分裂倍增的必需时间，称为代时，细菌的代时决定于细菌的种类，同时又受环境条件的影响，细菌代时一般为 20～30min，以此计算，在最佳条件下 8h 后，1 个细菌可繁殖到 200 万个以上，10h 后可超过 10 亿个，24h 后细菌繁殖的数量可庞大到难以计数的程度。但实际上，由于细菌繁殖中营养物质的消耗，毒性产物的积累及环境 pH 的改变，细菌绝不可能始终保持原速度无限增殖，经过一定时间后，细菌活跃增殖的速度逐渐减慢，死亡细菌逐增，活菌率逐减。

1.3.1.3　细菌生长繁殖的条件

细菌生长的重要因素是温度和 pH。根据最适生长温度的不同，细菌可分成低温细菌和高温细菌等三大类。一般来说，细菌在 pH 中性（6～8）的条件下生长最好。

1.3.2　细菌的群体特征

1.3.2.1　细菌的菌落特征

由于细菌很小，单个细菌的生长和繁殖不能用肉眼直接观察到，所以通常采用群体生长的结果即菌落的特征来描述。把细菌接种到固体培养基中、经过迅速生长繁殖而形成很多菌种聚集在一起的并且肉眼可见的细菌集合体，称之为“菌落”。菌落的外观特性与培养条件有关，也与细菌自身的遗传生长特性有关。一定培养条件下它们表现出一定的特征，并且可以作为细菌的分类依据。

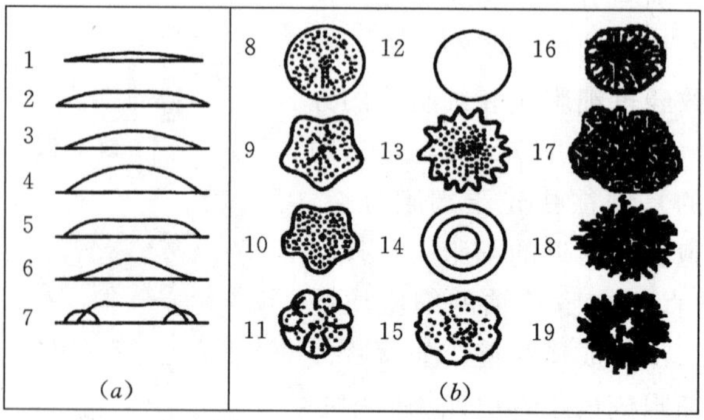

图 1.14 细菌菌落特征

(a) 正面观；(b) 表面结构、形态及边缘

1—扁平；2—隆起；3—低凸起；4—高凸起；5—脐状；6—草帽状；7—乳头状；8—圆形、边缘完整；9—不规则、边缘波浪；10—不规则、颗粒状、边缘叶状；11—规则、放射状、边缘呈叶状；12—规则、边缘呈扇边状；13—规则、边缘呈齿状；14—规则、有同心环、边缘完整；15—不规则、似毛毯状；16—规则、似菌丝状；17—不规则、卷发状、边缘波状；18—不规则、呈丝状；19—不规则、根状

细菌菌落的特征要从大小、形状、光泽、颜色、硬度、透明程度、边缘形状等几方面进行考察。典型的细菌菌落一般是1～3mm，圆形或椭圆形，湿润、较光滑、较透明、较粘稠、易挑取、质地均匀及正反面颜色一致等（见图 1.14）。

不同细菌种类的菌落各不相同，同一种细菌因培养基的成分和表面湿度的不同，菌落形态也有变化。同一种细菌在同一培养基上形成的菌落一般表现为相同的菌落形态特征，是鉴定菌种的形态标志之一。例如圆褐固氮菌在阿须贝氏无氮培养基上表面菌落呈粘稠糊状，凸起，边缘整齐，表面起初为光滑无色，以后逐渐产生皱褶和产生黑色素。又例如蜡质芽孢杆菌霉状变种在牛肉膏蛋白胨培养基表面形成类似菌丝体的菌落，从中央向四周弯曲伸延，铺展在培养基表面上。有些细菌产生色素，有些色素是水不溶性的，存在于菌体内如光合细菌的光合色素，赛氏杆菌的灵菌素；有些色素是水溶性，扩散到培养基中，例如绿色假单胞菌分泌绿色素到培养基中，荧光假单胞菌分泌荧光色素到培养基中。

1.3.2.2 细菌的液体培养特征

细菌在液体培养基中生长，因菌种及需氧性等表现出不同的特征。当菌体大量增殖时，有的形成均匀一致的混浊液；有的形成沉淀；有的形成菌膜漂浮在液体表面；有的在液体中间形成一圈环状物形成沉淀（见图 1.15）。有些细菌在生长时还可同时产生气泡、酸、碱和色素等。

1.3.3 细菌的命名

为了研究的方便，细菌都必须给予名称或名字。细菌的命名（也包括其他所有微生物的命名），与动物和植物的命名一样，都是采用瑞典植物学家林奈（Linnaeus）创始的双名制命名法，即属名加种名。

一种细菌的名称由两个拉丁文单词组成，第一个是属名，用拉丁文名词表示，词首字母大写，它描述细菌的主要特征；第二个是种名，用拉丁文形容词表示，词首字母小写，它描述细菌的次要特征。属名和种名的书写必须是斜体。有时候在前面所述的两个单词之后还会存在一个单词，这个单词往往是说明细菌的命名人。如果细菌只鉴定到属，对具体种的地位还不能肯定，则可以用 sp.（单数）或 spp.（复数）来表示。

如金黄色葡萄球菌 *Stapylococcus aures*，其中 *Stapylococcus* 是指其属于属，*aures* 为其种名。又如：大肠埃希氏杆菌 *Escherichia coli*，破伤风梭菌 *Clostridium tetani*。

以上各学名中的第一个词是属名，为拉丁文名词，如金黄色葡萄球菌，用来描述细菌的主要特征是“葡萄球菌”，第二个词是种加词，为拉丁文形容词，用以描述细菌的次要特征是“金黄色”的。

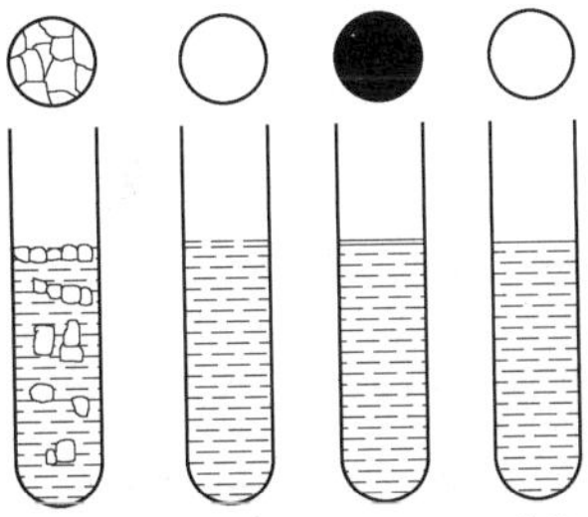

图 1.15　细菌在肉汤培养基中的生长特征

自然界中的细菌种类太多，有时会发生同物异名或同名异物的现象。为了避免混乱和误解，常需要在种名之后附有定名人的姓，例如，大肠埃希氏杆菌的名称是：*Escherichia coli* Cadtellaniet Chalmers。另外，大家熟知的学名，其属名可以缩写，如 *E. coli*，但属名第一字母用记号，即用实心圆点。有时由自然界分离到的某一微生物，已根据其主要特征明确它属于某一菌种，但在某些特征上与典型种又有差异，则这个微生物称为其变种（variety），此时在微生物的双名之后再加上其变种名称，具书写方式为：var.（正体）＋变种名称（斜体），如：枯草芽孢杆菌黑色变种 *Bacillus-substilis* var. niger。

复 习 思 考 题

1. 细菌的大小是用什么单位来测量的？
2. 根据细菌的形状来分类，细菌可分为哪几类？
3. 简单说明细菌的一般构造、细菌的特殊构造？
4. 什么叫菌胶团？菌胶团在废水生物处理中有何特殊意义？
5. 试述细菌芽孢的特征。为什么具有芽孢的细菌能够抵抗不良的环境？

第2章 细菌的生理特性

学习目标：

掌握：微生物酶的组成、分类和催化特性；影响酶活力的因素；微生物的营养类型；培养基的组成和分类；微生物的活动与温度、pH值、溶解氧等主要环境因子的关系。

理解：微生物的化学组成和营养物；微生物的营养吸收方式；微生物的产能代谢类型；渗透压、有害物质和辐射因子对微生物活动的影响作用。

了解：微生物的营养吸收的基本方式；对微生物有利或不利的环境因子如何应用于污水处理中。

新陈代谢是生命体的基本特征之一，和其他的生物一样，细菌不断地进行新陈代谢。通过代谢，细菌从外界环境中不断地摄取营养物质，经过一系列的生物化学反应，合成细胞物质，产生的能量在新陈代谢过程中用于代谢调节，从而保证生命能够维持和延续下去。环境中的这些能够被细菌用于代谢的物质称为营养物质。生物摄取和利用营养物质的过程称为营养。

2.1 细菌的营养

营养是生命活动的基础，没有营养，细菌的生命活动就会终止，因此，营养过程是细菌生命活动的重要特征。只有吸收营养物质，才能进一步代谢，实现细菌的生长、发育和繁殖。了解细菌的营养知识是研究和利用细菌的基础，有了理论，就可以根据细菌的生理需要有目的地选择和设计培养条件。

要了解细菌的营养及其所需营养物的种类和数量，首先要了解细菌细胞的化学结构、元素组成及其生理特性。

2.1.1 细菌的化学组成

细菌机体质量由水分和干物质两部分组成。

2.1.1.1 水分

细菌含水约（75～85）g/100g。

2.1.1.2 干物质

细菌体的干物质由有机物和无机物两部分组成。有机物占干物质的90%～97%，包括蛋白质、核酸、糖类及脂类。无机物占干物质质量的3%～10%，包括K、Na、Ca、Mg、Fe、Cl、S、P和微量元素Mn、Cu、Co、Ni、Zn、B等。

细菌的物质成分分析表明，细菌的元素组成主要是C、H、O、N、P、S。元素所占的比值见表2.1。这些元素以水、有机物和无机盐的形式存在于细胞中。

细菌的化学组成不是绝对不变的，它与细菌的菌龄、培养条件、环境及生理特性有关。比如在氮源丰富的培养基上生长的细胞含氮高，铁细菌、硫细菌则含有较高的硫、铁等元素。

表 2.1　　细菌的几种主要元素的含量（干重的百分比）

元素	碳	氢	氧	氮	磷	硫
含量	50	8	20	15	3	1

2.1.2 细菌的营养物质及功能

细菌在新陈代谢的过程中需要的营养物质主要有：水、无机盐、碳素营养源、氮素营养源、生长因子。

2.1.2.1 水

水是细菌的主要组成部分，它在细胞中主要以两种形式存在：结合水和游离水。结合水与溶质或其他分子结合在一起，很难加以利用。能被细菌加以利用的是含量在80%左右的游离水。

水的主要生理作用是：①组成细胞的主要成分；②保证细胞内外的各种生物化学反应在溶液中顺利进行；③有助于营养物质的溶解和吸收。

2.1.2.2 无机盐

细菌体内的无机盐主要是硫酸盐、碳酸盐、磷酸盐和氯化物。这些无机盐中含有细菌生长必不可少的硫、磷和金属元素如钙、镁、铁、钠、钾等。

无机盐的主要生理作用是：①组成细胞的主要成分；②酶的组成部分；③维持酶的活性；④调节细胞的渗透压、氢离子浓度和氧化还原电位；⑤作为自养菌的能源。

1. 磷

磷在细胞的矿物质元素中含量最高，细菌需要的磷主要来自无机磷化合物。磷对细菌的生长、繁殖、代谢起着非常重要的作用：①磷是合成核酸、蛋白质、磷脂及其他含磷化合物的重要元素；②磷是构成一些重要的辅酶 NAD、NADP、CoA 等的重要原料；③磷酸盐是磷酸缓冲溶液的重要组成成分，调节环境中的 pH 值；④磷在糖代谢磷酸化过程中起关键作用。

2. 硫

硫主要来源于 SO_4^{2-}，作用后被还原为—SH。硫是蛋白质中一些氨基酸的组成成分。H_2S、S、$S_2O_3^{2-}$ 是好氧硫细菌的能源。

3. 镁

细菌需要的镁主要是硫酸镁和其他的镁盐。镁是己糖磷酸化酶、异柠檬酸脱氢酶、肽酶、羧化酶和固氮酶的激活剂，是光合细菌菌绿素和藻类叶绿素的重要组成部分。镁在细胞中还起着稳定核糖体、细胞质膜和核酸的作用。一般来说，细菌的类型不同，对镁的需求也不同。例如革兰氏阳性菌比阴性菌对镁的需求量大。缺镁会使细胞的核糖体和细胞质膜遭到破坏而降低稳定性，使细菌生长缓慢或停止生长。

4. 铁

铁是一些酶如过氧化物酶、细胞色素氧化酶及细胞色素的组成部分。铁细菌在氧化铁的过程中获得能量，把铁作为它的能源。铁在细胞色素和铁氧化还原蛋白的氧化还原反应中充当电子载体的作用。不同的细菌对铁的需求量不同：污水处理中的活性污泥需铁量是2mg/L，厌氧菌的需铁量为0.62mg/L。

缺铁会影响细胞分裂。在污水处理过程中如果缺铁会引起活性污泥丝状膨胀，导致二沉池沉淀效果不理想，影响出水水质。

5. 钾

钾是细菌的重要阳离子，它不参与细胞结构的物质组成，许多酶都需要钾作为激活剂。

6. 钙

钙是细菌的重要阳离子，是细菌芽孢的重要组分。它是蛋白酶的激活剂。它对细菌芽孢的耐热性和细胞壁稳定性起作用。

7. 微量元素

细菌正常的生长发育除了以上几种元素以外，还要有生长发育过程中必须的微量元素。细菌对微量元素的需求量很小，极微量就可以刺激微生物的生命活动。过量的微量元素就能引起细菌中毒。所以，在配制培养基时，水里的微量元素已经够了，一般不需要再加入微量元素。

单独一种微量元素超标，其毒性大于两种以上超标元素，因为微量元素之间有协同作用和拮抗作用。

2.1.2.3　碳素营养源

所有能供给细菌碳素营养的物质，称为碳源。碳是细胞组成中需要量最大的元素。碳元素通过在细菌体内的复杂化学变化，为细菌提供整个生理生活所需要的能量和合成细胞物质。细菌能够利用的碳源有很多，从简单的无机碳化合物到复杂的有机碳化合物都可以作为碳源。光合细菌以无机碳作为主要碳源；大部分细菌以有机碳作为碳源。也有一些细菌既可以利用无机碳也可以利用有机碳，如氢细菌属、发硫菌属、反硝化硫杆菌等。

细菌种类不同，碳源也不同，利用碳的能力也不同。例如蓝细菌主要靠光合作用获得能量，所以以 CO_2 作为主要碳源，而硝化细菌则利用无机物氧化放出化学能。有些细菌利用碳的能力范围很窄；有些细菌则可以在石蜡或者塑料上生长；还有一些细菌可以分解和利用像氰化物和酚类这些有毒的含碳化合物，这部分细菌在污水水处理方面有着特殊的意义。

2.1.2.4　氮素营养源

所有能供给细菌氮素营养的物质称为氮源。氮在细菌中的干重含量仅次于碳和氧，是构成核酸和蛋白质的重要元素，因此，氮对于细菌的生理过程很重要。能被细菌利用的氮有无机氮和有机氮两类。无机氮主要是氮气、铵盐和硝酸盐；有机氮主要是尿素、氨基酸和蛋白质等。

根据细菌对氮源的要求不同，将细菌分为四类。

1. 固氮细菌

利用空气中的氮分子合成自身的氨基酸和蛋白质，如固氮菌、根瘤菌和蓝藻。

2. 利用无机氮作为氮源的细菌

如硝化细菌和亚硝化细菌，就是利用氨、硝酸盐和亚硝酸盐为氮源。

3. 利用氨基酸作为氮源的细菌

如乳酸细菌和丙酸细菌，必须供给现成的氨基酸才能生长繁殖。

4. 分解蛋白质产生氮合成蛋白质

氨化细菌和一些腐败细菌，它们有分解蛋白质的能力，产生氨基酸进而合成蛋白质。

实验室里制作培养基时可以使用的氮源物质有牛肉膏、蛋白胨和硝酸盐等。

2.1.2.5 生长因子

自养型的细菌不依赖外源有机物质，只需要无机物质就能合成全部细胞物质；大部分异养细菌除需要有机碳源外，在无机氮源或其他矿物质的环境中也能够生长。但是，另外一些异养细菌在一般碳源、氮源和无机盐的培养基中不能生长或生长较差。当往培养基中加入某些组织提取液时，细菌就能生长良好。这些组织细胞中含有细菌生长所必需的营养因子，这些因子就称为生长因子。

不同的细菌需要的生长因子也不同。一般包括维生素 C、B 族维生素、氨基酸、嘌呤和嘧啶及其衍生物、卟啉及其衍生物、固醇、胺类以及脂肪酸等类脂。

1. 维生素

维生素是一些细菌生长和代谢所必需的、微量的小分子有机化合物。它们的特点是：机体不能合成，必须从食物中获得；细菌对它的需要量较低；它是必不可少的代谢调节物质，大多数是酶的辅助因子；不同细菌需要的维生素种类不同，有的细菌可以自行合成维生素。

2. 氨基酸

氨基酸是组成蛋白质的主要成分，细菌的细胞壁合成需要 D-氨基酸，所以，如果细菌缺乏合成氨基酸的能力，就需要补充这种氨基酸。有时培养基中一种氨基酸的含量太高会抑制其他氨基酸的摄取，因此在实验室配制培养基时要注意氨基酸的浓度控制，避免他们之间的互相抑制。

3. 碱基

碱基包含嘌呤和嘧啶碱。主要功能是通过一系列的催化、脱水和环化，最后合成相应的核酸和一些辅酶。

4. 脂肪酸等类脂

某些细菌不能合成脂肪酸等类脂，必须从外界摄取长链脂肪酸用于构建细胞膜。另外，有些细菌还需要如固醇、胆碱和肌醇等类脂，用于组成细胞膜。

生长因子的主要功能是提供辅酶和辅基以及参与新陈代谢。有很多细菌自身能合成生长因子，不需要从外界吸收；有些细菌丧失了合成生长因子的能力，或者合成有限，必须从外界吸取才能维持正常的生理代谢，如乳酸菌需要多种维生素、氨基酸、嘌呤和嘧啶等。

2.1.3 细菌的营养类型

细菌的营养类型根据其生长所需要的能源、供氢体和碳源的不同，可以分为四种：光能自养型、光能异养型、化能自养型和化能异养型。

2.1.3.1　光能自养型

主要是一些蓝细菌、绿硫细菌、红硫细菌等，它们含有一种或者几种光合色素，以 CO_2 作为主要碳源，将光能转变为化学能。其概括反应式如下：

$$CO_2 + 2H_2A \longrightarrow [CH_2O] + 2A + H_2O$$

2.1.3.2　光能异养型

主要是紫色无硫细菌，具有光合色素，CO_2 不是其主要的碳源，需要一些简单的有机物作为碳源。并且此类细菌生长时大多数需要外源的生长因子。

2.1.3.3　化能自养型

主要是硝化细菌、硫化细菌、铁细菌（见图 2.1）和硫黄细菌等，它们利用无机物氧化放出的化学能作为能源，以 CO_2 或者碳酸盐作为主要碳源。可以在完全无机的条件下生长发育。又称化能矿质营养型。

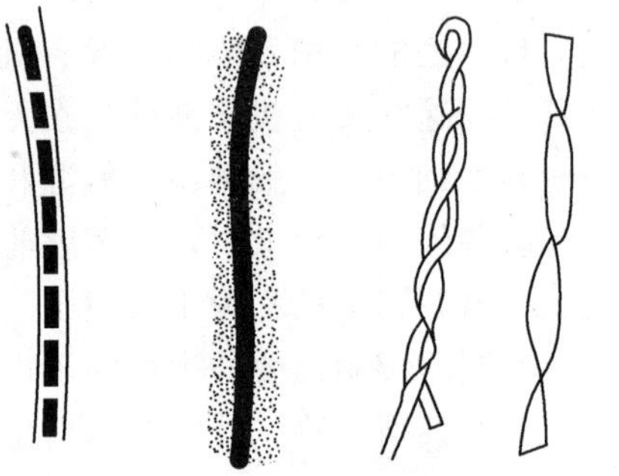

图 2.1　铁细菌

2.1.3.4　化能异养型

绝大多数的细菌属于这一类型。它们在有机物存在的条件下，将 CO_2 固定在有机物上，然后将其还原为细胞物质。有机物既是碳源又是氮源。化能异养型分为寄生和腐生两类。寄生是一种生物寄生在另一种生物体内或体表，从而摄取宿主细胞的营养以维持生命的现象；腐生是通过分解已经死亡的生物或其他的有机物以维持自身正常生活的方式。

以上的分类并不是绝对的，很多细菌会同时兼有两种营养类型，这种情况我们用"专性"和"兼性"来描述。例如氢细菌在缺乏有机质的环境中属于自养型；在供给适量的有机物时，它们利用有机的碳源，此时属于化能异养型。我们把氢细菌叫做"兼性化能自养型"。

2.1.4　营养物质进入细胞的方式

由于细菌没有专门的摄食器官和细胞器，所以各种营养物质依靠细胞质膜的功能进入细胞。第 1 章已经讲过细胞质膜的结构，细胞膜具有磷脂双分子层结构，脂溶性比较高的物质容易透过，但是细菌的营养物质各种各样，有水溶性和脂溶性、小分子和大分子。一般来说，分子越小，脂溶性越高，越容易透过细胞膜。某些脂溶性物质可以通过磷脂层的溶解而透过细胞，它们进入细胞是单纯的物理扩散过程。不带电的极性分子，如果足够小，也可以通过膜上的小孔扩散进入细胞，如乙醇和尿素等。

某些非脂溶性的物质透过细胞就比较复杂，因为双分子层对于这些物质是天然的屏障。但是事实上，这些物质都能以很快的速度通过细胞膜，并在细胞中积聚，形成细胞内外梯度。有时细胞内浓度还大于环境浓度很多倍。这种现象不能以简单的扩散和渗透来解释。另外不同的营养物质进入细胞的方式也不同，目前认为主要的运输方式有四种：单纯扩散、促进扩散、主动运输和基团转位。

2.1.4.1　单纯扩散

单纯扩散是物理过程，不包含细胞的主动代谢，主要是物质以顺浓度梯度，在无载体蛋白参与情况下，以扩散的方式进入细胞，这是营养物质进入细胞最简单的一种方式。其推动力是细胞膜两侧的浓度差，水溶性的溶质分子（水、无机盐、O_2、CO_2）通过细胞质膜中含水的小孔从高浓度区向低浓度区扩散，不和膜上的分子发生反应。单纯扩散的结果是某种化合物在细胞质膜内外的浓度趋于相等。

该过程没有特异性和选择性，不需要消耗能量，扩散速度慢，因此不是细胞获取营养物质的主要方式。

2.1.4.2 促进扩散

促进扩散中营养物质也是以顺浓度梯度的方式进入细胞，和单纯扩散不同，物质要借助于细胞膜上的特异性载体蛋白的协助。载体蛋白像船一样把溶质从细胞膜的一侧运送到另一侧，运输过程中载体蛋白不发生变化，它的存在只是加速了运输过程。载体蛋白具有类似酶的特异性，因此把它归为酶类，叫渗透酶或移动酶。细胞质膜上有很多渗透酶，每一种渗透酶运送一类物质通过细胞质膜进入细胞。

该过程主要依靠浓度梯度驱动，不消耗能量，渗透酶起加速运输的作用。

2.1.4.3 主动运输

通过细胞膜上的载体蛋白构型变化，同时消耗能量，使膜外低浓度物质进入细胞膜内的一种物质运送方式。其特点为：①物质可逆浓度梯度由低浓度向高浓度转运；②需要能量（可由细胞膜上的呼吸链供给）。大多数营养物质靠主动吸收。当环境中细菌所需营养物质的浓度仅为菌体的1/‰，甚至更低时，靠主动吸收的方式，细菌仍能获得其物质。主动吸收主要是由菌体细胞膜内的镶嵌蛋白——透性酶（Permease）完成。透性酶在胞膜内运转，与特定营养物质可逆性结合，起到膜内外物质转运载体的作用。透性酶在胞膜外与营养物质高亲和力牢固结合，在能量供给的条件下，逆浓度差将物质转运到菌体内，经变构及其他尚不明确的机制，使营养物质从透性酶上解离下来，释入胞质。透性酶又可转至菌体胞膜外面重复运转物质。

主动运输是细菌吸收营养物质的一种主要方式，很多无机离子、有机离子和一些糖类是通过这种方式进入细胞的。

2.1.4.4 基团转位

除了营养物质在运输过程中发生了化学变化以外，其他的过程都与主动运输方式相同，也有特异性载体蛋白参与并消耗能量。通过基团转位进入细胞的物质有糖、嘌呤、嘧啶、乙酸等。

细菌营养物质运输系统的多样性，使一个细胞能同时运输多种营养物质，为细菌广泛分布于自然界提供了可能。

2.2 酶及其作用

酶是一种具有催化活性的蛋白质，因此具有催化剂的特点；同时酶又具有蛋白质的属性，即酶由氨基酸通过肽键连接而成，只有在适当的温度、pH值和离子强度下才具有生物活性，有些酶还需要辅酶或辅助因子。

2.2.1 酶作为催化剂的特点

大多数的酶是细胞产生的，细菌体内的一切化学反应，几乎都是在酶的催化下进行的。酶量和酶活性的改变都会引起细菌代谢的异常。酶和一般的催化剂一样，仅能催化和加速反应，酶本身反应前后不发生变化。

酶和一般的催化剂的区别是：酶的主要成分是蛋白质，易受外界条件的影响而失去活性，所以酶作用要求在温和条件下进行；酶的催化效率非常高，酶促反应比非酶促反应要快 $10^3 \sim 10^{17}$ 倍；酶具有高度的专一性，通常一种酶只作用于某一类或某一种特定的物质；酶的催化活性可以控制和调节；酶催化具有特异性。

2.2.2 酶的分类和命名

2.2.2.1 酶的分类

按照国际酶学委员会（ICE）的规定，酶按照所催化的反应类型分为以下六大类。

1. 氧化还原酶类

催化氧化还原反应，其反应通式是：

$$AH_2 + B \rightleftharpoons A + BH_2$$

其中：AH_2——供氢体；

B——受氢体。

此类酶可以按供氢体的性质分为氧化酶类和脱氢酶类。

（1）氧化酶类。催化有两种结果，一种是生成 H_2O_2，一种生成 H_2O，即

$$AH_2 + O_2 \rightleftharpoons A + H_2O_2$$

$$AH_2 + 1/2O_2 \rightleftharpoons A + H_2O$$

（2）脱氢酶类。氢由中间受体 NAD 接受，如乙醇脱氢

$$CH_3CH_2OH + NAD \rightleftharpoons CH_3CHO + NADH_2$$

2. 转移酶类

催化一种化合物的基团转移到另一种化合物分子上，其反应通式是：

$$AR + B \rightleftharpoons A + BR$$

能够被催化转移的基团包括氨基、醛基、酮基、磷酸基等。

3. 水解酶类

能促进基质的水解作用及其逆反应，其反应通式是：

$$AB + H_2O \rightleftharpoons AOH + BH$$

4. 裂解酶类

催化有机物裂解为小分子有机物，其反应通式是：

$$AB \rightleftharpoons A + B$$

5. 异构酶类

使化合物分子内的基团重新排列，形成同分异构体，其反应通式是：

$$A \rightleftharpoons A'$$

葡萄糖转化为果糖的反应就是葡萄糖异构酶的作用。

6. 合成酶类

催化底物的合成反应，例如蛋白质和核酸的生物合成。其反应通式是：

$$A + B + ATP \rightleftharpoons AB + ADP + Pi$$

或

$$A+B+ATP \rightleftharpoons AB+AMP+PPi$$

除了上面的分类，习惯上按酶作用的底物不同，把它分为淀粉酶、蛋白酶、脂肪酶、核糖核酸酶和纤维素酶。也可以按照酶在细胞的不同部位，把酶分为胞外酶、胞内酶和表面酶。

2.2.2.2 酶的命名

1. 习惯命名法

(1) 底物加反应类型命名。如蛋白水解酶、乳酸脱氢酶等。

(2) 对水解酶，只用底物命名即可。如蔗糖酶、蛋白酶、胆碱酯酶。

(3) 有时在底物名前冠以酶的来源。如唾液淀粉酶、血清谷氨酸—丙酮酸转氨酶。

2. 系统命名法

国际酶学委员会（ICE）规定了一套系统命名法，使一种酶只有一种名称。它包括酶的系统命名和4个用数字分类的酶的编号，例如：

$$\text{ATP}+\text{D-葡萄糖}\longrightarrow\text{ADP}+\text{D-葡萄糖-6-磷酸}$$

该酶的正式系统命名是：ATP为葡萄糖磷酸转移酶，表示该酶催化从ATP中转移一个磷酸基团到葡萄糖分子上的反应。它的分类数字是E.C.2.7.1.1.，其中E.C.代表按国际酶学委员会的规定命名，第一个数字2代表酶的分类名称（转移酶类），第二个数字7代表亚类（磷酸转移酶类），第三个数字1代表亚亚类（以羟基作为受体的磷酸转移酶类），第四个数字1代表D-葡萄糖作为磷酸基的受体。

2.2.3 酶的结构与功能

2.2.3.1 酶的组成

酶的组成有两类：单成分酶和全酶。

1. 单成分酶

由简单蛋白质构成的单纯酶。

2. 全酶

酶蛋白和辅因子结合成的完整分子。即全酶＝酶蛋白＋辅助因子（辅酶或辅基）。只有全酶才有催化活性，将酶蛋白和辅助因子分开后均无催化作用。酶的蛋白部分确定酶催化作用的专一性和高效率。辅酶及辅基决定酶促反应的类型。辅酶及辅基起着递氢、传递电子或者转移某些化学基团的作用。

2.2.3.2 酶的辅助因子

酶的辅助因子包括辅酶和辅基。与酶蛋白结合比较疏松并可用透析方法除去的称为辅酶；与酶蛋白结合牢固，不能用透析方法除去的称为辅基。

辅酶及辅基从其化学本质可分为三类。

1. 无机金属元素

铜、锌、锰、镁、铁等，它们在酶分子中的作用是：维持酶分子活性构象；通过氧化还原传递电子；连接酶和底物；离子所带的电荷影响酶的活性。

2. 小分子有机物

维生素、铁卟啉等，它们在细胞内不能合成，必须由外界供应或补充。维生素分为脂溶性（A、D、E、K）和水溶性（C、B族）两大类。B族维生素的缺乏会导致各种酶促反应障碍，以致代谢失常。

3. 蛋白质辅酶

某些蛋白质起辅酶作用，它们自身不起催化作用，但是某些酶是所必需的。它们一般是比较小的分子，而且比大多数的酶具有更高的热稳定性，主要通过递氢或传递电子起作用。

2.2.3.3 酶蛋白的结构

酶蛋白由 20 多种氨基酸组成，这些氨基酸按照一定的排列顺序由肽键（—CO—NH—）连接成多肽链，肽链之间或者一条多肽链卷曲后相邻的基团之间以氢键、盐键、酯键、疏水键、范德华引力及金属键等相连接而成。酶蛋白的结构分一级、二级和三级结构，少数酶具有四级结构（见图 2.2）。一级结构是酶本身的结构；二级结构是多肽链形成的初级空间结构，此时的酶蛋白已经变性。

酶的活性主要与一级结构有关，受二级结构的影响较小。有时二级结构比一级结构更为重要，因为活性中心需要借助一定的空间结构才能得以维持。

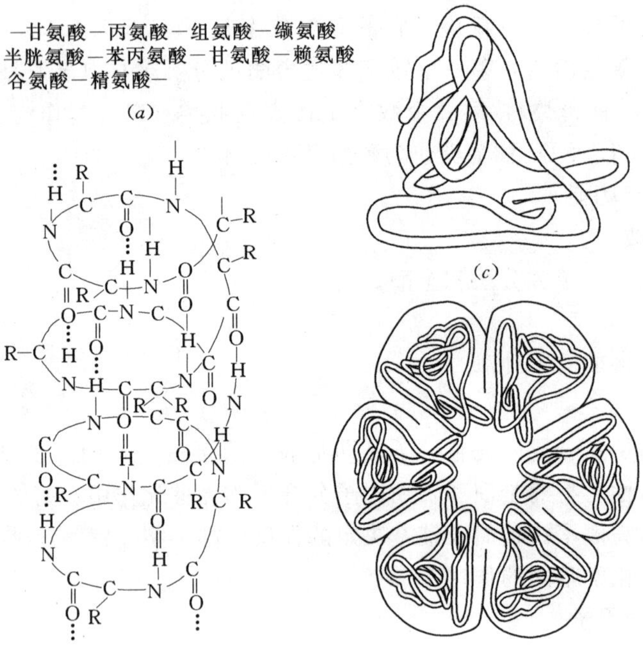

图 2.2 酶蛋白的结构图

(a) 一级结构；(b) 二级结构；(c) 三级结构；(d) 四级结构

2.2.4 酶的活性和酶的专一性

酶的活性中心是指酶蛋白分子中与底物结合，并起催化作用的小部分氨基酸微区，由结合部和催化部两部分构成。构成活性中心的微区在一条肽链的不同部位，或在不同肽链上。它们的位置靠得很近，形成酶的活性中心。如图 2.3 是牛胰核糖核酸酶活性中心示意图：牛胰核糖核酸酶由 124 个氨基酸组成，其活性中心由靠得很近的第 12 号、第 119 号两个组氨酸和第 41 号的赖氨酸组成。

酶的活性中心对催化至关重要，其他部位在维持酶的空间构型、保护酶的活性中心起着不同程度的作用。

2.2.5 影响酶促反应速度的因素

影响酶促反应速度的因素有很多，诸如温度、pH 值、底物浓度、酶浓度、抑制剂和激活剂等。

2.2.5.1 底物浓度的影响

根据 Henri 的“酶——底物中间复合体”学说，酶促反应中，酶先与底物形成中间复合物，再转变成产物，并重新释放出游离的酶。

$$S+E \rightleftharpoons SE \rightarrow E+P$$

在酶浓度恒定的条件下，底物浓度比较小的时候，酶没有被底物饱和，此时的反应速度取决于底物的浓度，底物的浓度越大，单位时间内生成的 SE 越多，而反应速度取决于 SE 的浓度，故反应速度也随之增高。当底物浓度加大后，酶逐渐被底物饱和，至底物增加到极大值时，所有的酶分子均被底物饱和，此时的反应速度不会再增高。我们用 $[S]$ 对 V 作图，见图 2.4。

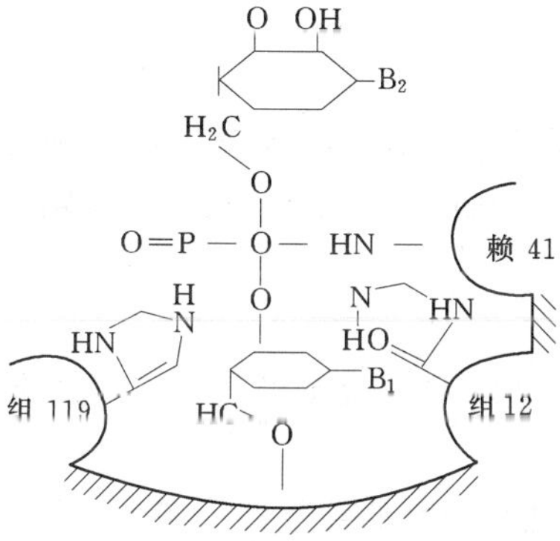

图 2.3 牛胰核糖核酸酶的活性中心

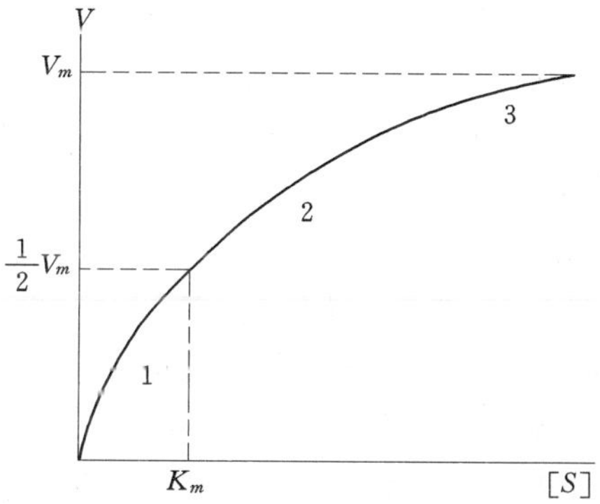

图 2.4 底物浓度与酶反应速度的关系

图 2.4 中曲线可分为三段：第一段：反应速度与底物浓度呈正比关系，表现为一级反应；第二段：介于零级及一级之间的混合反应；第三段：接近零级反应，当底物浓度远远超过酶浓度（$[S] \gg [E]$）时，反应速度也达到极限值。

根据中间复合物理论，Michaelis 和 Menten 对图 2.4 的曲线加以数学处理，提出了酶促反应动力学的基本原理，即米氏方程：

$$V=\frac{V_{max}[S]}{K_m+[S]}$$

米氏方程反映了底物浓度与酶促反应速度间的定量关系，式中 V_{max} 为最大反应速度，$[S]$ 为底物浓度，K_m 为米氏常数，V 为底物浓度不足以产生最大速率时的速度。

当酶促反应处于 $V=1/2V_{max}$ 时，则米氏方程为：

$$1/2V_{max} = \frac{V_{max}[S]}{K_m + [S]}$$

$$K_m + [S] = 2[S]$$

故

$$K_m = [S]$$

上式说明：米氏常数 K_m 为酶促反应达到最大反应速度一半时的底物浓度。它的单位是 mol/L，是酶的特征性常数。K_m 受温度、pH 值和离子强度的影响。

已知某个酶的 K_m，可以计算出在某一底物浓度时，某反应速度相当于最大速度的百分率。例如：当 [S] =3K_m 时代入 $V=\frac{V_{max}\ [S]}{K_m+\ [S]}$式得：

$$V = \frac{V_{max} 3K_m}{K_m + 3K_m}$$

$$V = 3/4V_{max} = 75\%V_{max}$$

需要说明的是：一种酶如果有几种底物，就有几个 K_m，K_m 值最小的底物称为该酶的最适底物。一般用 K_m 值近似的表示酶对底物亲和力的大小，K_m 愈小，表示酶对该底物的亲和力愈大，酶促反应愈易于进行。

K_m 的值受温度、pH 值和离子强度的影响。

2.2.5.2 pH 值的影响

酶在适宜的 pH 值范围内表现出活性，过高过低的 pH 值会改变酶的活性中心的构型，使其变性或失去活性。pH 值还可以改变底物分子和酶分子的带电状态，影响酶和底物的结合。

2.2.5.3 温度的影响

酶在适宜的温度范围内活性最强，酶促反应速率在适宜的温度范围内，温度每升高10℃，酶促反应的速率可相应提高 1～2 倍。

过高的温度可以破坏或者使酶发生不可逆变性，从而使酶的催化作用完全丧失。过低的温度只降低酶的活性，但不会使酶失去活性；当提高到合适的温度，酶的活性就会恢复。

2.2.5.4 酶浓度的影响

由米氏公式可以看出，酶促反应速度与酶分子的浓度成正比。当底物浓度足够时，酶分子越多，底物转化的越快。但是实际反应并不是这样，原因可能是高浓度的底物夹带有较多的抑制剂所致。

2.2.5.5 激活剂的影响

凡是能提高酶的活性，加速酶促反应进行的物质都是激活剂。激活剂可以是无机的阴离子和阳离子（Na^+、K^+、Ca^{2+}、Mg^{2+}、Cu^{2+}、Fe^{3+}、Cl^-、Br^-、I^-、SO_4^{2-}、PO_4^{3-}等）；也可以是一些小分子的有机物，如抗坏血酸等。

许多酶只有当某一种适当的激活剂存在时，才能表现或强化其催化活性；即激活剂对酶的激活作用。酶的激活作用是相对的，一种酶的激活剂对另一种酶来说，也可能是一种抑制剂。

2.2.5.6 抑制剂的影响

凡是能减弱、破坏酶活性的物质称为酶的抑制剂。酶的抑制剂有重金属离子（如 Ag^{+}、Cu^{2+}、Hg^{2+} 等）、一氧化碳、硫化氢、氰氢酸、氟化物、EDTA 和表面活性剂等。

对酶促反应的抑制可以分为可逆抑制和不可逆抑制两种。

1. 可逆抑制

抑制剂先与酶的活性中心结合，从而降低酶促反应的速度。这种抑制可以通过增加底物浓度被解除，恢复酶的活性。

可逆抑制分为竞争性抑制作用、非竞争性抑制作用和反竞争性抑制作用。

（1）竞争性抑制。抑制剂 I 和底物 S 对游离的酶 E 有竞争作用，互相排斥，结合 I 就不能结合 S，结合 S 就不能结合 I。这种情况往往是抑制剂和底物争夺同一位置。如果两者结合的位置不同，但是由于空间障碍使得 I 和 S 不能同时结合到酶分子上，故不可能存在 IES 三联复合体。

（2）非竞争性抑制。底物 S 和抑制剂 I 与酶的结合互不相关，即不排斥，也不促进，S 可以与游离 E 结合，也可以和复合体 EI 结合；同样 I 也可以与游离 E 结合，也可以与 ES 复合体结合，但是 IES 不能释放出产物。

（3）反竞争性抑制。抑制剂 I 不与游离酶 E 结合，却和 ES 中间复合体结合成 EIS 不能释放出产物。

竞争性抑制与非竞争性抑制的区别如图 2.5 所示。

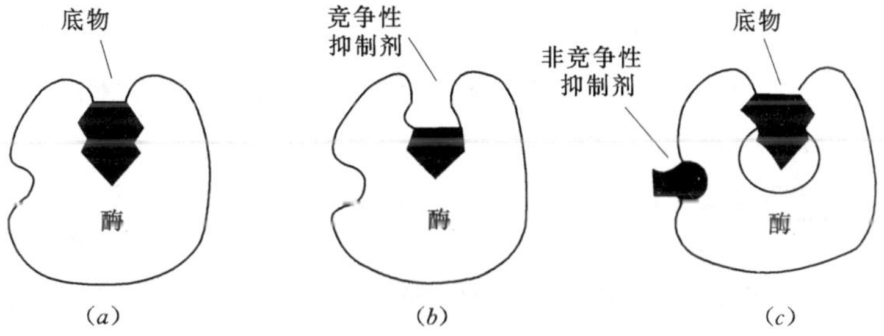

图 2.5　竞争性抑制剂与非竞争性抑制剂的区别

(*a*) 酶—底物复合物；(*b*) 竞争性抑制剂阻止底物与酶结合；

(*c*) 非竞争性抑制剂阻止底物与酶结合

2. 不可逆抑制

抑制剂和酶活性中心以外的位点结合后，底物仍然可以与酶的活性中心结合，但是酶不显示活性。这种抑制是不可逆的，增加底物浓度并不能解除对酶活性的抑制。

不可逆抑制分为专一性不可逆抑制和非专一性不可逆抑制。

（1）专一性不可逆抑制。抑制剂专一作用于酶的活性中心或其必需基团，进行共价结合，从而抑制酶的活性。

（2）非专一性不可逆抑制。抑制剂与酶分子中的一类或几类基团作用，无论是不是必需基团，皆进行共价结合。由于酶的必需基团也被抑制，故可以使酶丧失活性。

有一些物质是一种酶的抑制剂，同时又是另一种酶的激活剂。

2.3 细菌的呼吸

细菌借助于菌体的酶类从物质的氧化过程中获得能量的过程，称为细菌的呼吸。根据氧化过程中受氢体的不同又分为：需氧呼吸、厌氧呼吸和发酵。以游离的分子氧作为受氢体的呼吸，称为需氧呼吸，这种氧化过程产生能量最多。以无机化合物作为受氢体的则称为厌氧呼吸；以各种有机化合物作为受氢体的称为发酵。细菌呼吸作用的本质是氧化与还原的统一过程，这过程中有能量的产生和能量的转移。细菌通过呼吸作用来从中获得能量，能量的一部分供给合成反应和生命活动所需，一部分储存在ATP（三磷酸腺苷）中供生长、运动和其他活动所用。

ATP是生物的能量转移中心。生物氧化的结果不仅使许多还原型辅酶Ⅰ得到了再生，而且更重要的是为生物体的生命活动获得了能量。ATP的产生就是电子从起始的电子供体经过呼吸链至最终电子受体的结果。

ATP是生物体内能量的主要传递者。当微生物获得能量后，都是先将它们转换成ATP。当需要能量时，ATP分子上的高能键水解，重新释放出能量。这些能量在体内很好地和起催化作用的酶产生偶然作用，既可利用，又可重新储存。利用光能合成ATP的反应，称为光合磷酸化。利用生物氧化过程中释放的能量，合成ATP的反应，称为氧化磷酸化，生物体内氧化磷酸化是普遍存在的，有机物降解反应和生成物合成反应通过氧化还原而偶联起来，使能量得到产生、保存和释放。

2.3.1 发酵

以有机物的中间代谢产物为最终受氢体，同时释放能量和产生不同的代谢产物的过程叫发酵。在发酵条件下只是部分的有机物被氧化，因此，只能释放出少部分的能量。

发酵的种类有很多，发酵的底物有糖类、有机酸、氨基酸等，其中以发酵葡萄糖最重要。葡萄糖酵解途径（EMP途径）分为三个阶段：第一阶段是一些不涉及氧化还原反应和能量释放的预备性反应，其结果生成一种主要的中间产物——三磷酸甘油醛；第二阶段有氧化还原反应，产生ATP高能磷酸键并形成两分子的丙酮酸；第三阶段有氧化还原反应，形成$NADH_2$和乙醇，如图2.6所示。

在葡萄糖酵解途径的第一阶段主要反应是：葡萄糖在消耗ATP的情况下被磷酸化，形成6-磷酸葡萄糖；6-磷酸葡萄糖经过同分异构化和再一次磷酸化，生成重要的中间产物1，6-二磷酸果糖。经过醛缩酶的催化，1，6-二磷酸果糖裂解成为3-磷酸甘油醛和磷酸二羟丙酮。以上还没有发生氧化还原反应，所有反应均不涉及电子转移。

在葡萄糖酵解途径的第二阶段，由3-磷酸甘油醛转化为1，3-二磷酸甘油酸时发生第一个氧化过程，失去两个电子，NAD接受这两个电子变成$NADH_2$无机磷酸根变成有机态。二磷酸甘油酸中的两个磷酸键属于高能磷酸键，在1，3-二磷酸甘油酸转变为3-磷酸甘油酸及后续的磷酸烯醇式丙酮转变成丙酮酸的反应过程中，ADP发生能量转移生成ATP。在酵解的过程中，有2分子的ATP作用于糖的磷酸化，但合成出4分子的ATP，因此，每氧化1个分子的葡萄糖净得2分子的ATP。

在葡萄糖酵解途径的第三阶段，丙酮酸脱羧生成乙醛，乙醛作为氢受体使NAD^+再

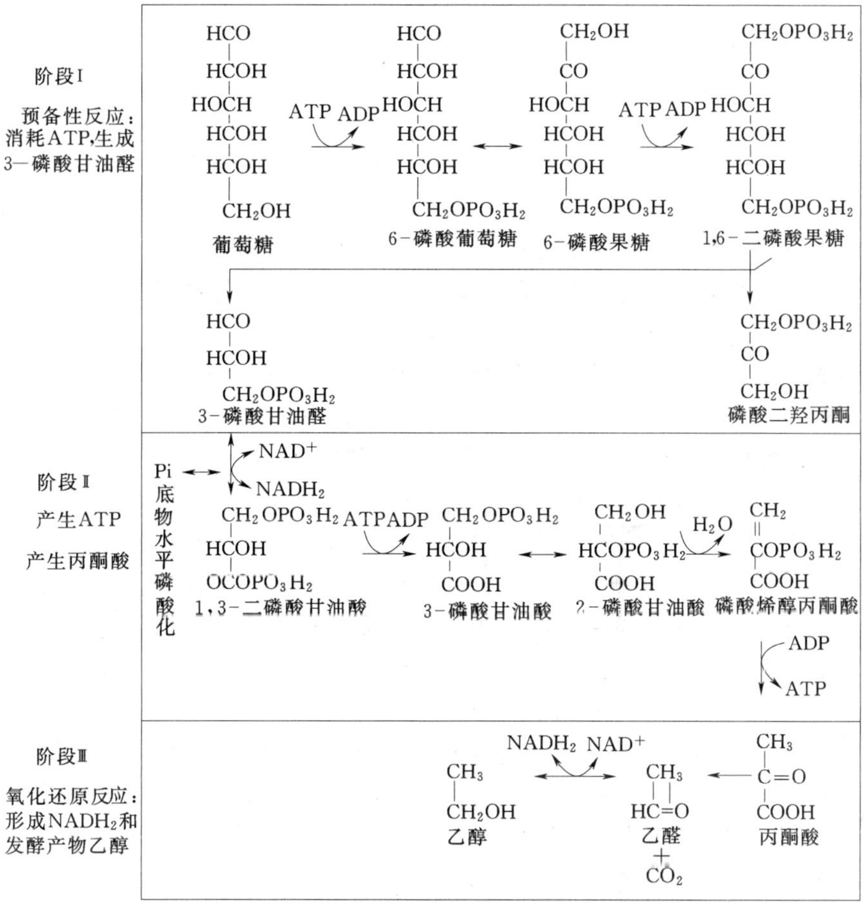

总反应式：$C_6H_{12}O_6 + 2H_3PO_4 + 2ADP \longrightarrow 2CH_3CH_2OH + 2ATP + 2H_2O + 2CO_2$

释放的能量：$\Delta G = -238.3\ kJ/mol$

图 2.6　糖酵解的三个阶段

生，发酵最终产物乙醇。

作为发酵的底物必须具备两点：①不能过分被氧化，否则就不能产生足以维持生长的能量；也不能过分被还原，否则不能作为电子受体。②必须能转变成为一种可参与底物水平磷酸化的中间产物。因此，碳氢化合物和高度还原态的化合物不能作为发酵底物。

2.3.2 好氧呼吸

以分子氧作为最终电子受体，底物被全部氧化为 CO_2 和 H_2O，并产生 ATP 的过程叫好氧呼吸。在好氧呼吸过程中，能源释放出的电子首先转移给 NAD，使 NAD 还原为 $NADH_2$。$NADH_2$ 再氧化释放电子成为氧化型的 NAD，电子转移给电子传递体系。电子传递体系再将电子转移给最终电子受体——O_2，O_2 被还原为 H_2O。

以葡萄糖为例，通过 EMP 途径和 TCA 循环被彻底氧化成二氧化碳和水，生成 38 个 ATP，化学反应式为：

$$C_6H_{12}O_6+6O_2+38ADP+38Pi \longrightarrow 6CO_2+6H_2O+38ATP$$

第一阶段葡萄糖经过EMP途径酵解在发酵中已经述及，下面介绍第二阶段的三羧酸循环。

2.3.2.1 三羧酸循环（TCA）

三羧酸循环也称柠檬酸循环或者克雷布斯循环，是体内所有营养物质最终氧化的主要途径。其循环过程如图2.7所示。

如果从丙酮酸氧化脱羧生成乙酰CoA开始，三羧酸循环由以下11步反应组成。

（1）丙酮酸在丙酮酸氧化脱羧酶系的催化下，通过NAD经呼吸链被氧化、脱羧成乙酰CoA，反应生成的乙酰CoA含一个高能硫酯键。

（2）乙酰CoA与草酰乙酸在柠檬酸合成酶催化下生成柠檬酸。

（3）在顺—乌头酸酶的催化下，柠檬酸转化为顺—乌头酸。

（4）在柠檬酸酶的作用下，顺—乌头酸转化为异柠檬酸。

（5）异柠檬酸脱氢酶催化异柠檬酸脱氢生成草酰琥珀酸，同时还原1分子的NADP。

（6）在草酰琥珀酸脱氢酶催化下，草酰琥珀酸脱去1分子CO_2，生成α—酮戊二酸。

（7）α—酮戊二酸脱氢生成琥珀酰CoA，还原1分子的NAD，并放出1分子CO_2。

（8）琥珀酰CoA被分解为琥珀酸和辅酶A，反应中合成1分子的GTP。

（9）琥珀酸脱氢生成延胡索酸，还原1分子的FAD。

（10）延胡索酶催化延胡索酸转变为苹果酸。

（11）在苹果酸脱氢酶催化下，苹果酸脱氢生成草酰乙酸，并还原1分子的NAD。

从上面的反应可以看出，循环（1）、（7）步不可逆，故整个循环只能顺行。循环每转动一周，1分子的丙酮酸被完全氧化产生3分子的CO_2［（1）、（6）、（7）步］和2分子的H_2O［反应的（1）、（3）、（5）、（7）、（9）、（11）步各脱2个H，传给［O］生成5个H_2O，反应的第（3）步放出1个H_2O，但是反应的（2）、（4）、（8）、（10）步各消耗1分子的H_2O，故剩余2分子H_2O］，总反应式表示为：

$$CH_3COCOOH+5[O] \longrightarrow 3CO_2+2H_2O$$

2.3.2.2 三羧酸循环中的能量平衡

1分子的丙酮酸被完全氧化生成3分子CO_2和2分子H_2O的同时，生成4分子的$NADH_2$，1分子的$NADH_2$通过电子传递体系重新氧化为NAD，同时可生成3分子的ATP，则4分子的$NADH_2$生成12分子的ATP。在琥珀酰CoA氧化成延胡索酸时生成1分子的GTP，随后1分子的GTP转变成1分子的ATP。这个过程包含不经NAD而直接将电子传给FAD生成$FADH_2$。$FADH_2$经过电子传递体系被氧化成2分子的ATP。则1分子的丙酮酸经过一次三羧酸循环可生成15分子的ATP。1分子的葡萄糖可生成2分子的丙酮酸，则共生成30分子的ATP。在丙酮酸之前的糖酵解中生成2分子的$NADH_2$，借电子传递体系被氧化成6分子的ATP。加上葡萄糖转变成丙酮酸时底物水平磷化生成的2分子ATP，氧化1分子的葡萄糖总共可以生成38个ATP。

好氧呼吸可分为外源性呼吸和内源性呼吸。在正常情况下，细菌利用外界供给的能源进行呼吸，叫外源呼吸。外界没有供给能源，利用自身内部储存的能源物质（如糖、脂肪等）进行呼吸，叫内源呼吸。在没有外源性能源供给时，内源呼吸的速度取决于细胞内原

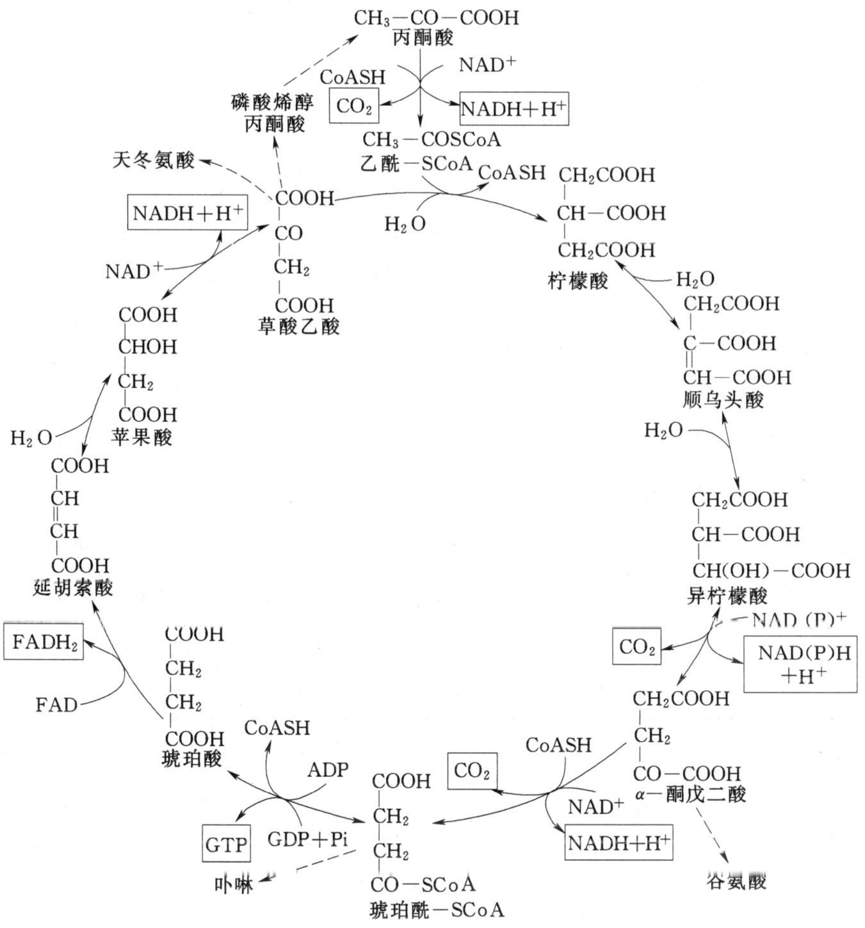

图 2.7 三羧酸循环

有的营养水平：营养丰富的细胞具有高度的内源呼吸，饥饿细胞的内源呼吸速度低。在有外源性能源供给时，这两种细胞可能进行同等程度的呼吸反应。

好氧呼吸能否进行取决于 O_2 的体积分数能否达到 0.2%，O_2 的体积分数低于 0.2%，好氧呼吸不能发生。

2.3.3 无氧呼吸

以无机氧化物作为最终电子受体的生物氧化过程，称为无氧呼吸。能起这种作用的化合物有硫酸盐、硝酸盐和碳酸盐。无氧呼吸的氧化底物一般是有机物，如葡萄糖、乙酸和乳酸等。它们被氧化为 CO_2，同时有 ATP 生成。

2.3.3.1 以 NO_3^- 作为最终电子受体

供氢体可以是葡萄糖、乙酸、甲醇等有机物，也可以是 H_2 和 NH_3。反应式如下：

$$CH_3OH+NO_3^- \longrightarrow 0.5N_2\uparrow+2H_2O+CO_2$$

$$6H_2+2NO_3^- \longrightarrow N_2\uparrow+3H_2O$$

硝酸盐的 NO_3^- 在接受电子后变成 NO_2^-、N_2 的过程叫脱氮作用，也叫反硝化作用或者硝酸盐还原作用。其氮循环见图 2.8。

2.3.3.2　以 SO_4^{2-} 作为最终电子受体

硫酸还原菌在硫酸还原酶催化作用下，将 SO_4^{2-} 还原为 H_2S。氧化有机物不彻底。例如氧化乳酸时的产物为乙酸：

$$2CH_3CHOHCOOH + H_2SO_4 \longrightarrow 2CH_3COOH + 2CO_2 + H_2S + 2H_2O$$

2.3.3.3　以 CO_2 和 CO 作为最终电子受体

产甲烷菌利用甲醇、乙醇、甲酸、乙酸、H_2 作为供氢体，将 CO_2 还原为 CH_4，反应式如下：

$$2CH_3CH_2OH + CO_2 \longrightarrow CH_4 + 2CH_3COOH$$

$$3H_2 + CO \longrightarrow CH_4 + H_2O$$

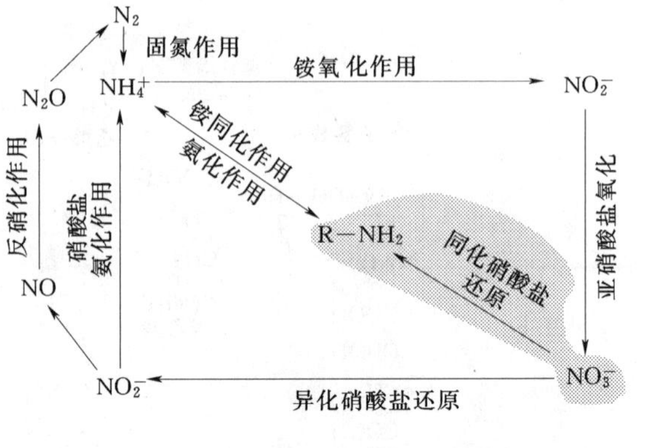

图 2.8　硝酸盐呼吸的氮循环

产甲烷菌只能利用 C_1 和 C_2 简单的化合物，如甲醇、乙醇、甲酸、乙酸等。所以氧化这些物质转化的能量远远低于好氧呼吸。发酵、好氧呼吸、无氧呼吸三者的比较（见表 2.2）。

表 2.2　发酵、好氧呼吸、无氧呼吸三者的比较

呼吸类型	发　酵	好氧呼吸	无氧呼吸
受氢体	有机物的中间代谢产物	分子氧	无机化合物
需氧情况	厌氧	需氧	厌氧
参与反应的酶	NAD、脱氢酶、脱羧酶、乙醛还原酶	脱氢酶、脱羧酶、NAD、FAD	NAD、脱氢酶、脱羧酶、硝酸还原酶、硫酸还原酶
产生能量（1分子葡萄糖）	2个ATP	38个ATP	

细菌的呼吸类型在废水生物处理中的应用：活性污泥和生物滤池法利用好氧微生物或兼性微生物进行好氧呼吸将废水中的大分子有机物分解成无机物使废水得以净化；厌氧消化法利用厌氧微生物和兼性微生物的厌氧呼吸将废水中的大分子有机物降解为小分子有机物或无机物使废水得以净化。

2.4　其他环境因素对细菌生长的影响

细菌的生长代谢除了需要营养物质以外，还与周围的环境有着密切的关系：一方面，细菌需要在环境中生存，环境条件的改变会引起细菌的形态、生理、生长、繁殖特征的变化。另一方面，细菌也通过向环境中排泄代谢产物等方式，适应甚至改变着环境。了解环境条件与细菌之间的相互关系，使人们有可能制定降低甚至杀死病菌的有效措施。影响细菌生长的因素很多，下面从物理因素和化学因素两个方面来分析。

2.4.1 物理因素对细菌生长的影响

2.4.1.1 温度

细菌的生命活动是由复杂的物理化学反应组成的，而这些反应只有在一定温度范围内才能正常进行，因此，温度是影响细菌生长的最重要的环境因素之一。

随着温度的升高，细胞内酶促反应加快，代谢和生长也相应加快。如果温度过高会导致细胞内的各种生物活性物质变性，甚至导致细胞死亡。所以，细菌有四种基本温度：最低生长温度、适宜生长温度、最高生长温度和极端温度。

最低生长温度是指细菌进行生长繁殖的最低温度界限。此温度下的细菌生长非常缓慢，如果低于这个温度，细菌会停止生长。

适宜生长温度是指细菌生长速度最快的温度。不同的细菌适宜温度不一样。

最高生长温度是指细菌进行生长繁殖的最高温度界限。此温度下细胞易于衰老和死亡，如果高于这个温度，细菌会死亡。

极端温度是指超高温或超低温。超高温是在最高温度以上，对细菌有致死作用。极端温度对细菌的影响主要表现在破坏细菌机体的基本组成物质——蛋白质、酶蛋白和脂肪。蛋白质在高温下发生凝固，为不可逆变性，和鸡蛋煮熟以后不能在孵化出小鸡的道理一样。超高温致死细菌的另外一个原因是细胞脂膜的脂肪受热溶解，使膜产生小孔，细胞内物质外泄而致死。高温灭菌就是利用的这一原理。

因此，细菌只有在适宜的温度范围内才能大量生长繁殖。根据一般细菌对温度的不同需求，可以将细菌分为四大类：嗜冷菌、嗜中温菌、嗜热菌和嗜超热菌（超嗜热菌）。大多数的细菌是嗜中温菌，嗜冷菌和嗜热菌占少数。

1. 嗜冷菌

嗜冷菌是指最适宜生长温度在5～15℃，最高不超过20℃，最低温度在0℃或更低也能生长的细菌。所以，在低温下冷藏的肉类、奶类、蔬菜、水果等仍然有可能因嗜冷细菌而引起变质，甚至腐烂。只有使食物冻结，才能防止细菌的侵害。即使在南、北极地终年冰雪的环境中，仍然有细菌生长。

嗜冷细菌能在低温下生长的机理还不是完全清楚，目前认为主要的原因有三种：①嗜冷细菌的酶能在低温下更有效的催化生化反应，温度稍微高（30～40℃）酶失去活性；②嗜冷细菌的细胞脂膜含有大量的不饱和脂肪酸，在低温下能保持半流动性；③嗜冷细菌的主动输送营养物质的功能运转良好，能有效的供应必需的营养物质。

有很多细菌在冰点以下也不会死亡，只会抑制它的生长，一旦遇到适宜的生长环境可以继续生长繁殖。

2. 嗜中温菌

嗜中温菌最适宜生长温度在20～40℃，最低生长温度为10～20℃，最高生长温度为40～45℃。绝大多数的细菌属于嗜中温细菌。废水生物处理中的细菌的最适宜温度在30℃左右。

嗜中温菌之所以在低于10℃的环境中不能生长，可能的原因是10℃以下酶的活性受到抑制，蛋白质合成过程不能启动。

3. 嗜热菌和嗜超热菌

嗜热菌和嗜超热菌是比较特殊的细菌，凡是在55～75℃之间生长良好，在37℃以下不能生长的为专性嗜热菌；凡是在55～75℃之间生长良好，在37℃以下也能生长的为兼性嗜热菌；75℃以上生长良好的为嗜超热菌，如古细菌（113℃）。

嗜热菌最适宜的生长温度是50～60℃，能在45～50℃以上的条件下生长，环境温度低于35℃一般不能生长。多见于温泉和堆肥中，有的可以在接近100℃的高温中生长。

嗜热菌的耐热性与其本身的一些特性有关：①菌体内的酶和蛋白质有较强的抗热性；②细胞中的饱和脂肪酸含量高，使得细胞膜在高温下能保持其稳定性并维持正常的功能；③核酸有较高的热稳定性；④在高温下生成生物大分子的速度加大，能弥补高温造成的损伤。

嗜热菌的耐热性在实践中有很重要的作用，嗜热菌用于发酵具有周期短、效率高等优点。

2.4.1.2　水的活度和渗透压

细菌的生命活动离不开水，干燥会导致细胞失水造成代谢停滞甚至死亡。在干燥环境中，温度越高，细菌越容易死亡，缓慢干燥死亡较多，而快速失水不易死亡。

细菌可以利用水的量取决于水被吸附的紧密程度和有机体把水移进体内的效力大小。

1. 水的活度 *aw*

水的活度表示在一定温度下，某溶液或物质在与一定空间空气相平衡时的含水量与空气饱和水量的比值，用小数表示。表示水被吸附和溶液因子对水可利用性的影响的一种指标。它和相对湿度相对应。比如空气相对湿度为75%，此时溶液或者物质的 *aw* 为0.75。

大多数的细菌在 *aw* 为0.95～0.99时生长最好。嗜盐细菌比较特殊，它们的 *aw* 在低于0.80的含氯化钠的培养基中生长最好。在 *aw* 为0.60～0.65时，大多数细菌停止活动。

2. 渗透压

水或溶剂通过半渗透膜进行扩散叫渗透；水或溶剂通过半渗透膜时的压力叫渗透压。渗透压的大小与溶液的浓度成正比。例如：5g/L的氯化钠溶液和15g/L的氯化钠溶液被半渗透膜隔开，5g/L的氯化钠溶液中的水分子会进入15g/L的氯化钠溶液中，15g/L的氯化钠溶液中的水分子也有一部分透过半透膜进入5g/L的氯化钠溶液，由于最后要达到浓度差最小，所以5g/L的氯化钠溶液的水分子进入15g/L的氯化钠溶液的较多，最后我们看到的是15g/L的氯化钠溶液一侧的液面升高。当升高的液面不再变化时，渗透达到平衡。此时由液面差产生的压力就是渗透压。

细菌的生活环境必须具有与细胞相适应的渗透压。突然改变渗透压会使细菌失去活性；逐渐改变渗透压，细菌有时候可以适应这种改变。在细菌体中有以高浓度状态存在的磷酸盐、磷酸脂、嘌呤、嘧啶等，革兰氏阳性菌在体内还浓聚某些氨基酸，使得渗透压比较高（20～25）×101kPa；革兰氏阴性菌的渗透压低一些（5～6）×101kPa。

不同的渗透压对细菌有不同的影响。

在等渗溶液中细菌生长的很好，此时细胞质膜两侧的溶液溶质的浓度相等，细菌保持原形。常用的等渗溶液是0.85%的 NaCl 溶液。

在高渗溶液中，细胞外浓度大于细胞内浓度，根据渗透原理，此时水分由细胞内向细胞外扩散，导致细胞内水分减少而使细胞脱水，细菌发生质壁脱离而死亡。腌渍咸菜和制作蜜饯就是利用高渗溶液来保存食品。

在低渗溶液中，细胞内浓度大于细胞外浓度，根据渗透原理，此时水分由细胞外向细胞内扩散，细胞会因吸水膨胀导致破裂。利用低渗溶液可以破碎细胞。

由于低渗溶液和高渗溶液都不利于细菌的生长，我们在培植培养基的时候要保证培养基的渗透压不大于细菌体的渗透压。也有一些细菌本身能适应不同的渗透压环境，主要是它能调节体内的离子浓度。此外，还有一些细菌可以在高渗溶液中生长，在淡水中不能生长，像盐湖和果汁里生长的细菌，可以把这一类细菌用于含盐量较高的废水生物处理中。

2.4.1.3 表面张力

表面张力是作用于液体表面上任意假想直线的两侧，垂直于该直线且于液面相切，并能使液面具有收缩趋势的拉力。其原因是液体的表面总是试图达到能量最低的状态。表面张力的大小与液体性质及液面外相邻物质的性质有关，还与温度以及液面中所含的杂质有关。从微观上看，表面张力是由于液体表面层内分子之间的相互作用不同于液体内部，从而使表面层具有一种特殊性质的结果。

不同的物质其表面张力不同，常温下纯水的表面张力是 7.2×10^{-4}N/cm，一般液体培养基的表面张力为 $4.5\times10^{-4}\sim6.5\times10^{-4}$N/cm。细菌在此条件下可以生长。如果表面张力过低，会影响细菌的形态、生长和繁殖，使细胞增大，甚至崩解、死亡。

表面张力的大小是可以改变的，能够改变液体表面张力的物质称为表面活性剂。表面活性剂有阴离子型、阳离子型和非离子型三类。表面活性剂加入培养基中可以影响细胞的生长和分裂。

阳离子型表面活性剂主要是季氨盐类化合物，它对革兰氏阳性菌和革兰氏阴性菌都有明显的杀菌作用。它的作用机制主要是：降低表面张力，便于机械除菌；季氨盐类化合物是酶的抑制剂，能使蛋白质变性；季氨盐类化合物穿透力好，能破坏细胞膜，造成渗漏。因此，季氨盐类化合物广泛被用于杀菌消毒。

阴离子型表面活性剂主要是肥皂液，它的作用机理是机械除菌，细菌表面张力降低，附着在肥皂泡沫中被水冲掉。所以这一类的表面活性剂杀菌和消毒的能力相对于阳离子型表面活性剂弱。

非离子型表面活性剂主要是一些高分子化合物，它不电离，也没有抑菌活性。

表面张力是润湿的函数。如果细菌不被液体培养基润湿，细菌表面生成一层薄膜；如果细菌被液体培养基润湿，细菌在培养基中均匀生长，培养基变浑浊。为了使细菌呈薄膜状生长，可以增加类脂质的含量。

2.4.1.4 辐射

辐射是能通过空间传播的一种物理现象。能量借助波动传播的现象称电磁辐射；能量借助原子或者亚原子粒子高速运动传递的现象称为微粒辐射；与细菌有关的电磁辐射主要有可见光和紫外光；与细菌有关的微粒辐射主要有 X 射线和 γ 射线。

1. 可见光

可见光是波长在 400～800nm 的电磁辐射，它为光合细菌提供能源。一般情况下，可见光对大多数细菌没有影响，但是，太强或者连续的可见光照射会引起细菌的死亡。

2. 紫外辐射

紫外辐射是电磁辐射中波长在200～390nm范围内的部分，其中260nm左右的紫外辐射杀菌力最强。但是，透过大气层到达地球表面的紫外辐射波长为287～390nm，所以散射日光的杀菌能力很弱。只有飘到极高处的细菌或者是被带到太空去的细菌才会很快被紫外辐射杀死。

紫外辐射杀菌的机理是：细胞中的各种物质对紫外辐射有较强的吸收能力，DNA和RNA对紫外辐射的吸收峰在260nm处，蛋白质对紫外辐射的吸收峰在280nm处。当细菌被紫外线照射时，细胞的DNA吸收能量，在DNA链上形成了胸腺嘧啶二聚体，使得腺嘌呤无法正确配对，从而干扰了DNA的复制和蛋白质的合成，造成细菌的死亡；紫外辐射杀菌力随其剂量的增加而增强，辐射量不足时会引起细菌的变异。

不同细菌或不同的生理状态对紫外线的抵抗力不同：一般革兰氏阴性菌对紫外线敏感，革兰氏阳性菌次之；芽孢比营养细胞抵抗紫外线的能力强；对数生长期的细菌抵抗能力强。

紫外线易于被固体物质吸收，所以穿透力很差，不能透过普通的玻璃和纸张。被应用于空气、水和物体表面的消毒。紫外辐射杀菌灯是人工制造的低压水银灯，它发出的波长是253.7nm，其杀菌力强而稳定。如果用面积来计算，30W的紫外灯用于15m^2的房间照射20～30min即可杀死空气中的细菌（空气湿度在55%以下），照射时间越长，杀菌效果越好。紫外辐射杀菌灯广泛应用于生物实验室、医院及公共场所的空气消毒。使用时注意，直射的紫外线对眼睛和皮肤有刺激和灼烧作用，会损伤皮肤和眼结膜，所以，当人进行操作时不可开紫外辐射灯。空气在紫外照射下产生O_3，臭氧有一定的杀菌作用。

3. 电离辐射

电离辐射是一切能引起物质电离的辐射总称，其种类很多，高速带电粒子有α粒子、β粒子、质子，不带电粒子有种子以及X射线、γ射线。X射线和γ射线的性质大致相同，是不带电波长短的电磁波，因此把他们统称为光子。两者的穿透力极强。X射线波长范围是0.1～0.01nm，生物学上用X光机产生；γ射线的波长范围是0.01～0.001nm，γ射线由钴、镭等放射性元素产生。X射线和γ射线对细菌的影响：低剂量（0.93～4.65Gy）照射促进细菌生长或使细菌发生变异；高剂量（9.3×10^2Gy以上）照射对细菌有致死作用。

电离辐射对细菌的作用不是直接对细胞成分起作用，而是间接地通过射线引起环境中水分子和细胞中水分子吸收能量后电离，产生自由基，后者与细胞中敏感大分子反应，使之失活。

电离辐射是非专一性的，能作用于一切细胞成分，细菌的死亡通常是对它们的DNA作用的结果。γ射线具有非常强的穿透能力和杀菌效果，常用作杀菌剂。

2.4.1.5 液体静压力

在深海中或是深油井中，有很高的静压力，在水深11km处的压力是水面的1000倍以上。通常陆地上的细菌和海洋里的细菌在20～60MPa时就不能生长，但是仍然有极少数的细菌可以生长，它们被称为专性嗜压菌。它们虽然可以在极高的压力下生长，但是生长速度极其缓慢，比其他常压下的细菌慢1000倍左右。

2.4.1.6 超声波

频率在2×10^4Hz以上的超声波具有强烈的生物学效应。超声振荡在液体介质中会引起空化作用，产生大量直径10μm左右的空泡，空泡随后爆炸，爆炸过程产生的冲击波和局部高温可以导致细胞破裂。细胞受损伤的程度决定于超声波的频率、处理时间、细菌种类、细胞大小、形状和数量等因素。发光细菌要经过1.5h才死亡。一般情况是：球菌比杆菌抗性强，革兰氏阳性菌比革兰氏阴性菌抗性强；细菌芽孢一般不受超声波的影响。

2.4.2 化学因素对细菌生长的影响

影响细菌生长的化学因子，除了前面讲过的营养物质以外，还有氢离子浓度、氧化还原电位、重金属及若干有机物。

2.4.2.1 氢离子浓度

环境或者培养基中的氢离子浓度用pH值表示。pH值对细菌生长的影响很大，主要是通过引起细胞膜的电荷变化及营养物离子化浓度来影响细菌对营养物质的吸收，pH值还会影响生物活性物质如酶的活性。

不同的细菌对环境pH值适应范围不同。细菌有其最低、最高和最适宜的pH值。细菌的pH值适应范围比较窄，一般在4～10pH单位之间。大多数细菌的最适宜pH值是6.5～7.5，适合在中性偏碱性环境中生长。

根据细菌最适宜生长的pH值范围的不同，将细菌分为：嗜酸性、嗜中性和嗜碱性。

1. 嗜酸性

某些细菌，例如氧化硫硫杆菌和硫化叶菌需要在酸性环境中生活，其最适宜的pH值是3，像这种能够在pH值5.4以下生长的细菌叫嗜酸菌。中性pH对嗜酸菌有毒害作用，其作用机制是：pH值升高到中性时，膜稳定所需要的高浓度的氢离子减少，导致原生质膜发生裂解，细胞破碎。

2. 嗜中性

嗜中性细菌的适宜生长范围是pH值5.4～8.4。

3. 嗜碱性

嗜碱性细菌的适宜生长范围是pH值7.0～11。古细菌和海洋细菌属于此类。

嗜酸性、嗜中性和嗜碱性细菌其细胞都有维持细胞内环境接近中性的能力，因为细胞内的DNA、ATP和叶绿素等对酸敏感；RNA和磷脂等对碱性敏感。因此，极端pH值对细菌有致死作用。

同一种细菌在不同的生长阶段和不同的生理生化过程中，对pH值的要求也不同。例如：丙酮丁醇梭菌在pH＝5.5～7.0时以菌体生长繁殖为主；在pH＝4.3～5.3时以丙酮和丁醇发酵为主。

细菌对pH值变化适应性强的，对pH值要求不严格。各种工业废水的pH值不同，通常在6～9之间。对个别偏高或偏低的废水，处理时可以加酸或者是加碱来调节，使曝气池pH值维持在中性。在水处理过程中，细菌适应pH值的能力比较强，曝气池pH值维持在6.5～8.5均可，因为在6.5以下不利于细菌的生长，对菌胶团尤其不利，相反，它对霉菌有利，如果活性污泥中有大量的霉菌繁殖，会降低活性污泥的吸附能力，甚至导致活性污泥丝状膨胀。而大多数的细菌在 pH=6.5～8.5 下均能生长繁殖，尤其是形成菌胶团的细菌能互相凝聚形成良好的絮状物，净化效果好。

在废水和污泥厌氧消化过程中，pH 值对控制好产酸阶段和产甲烷阶段的产量很关键。通常控制 pH 在 6.6～7.6 之间。在城市污水、污泥中如果含有氨、蛋白质等，处理时可以不加缓冲物质；反之要投加。如果是连续运行，在运行前和运行中都要投加缓冲物质。一般投加的缓冲物质是碳酸氢钠、碳酸钠、氢氧化钠和氨等。

2.4.2.2　氧化还原电位

氧化环境具有正电位，还原环境具有负电位，氧化还原电位（*Eh*）的单位为 V 或者 mV。自然界中，当环境中存在高浓度氧，而且没有利用氧的系统存在时，氧化还原电位可以达到最上限＋820mV；当环境中存在高浓度氢时，氧化还原电位可以达到最下限－400mV。所以，环境中的氧化还原电位与氧分压和 pH 值有关。

氧化还原电位对细菌有明显的影响。细菌代谢需要消耗氧气，产生维生素 C、硫化氢等还原性物质，使 *Eh* 下降；所以往培养基里添加还原剂如维生素 C 等可以使 *Eh* 减小；加入氧化剂如高铁化合物等可以使 *Eh* 增加。分子 O_2 很难溶于水，所以主要影响其生长的是溶于水的溶解氧。

根据细菌适合生长的环境对氧化还原电位的要求不同，将其分成好氧和厌氧两类。好氧细菌在 *Eh*＞＋100mV 以上可以生长；最适宜的 *Eh* 是＋300～＋400mV。厌氧细菌只能在 *Eh*＜＋100mV 的环境中生长。兼性厌氧细菌在 *Eh*＞＋100mV 以上时进行好氧呼吸，在 *Eh*＜＋100mV 时进行无氧呼吸。

好氧细菌分为专性好氧细菌、兼性好氧细菌和微好氧细菌。专性好氧细菌必须在有氧的条件下生长，有完整的呼吸链，以氧气为最终电子受体，细胞内含超氧化物歧化酶（SOD）和过氧化氢酶。多数的细菌属于专性好氧细菌。兼性好氧细菌在有氧和无氧的条件下都能生长，但在有氧的条件下生长得更好，它在有氧时表现为好氧呼吸，在无氧的情况下进行酵解或无氧呼吸，细胞内也含有 SOD 和过氧化氢酶。肠杆菌科细菌属于兼性好氧细菌。微好氧细菌只能在较低的氧分压下生活。

厌氧细菌分为耐氧性和专性厌氧细菌。

耐氧性细菌不能利用氧气，但是氧气的存在对它无害，它没有呼吸链，只能通过酵解获取能量。细胞内存在 SOD 和过氧化物酶，但是缺乏过氧化氢酶，所以，虽然具有 SOD，能耐 O_2，但仍会被过氧化氢杀死。多数乳酸菌是耐氧性细菌。

专性厌氧细菌不能利用氧气，并且有氧存在时，代谢产生的 $NADH_2$ 和 O_2 反应生成 H_2O_2 和 NAD，因为专性厌氧细菌不具有过氧化氢酶，它将被生成的 H_2O_2 杀死。O_2 还可以产生超氧阴离子自由基（$\cdot O_2^-$），由于专性厌氧细菌没有 SOD 来破坏（$\cdot O_2^-$），细菌将被（$\cdot O_2^-$）杀死。同时，不能利用的氧气会引起较高的 *Eh*，同样对它们的生存不利。

好氧和厌氧细菌利用氧的机理：

超氧阴离子自由基（$\cdot O_2^-$）是由酶促或非酶促反应形成的：$O_2 + e^- \longrightarrow \cdot O_2^-$

超氧阴离子自由基（$\cdot O_2^-$）有奇数电子，带负电，它既有分子性质，又有离子性质，性质不稳定，反应性极强，在细胞内破坏大分子和膜，对细菌十分有害。

好氧性细菌因为含有 SOD，毒性大的 $\cdot O_2^-$ 就被歧化成毒性稍低的 H_2O_2，在过氧化氢酶的作用下，H_2O_2 变成无毒的 H_2O。厌氧细菌没有 SOD，就没有办法使 $\cdot O_2^-$ 歧化，这样，在有氧的条件下，它们体内形成的 $\cdot O_2^-$ 就会使自身受到伤害。大多数的耐氧细菌能合成 SOD，且有过氧化物酶，因此，剧毒的 $\cdot O_2^-$ 也能先歧化成 H_2O_2，再还原成 H_2O。反应式如下：

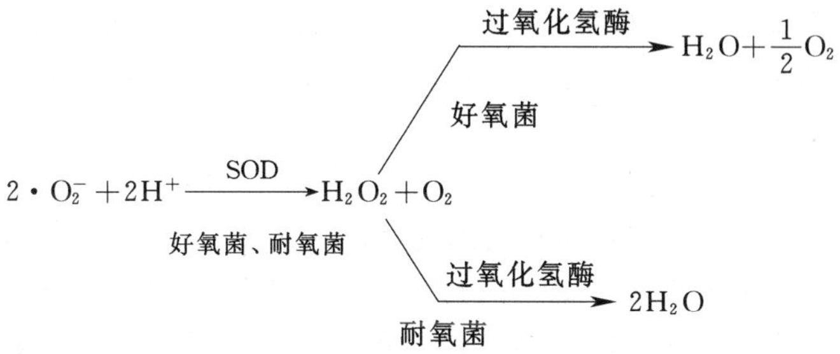

在污废水生物处理中，在正常的供氧条件下，好氧菌和兼性厌氧菌共同起积极作用：供氧不足时，好氧细菌不起作用，兼性厌氧菌起积极作用，只是分解有机物不如有氧条件下彻底。兼性厌氧细菌在污水、污泥厌氧消化过程中起水解、发酵作用，能将大分子的有机物分解成小分子的有机酸和醇等。

在污水处理过程中会产生硝酸盐和亚硝酸盐。如果将这种水排放到缺氧的水体中，NO_3^- 被反硝化为 NO_2^- 并积累，NO_2^- 遇氨转化为致癌物亚硝酸胺，从而危害水生生物和饮用水源。因此，污、废水不但要去除有机物，还要脱氮，利用反硝化作用将硝酸盐和亚硝酸盐转化为 N_2 释放到大气中。现行的除氮工艺有 A/O（缺氧—好氧）系统、A^2/O（缺氧—缺氧—好氧）或（缺氧—好氧—缺氧）系统、A^2/O_2（缺氧—好氧—缺氧—好氧）系统、SBR（序批式间歇曝气器）等。以上工艺既可以去除有机物和氮，还能除磷。

2.4.2.3 重金属

重金属汞、银、铜、铅及其化合物可以有效地杀菌和防腐，它们是细菌蛋白质的沉淀剂。其杀菌机理是与酶的—SH 基结合，使酶失去活性；或与菌体蛋白结合，使蛋白质变性或沉淀。

当二氯化汞的质量浓度为 20～50mg/L 时，对大多数细菌有致死作用。自然界中有些细菌能耐汞，甚至能转化汞。如腐臭假单胞菌能耐质量浓度小于 2mg/L 的汞；带 MER 质粒的腐臭假单胞菌能在 50～70mg/L 的 $HgCl_2$ 环境中生长。可以利用耐汞菌处理含汞废水：耐汞菌将无机汞转化为有机汞并成为菌体的一部分，然后再从菌体中回收汞。反应如下：

$$2\,[\text{酶—SH}] + Hg^{2+} \longrightarrow \text{酶—S}-Hg-\text{S—酶} + 2H^+$$

铅对细菌有毒害，将细菌浸在质量浓度为 1～5g/L 的铅盐溶液中几分钟就会死亡。

2.4.2.4 若干有机物

醇、醛、酚等有机化合物能使蛋白质变性，是常用的杀菌剂。

1. 醇

醇是脱水剂和脂溶剂，可使蛋白质脱水、变性，溶解细胞质膜的脂类物质，进而杀死细菌的机体。一般化学杀菌剂的杀菌能力和其浓度成正比，乙醇例外，70%的乙醇杀菌力最强。浓度过低无杀菌能力；纯乙醇不含水很难渗透细胞，故不起杀菌作用。甲醇杀菌力差且对人体有毒，不宜作杀菌剂。丙醇、丁醇及其他高级醇的杀菌能力均比乙醇强，但是由于不溶于水，不能做杀菌剂。

2. 甲醛

甲醛是很有效的杀菌剂，对细菌很有效。质量浓度是370～400g/L的甲醛水溶液称为福尔马林，有杀菌和抑菌作用。甲醛与蛋白质的氨基（—NH）结合而干扰细菌的代谢机能。

3. 表面活性剂

（1）酚。酚与其衍生物能引起蛋白质的变性，并破坏细胞质膜。苯酚又名石炭酸，质量浓度是1g/L时能抑制细菌的生长。10g/L的石炭酸溶液在20min内可以杀死细菌；30～50g/L的石炭酸溶液在几分钟内即可以杀死细菌，细菌芽孢在50g/L的石炭酸溶液中能存活几小时。

甲酚的杀菌能力比其他的酚都强，但是它难溶于水，易与碱液形成乳浊液，叫来苏尔。10～20g/L的来苏尔用于皮肤消毒。

在废水处理中，酚是细菌的营养源。细菌可以处理酚质量浓度达到1000mg/L的废水。

（2）季胺盐。季胺盐对革兰氏阳性菌和革兰氏阴性菌有着极强的致死作用。1g/L的季胺盐水溶液可用于冷却循环水的杀菌除垢。

（3）合成洗涤剂。合成洗涤剂去污能力强，在硬水中不形成沉淀，除了洗涤污物以外还有杀菌作用。阳离子型洗涤剂比阴离子型洗涤剂杀菌力强。阳离子型洗涤剂不可生物降解，已禁止生产。主要使用的是阴离子型洗涤剂，它可被生物降解。生活污水中有较多的合成洗涤剂，处理时导致曝气池充满泡沫，影响充氧能力。可用长期驯服和筛选的优势菌种处理。

（4）染料。大部分的染料都有抑制细菌的作用。在培养基中加入适合某种细菌生长同时又抑制另一种细菌生长的染料，可以制成选择性培养基。质量浓度在1g/L以下的染料可以作为细菌的营养源。废水生物处理中的活性污泥经长期驯化，具有很强的脱色作用，能分解染料，净化废水。

复习思考题

1. 试述细菌生长所需要的营养物质及其作用？

2. 什么是新陈代谢？

3. 营养物质进入细胞的方式有哪些？哪些是顺浓度梯度进入的？哪些是逆浓度梯度进入的？各是如何进入的？

4. 什么叫自养微生物与异养微生物？

5. 什么是培养基？按实验目的和用途不同可以分为哪几类？

6. 酶是什么？有什么生理功能？
7. 酶与一般的催化剂的区别在哪里？
8. 酶的活性和酶的专一性是指什么？
9. 影响酶活力的因素有哪些？
10. 影响酶促反应速度的因素有哪些？
11. 呼吸类型有哪些？了解它有何意义？
12. 什么是乙醛酸循环，有什么意义？
13. 三羧酸循环由哪些反应组成？
14. 试述好氧和厌氧细菌利用氧的机理？
15. 发酵的底物必须具备哪些条件？
16. 在废水和污泥厌氧消化过程中，pH 值对处理效果的影响有哪些？

第3章　细菌的生长和遗传变异

学习目标：

细菌的生长可用细菌生长曲线来描述，共划分为四个时期，即延滞期、对数生长期、稳定期和衰亡期；生长曲线各个时期的特点，反映了所培养的细菌细胞与其所处环境间进行物质与能量交流，以及细胞与环境间相互作用与制约的动态变化；细菌的遗传是指每种细菌所具备的亲代性状在子代重现，使其子代的性状与亲代基本上一致的现象；但任何一种生物的亲代和子代以及个体之间，在形态结构和生理机制方面都有差异，这一现象叫做变异，细菌的变异主要是由于基因突变、基因重组所引起。

因此通过本章的学习，了解细菌生长曲线中各时期的特点，掌握细菌生长曲线在水处理中的应用；了解细菌遗传中的遗传物质、DNA的复制、RNA遗传信息的表达、基因等方面的知识；重点掌握基因突变的实质及类型、基因重组的实质及类型，从而从实际应用的角度出发，掌握遗传工程在水处理中的作用。

3.1　细菌的生长及其特性

就大多数原核生物而言，其单个细胞持续生长直至分裂成两个新的细胞，这个过程称为二等分裂。杆状细菌如大肠杆菌在培养过程中，能观察到细胞延长至大约为细胞最小长度的2倍时，处于细胞中间部位的细胞膜和细胞壁从两个相反的方向向内延伸，逐渐形成一个隔膜，直至2个子细胞被分割开，最终分裂形成2个子细胞。细菌完成一个完整生长周期所需的时间随种的不同而有很大差异。这种差异除了主要由遗传特性决定外，还受诸多因子的影响，包括营养和环境条件等。在适宜的营养条件下，大肠杆菌完成一个周期仅需大约20min，一些细菌甚至比这更快，但更多的比其要慢。在生长周期中所有细胞组分数量增加，以致每个子细胞都能获得一份完整的染色体和作为一个独立细胞存在所需的其他所有大分子、单体和无机离子的拷贝。由于DNA在细胞生命活动中的中心地位，因此，在细胞生长与繁殖中，遗传物质DNA的复制与分离是备受关注的重要事件。

3.1.1　细菌的生长曲线

如将少量细菌纯培养物接种入新鲜的液体培养基，在适宜的条件下培养，定期取样测定单位体积培养基中的菌体（细胞）数，可发现开始时群体生长缓慢，后逐渐加快，进入一个生长速率相对稳定的高速生长阶段，随着培养时间的延长，生长达到一定阶段后，生长速率又表现为逐渐降低的趋势，随后出现一个细胞数目相对稳定的阶段，最后转入细胞衰老死亡期。如用坐标法作图，以培养时间为横坐标，以计数获得的细胞数的对数为纵坐标，可得到一条定量描述液体培养基中微生物生长规律的实验曲线，该曲线称为生长曲线（见图3.1）。

从图3.1可见，细菌生长曲线可划分为四个时期，即：延滞期、对数生长期、稳定期和衰亡期。生长曲线表现了细菌细胞及其群体在新的适宜的理化环境中，生长繁殖直至衰老死亡的动力学变化过程。生长曲线各个时期的特点，反映了所培养的细菌细胞与其所处环境间进行物质与能量交流，以及细胞与环境间相互作用与制约的动态变化。

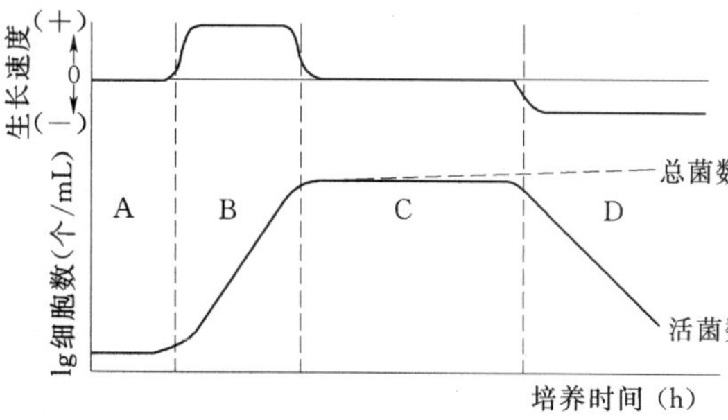

图 3.1　细菌生长曲线

A—延滞期；B—对数期；C—稳定期；D—衰亡期

3.1.1.1　延滞期

研究发现，当菌体被接入新鲜液体培养基后，在起初的一个培养阶段内，菌体体积增长较快，但单位体积培养基中的菌体数量并不增加，甚至稍有减少，曲线平缓，因此这段时间称为延滞期，又叫调整期、停滞期、适应期。在此阶段，有的细菌能适应新环境，表现为细胞物质的增加，但细菌总数尚未增加；有的细菌不适应新环境而死亡，细菌数目有所减少。这一时期的细胞，正处于对新的理化环境的适应期，正在为下一阶段的快速生长与繁殖做生理与物质上的准备。在这个时期的后阶段，菌体细胞逐步进入生理活跃期，少数菌体开始分裂，曲线出现上升趋势。

1. 延滞期的特点

(1) 菌体内物质质量显著增加，菌体体积增长较快，如巨大芽孢杆菌的长度可以从3.4μm 增长到 9.1～19.8μm。

(2) 生长速率常数等于零，即每小时的分裂代数等于零。

(3) 细胞内 RNA 与 DNA 尤其是 RNA 含量增加，原生质呈嗜碱性。

(4) 胞内贮藏物质逐渐消耗，各类诱导酶的合成量增加，此时细胞内的原生质比较均匀一致。

(5) 对外界不良环境，例如 NaCl 溶液、浓度、温度和抗生素等化学药物的反应敏感。

2. 影响延滞期长短的因素

(1) 菌种的类型。延滞期所维持时间的长短，因微生物种或菌株的不同而异，从实践中可知延滞期可从几分钟到几小时、几天，甚至几个月不等，如大肠杆菌的延滞期就比分枝杆菌短得多。

(2) 菌龄与接种量。同一种细菌或菌株，接种用的纯培养物所处的生长发育时期不同，延滞期的长短也不一样。如接种用的菌种都处于生理活跃时期，接种量适当加大，延滞期将显著缩短，甚至直接进入对数生长期。

(3) 培养基的成分。接种到营养丰富的培养基中的细菌，可直接利用培养基的营养成分，延滞期短，反之则长。所以，常使发酵培养基的成分与种子培养基的成分尽量接近。

在微生物发酵工业中，如果有较长的延滞期，则会导致发酵设备的利用率降低，能耗增加，产品生产成本上升，最终造成劳动生产力低下与经济效益下降。只有缩短延滞期才有可能缩短发酵周期，提高经济效益。因此深入了解延滞期的形成机制，可为缩短或延长延滞期提供指导实践的理论基础，这对于工业、农业、医学、环境微生物学及其应用等均有极为重要的意义。

因此，在微生物应用实践中，通常可采取用处于快速生长繁殖中的健壮菌种细胞接种、适当增加接种量、采用营养丰富的培养基、培养种子与下一步培养用的两种培养基的营养成分以及培养的其他理化条件尽可能保持一致等措施，可以有效地缩短延滞期。

3.1.1.2　对数生长期

细菌的纯培养物在被接种到新鲜培养基后，经过一段时间的适应，即进入生长速度相对恒定的快速生长与繁殖期，处于这一时期的细菌，其细胞按 1→2→4→8…的方式呈几何级数增长，若以乘方的形式表示，即为 $2^0 \to 2^1 \to 2^2 \to 2^3 \to 2^4 \to \cdots \to 2^n$；这里的指数“$n$”则为细胞分裂的次数或增殖的代数，也即一个细菌繁殖 n 代产生 2^n 个子代菌体。这一细胞增长以指数形式进行的快速生长繁殖期称为指数期，也称对数期，见图 3.2。在这一时期，有三个参数最为重要，即繁殖代数（n）、生长速率常数（R）和代时（G）。

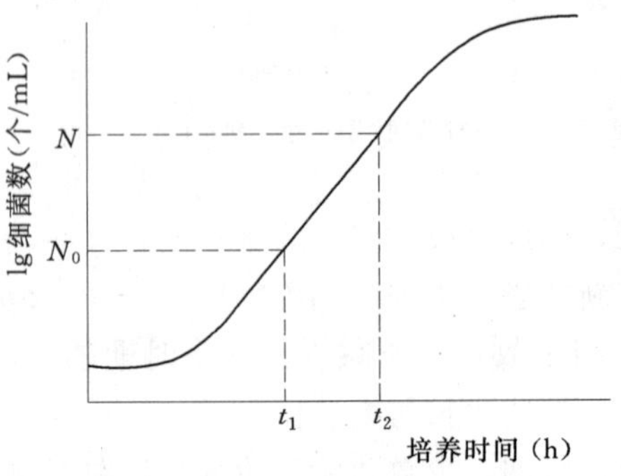

图 3.2　生长曲线的指数期

1. 繁殖代数（n）

根据上述理论，培养基中细胞的最初个数和指数形式生长一段时间后的细胞个数之间存在如下关系：

$$N = N_0 2^n$$

式中　N——细胞最终数目；

N_0——细胞初始数目；

n——指数生长期细胞繁殖代数。

细胞每分裂一次所需要的时间称为代时，以符号 G 表示，$G=t/n$。t 是指数生长期时间，可从细胞最终数目（N）时的培养时间 t_2，减去细胞初始数目（N_0）时的培养时间 t_1 而求得。

$$t = t_2 - t_1$$

因此，如果已知指数生长期的初始细胞数和指数生长期的最终细胞数，就可以计算出 n。

为从 $N=N_0 2^n$ 中解出 n，可对上式作如下变换：

$$N = N_0 2^n$$
$$\lg N = \lg N_0 + n\lg 2$$
$$\lg N - \lg N_0 = n\lg 2$$
$$n = \frac{\lg N - \lg N_0}{\lg 2} = \frac{\lg N - \lg N_0}{0.301}$$
$$= 3.322(\lg N - \lg N_0)$$

2. 代时（G）

根据 n 和 t 的概念，可用于计算在不同培养条件下不同微生物的 G，是研究微生物生长动力学的重要参数。

$$G = \frac{t_2 - t_1}{3.322(\lg N - \lg N_0)}$$

从上式可以看出，在一定时间内菌体细胞分裂次数（n）愈多，代时（G）愈短，则分裂速度愈快。在指数生长期中，细胞代谢活性最强，生长最为旺盛。

3. 生长速率常数（R）

可以用每小时分裂次数来描述细胞生长繁殖速率，即

$$R = \frac{n}{t_2 - t_1} = \frac{3.322(\lg N - \lg N_0)}{t_2 - t_1}$$

从上式可知，R 的倒数（$1/R$）即为代时（G）。

处于对数生长期的细胞有如下特点：

（1）生长速率常数达到最大。由于该期细菌得到丰富的营养，细菌代谢活力最旺盛，合成新细胞物质的速度最快，细菌生长迅速，细菌分裂一次所需的代时或原生质增加一倍所需的时间最短。

（2）细胞生长平衡，个体形态、化学组成和生理特性等均较一致。因为营养物质充足，有毒代谢的代谢产物积累不多，对生长繁殖影响很小，细菌几乎不死亡。

（3）酶系活跃，代谢旺盛，细菌对不良环境的抵抗力较强。

因此，在微生物发酵生产中，常用对数期的菌体作种子，它可以缩短延滞期，从而缩短发酵周期，提高劳动生产率与经济效益。对数生长期的细胞也是研究微生物生长代谢与遗传调控等生物学基本特性的极好材料。

指数生长期的生长速率受到环境条件（培养基的组成成分、培养温度、pH 值与渗透压等）的影响，也是在特定条件下微生物菌株遗传特性的反映。总的来说，原核微生物细胞的生长速率要快于真核微生物细胞，形态较小的真核微生物要快于形态较大的真核微生物。不同种类的细菌，在同一生长条件下，代时不同，如同样在培养温度为 37℃的组合培养基中，结合分支杆菌和活跃消化杆菌的代时分别为 792～932min 和 1200min；同一种细菌，在不同生长条件，代时也有差异，营养越丰富的培养基，其代时越短，反之越长。但是，在一定条件下，各种细菌的代时是相对稳定的，有的 20～30min，有的几小时甚至几十小时。表 3.1 列出了有代表性的微生物代时（G）。

表 3.1　某些微生物的生长代时

菌名	培养基	温度（℃）	时间（min）
大肠杆菌	肉汤	37	17
荧光假单胞菌	肉汤	37	34～34.5
菜豆火疫病假单胞菌	肉汤	25	150
白菜软腐病欧氏杆菌	肉汤	37	71～94
甘蓝黑腐病黄杆菌	肉汤	25	98
大豆根瘤菌	葡萄糖	25	343.8～460.8
枯草杆菌	葡萄糖肉汤	25	26～32

续表

菌名	培养基	温度（℃）	时间（min）
巨大芽孢杆菌	肉汤	30	31
霉状芽孢杆菌	肉汤	37	28
腊状芽孢杆菌	肉汤	30	18.8
丁酸梭菌	玉米醪	30	51
保加利亚乳酸杆菌	牛乳	37	39～74
肉毒梭菌	葡萄糖肉汤	37	35
乳酸链球菌	牛乳	37	23.5～26
圆褐固氮菌	葡萄糖	25	240
霍乱孤菌	肉汤	37	21～38

3.1.1.3　稳定生长期

根据单细胞微生物指数生长规律，一个细菌如 *E. coli* 细胞的重量大约只有 10～12g，但不难计算，如果其代时为 20min，在指数生长 48h 后，所产生的细胞总量将会比地球还要重 4000 倍！这是不可思议的，事实上难于得到这样的结果。因为在这一时段内，一定存在某些因素抑制菌体生长与繁殖。一般而言，制约菌体生长的主要因素有：①培养基中必要营养成分的耗尽或其浓度不能满足维持指数生长的需要而成为生长限制因子；②细胞的排出物在培养基中的大量积累，以致抑制菌体生长；③由上述两方面主要因素所造成的细胞内外理化环境的改变，如营养物比例的失调、pH、氧化还原电位的变化等。虽然这些因素不一定同时出现，但只要其中一个因素存在，细胞生长速率就会降低，这些影响生长因子的综合作用，致使群体生长逐渐进入新增细胞与逐步衰老死亡细胞在数量上趋于相对平衡状态，这就是群体生长的稳定期。

稳定期有如下特点：

（1）此时细胞生长缓慢或停止，有的甚至衰亡，细胞的净数量不会发生较大波动，生长速率常数（R）基本上等于零。但细胞包括能量代谢和一系列其他生化反应的许多功能仍在继续。

（2）细菌细胞开始积累贮藏物质，如肝糖、异染颗粒和脂肪粒等，一些细菌形成荚膜，大多数芽孢细菌也在此阶段形成芽孢。

（3）活菌数达到最高水平，如果为了获得大量活菌体，就应在此阶段收获。

（4）代谢产物的积累开始增多，逐渐趋向高峰。稳定期的长短与菌种和外界环境条件有关，生产上常常通过补料、调节 pH 值、调整温度等措施来延长稳定生长期，以积累更多的代谢产物。

3.1.1.4　衰亡期

一个达到稳定生长期的微生物群体，由于生长环境的继续恶化和营养物质的短缺，群体中细胞死亡率逐渐上升，以致死亡菌数逐渐超过新生菌数，群体中活菌数下降，曲线下滑。在衰亡期的菌体细胞形状和大小出现异常，呈多形态，或畸形，有的胞内多液泡，有的革兰氏染色结果发生改变，许多胞内的代谢产物和胞内酶向外释放等。产生衰亡期的原因主要是外界环境条件对继续生长越来越不利，从而引起细胞内的分解代谢大大超过合成代谢，继而导致菌体死亡。

通过对细菌生长曲线的分析，可见：

（1）细菌在对数生长期生长速率最快。

（2）营养物的消耗，代谢产物的积累，以及因此引起的培养条件的变化，是限制培养液中细菌继续快速增殖的主要原因。

（3）用生命力旺盛的对数生长期细胞接种，可以缩短延滞期，加速进入对数生长期。

（4）补充营养物，调节因生长而改变了的环境如 pH 值、氧化还原电位，排除培养环境中的有害代谢产物，可延长对数生长期，提高培养液菌体浓度与有用代谢产物的产量。

（5）对数生长期以菌体生长为主，稳定生长期以代谢产物合成与积累为主。

3.1.2 细菌生长曲线在污废水处理中的应用

细菌生长曲线不仅可以作为控制细菌生长发育及环境因素对细菌影响的理论基础，而且在水污染控制的生物处理法中也具有重要的指导作用。

在废水生物活性污泥处理系统中，活性污泥与细菌有着极为相似的生长规律。系统处于不同的运行状态所采用的微生物所处的生长阶段不同，或处于静止期，或处于对数生长期，或处于衰亡期等。根据废水水质的具体情况，主要是废水中有机物浓度，利用不同生长阶段的微生物对废水中的有机物进行消化，达到净化废水的目的。因此，在废水生物处理过程中，正确选择不同阶段的微生物并将微生物维持在合适的阶段极为重要。

一般来说，常规活性污泥法和生物膜法处理废水时利用生长率下降阶段的微生物，包括减速期、静止期的微生物，而不用生长率上升阶段的微生物。因为生长率上升阶段的微生物代谢活力很强，生长繁殖速率很快，需消耗大量的营养物质，能去除废水中有机物也较多，但必须要求废水维持较高的有机物浓度，而常规活性污泥法属于连续培养方式，在进水有机物浓度高的情况下，出水中残留的有机物含量也会相应增加，难以达到出水要求。另外，该阶段的微生物生长繁殖旺盛，细胞表面的黏液层和荚膜尚未形成，微生物运动活跃而不形成菌胶团，沉降性能差，从而导致出水水质差，所以不采用生长率上升阶段的微生物。而静止期的微生物，代谢活力虽然不如对数期，但仍有相当的代谢活性，既具有去除有机物的能力，又有利于荚膜等结构的形成，易于凝聚和沉降，处理效果仍然较好。此时微生物最大的特点是体内积累了大量储存物，如异染粒、聚 β 羟基丁酸、黏液层和荚膜，产生了荚膜物质，强化了微生物的生物吸附能力，且凝聚和沉降能力强，在二沉池中泥水分离效果好，出水水质较好。所以为了获得既具有较强的氧化和吸附有机物的能力，又具有良好的沉降性能的活性污泥，在实际中常将活性污泥控制在减速生长末期和内源呼吸初期。

用高负荷活性污泥法处理废水时，宜用对数期和静止期的微生物。如在吸附生物降解法（Adsorption Biodegradation，又称 AB 法）中，A 段由于废水有机物浓度高，采用对数期的微生物对之降解，降解速率虽高，但此时污泥凝聚、沉降性能差，有时还可能有大量游离细菌，出水浑浊，残留有机物浓度较高，而其后阶段的水质已处于常规的负荷范围，此时采用静止期的微生物对之降解处理即可达到较好的出水水质。AB 法采用对数期和静止期的组合对高浓度废水进行生物降解处理，既保证降解速率高、负荷高、曝气池相对小的优点，又具有出水水质好、运行稳定的长处。

对于有机物含量低、BOD_5/COD＜0.3、可生化性差的废水，可用衰亡期微生物处理。如在污泥好氧消化和厌氧消化中，均采用衰亡期的微生物处理。因为污泥消化的目的是使污泥减量化和稳定化，使污泥在好氧或厌氧条件下尽可能的保持长的停留时间，微生物细胞以储存物、酶甚至细胞本身的蛋白质作为营养，进行内源代谢，并随着营养物质的逐渐耗尽，细胞的生长明显受阻，菌体自溶、解体、死亡，结果使细菌总数不断下降，污泥浓度随之下降，达到污泥减量和稳定的目的。

延时曝气法处理低浓度有机废水时，一般也采用衰亡期而不采用静止期的微生物。因为低浓度有机废水中的有机物，不能满足静止期微生物对营养物的要求，处理效果不好。而延时曝气法曝气时间一般在8h以上，甚至24h，通过延长水力停留时间，增大进水量，提高有机负荷，满足生物的营养要求，从而取得较好的处理效果。

3.2 细菌的遗传与变异

遗传和变异是一切生物体最本质的属性之一。所谓遗传是指发生在亲子间即上下代的关系，即上一代如何将自身的一整套遗传基因稳定地传递给下一代的行为或功能，它具有极其稳定（保守）的特性。例如大肠杆菌要求pH为7.2、温度37℃，发酵糖（如葡萄糖、乳糖），产酸、产气。大肠杆菌正常情况下为杆菌，在异常情况下呈短杆状、近似球形或呈丝状。亲代大肠杆菌将上述这些属性传给后代，这就是大肠杆菌的遗传。一旦大肠杆菌的营养和其他外界条件剧烈变化，它就会因不适应而受抑制或死亡。遗传是微生物在系统发育过程中形成的，具有保守性，系统发育愈久的微生物遗传的保守程度愈大，愈不容易受外界环境条件的影响。不同种微生物的遗传程度不同，即使同一微生物因个体发育的不同也不同。个体发育年龄越老，遗传保守程度越大；个体发育越年幼，其遗传保守程度越小。高等生物的保守程度比低等生物的大。遗传的保守性，对微生物有利的是，可使生产中选育出来的优良菌种各属性稳定地一代一代传下去。相反，保守性对微生物不利的是，当环境条件改变，微生物会由于不适应改变了的外界环境条件而死亡。

但任何一种生物的亲代和子代以及个体之间，在形态结构和生理机制方面都有差异，这一现象叫做变异。当微生物从适应它的环境迁移至不适应的环境后，微生物改变自己对营养和环境条件的要求，在新的生活条件下产生适应新的环境的酶（适应酶），从而适应新环境并生长良好。遗传变异性使微生物得到发展，为人类改造微生物提供理论依据。微生物的变异现象比较普遍，常见的有：个体形态的变异，菌落形态（光滑型/粗糙型）的变异，营养要求的变异，对温度、pH要求的变异，毒力的要求，生理生化的要求及代谢途径、产物的变异等。

遗传与变异是生物最基本的属性，两者相辅相成，相互依存，遗传中有变异，变异中有遗传，遗传是相对的，变异是绝对的，有些变异了的形态或性状，又会以相对稳定的形式遗传下去，但并非一切变异都具有遗传性。遗传与变异的辩证关系使微生物不断进化。在工农业生产和污（废）水、有机固体废物生物处理过程中，可利用自然条件或理化因素促进微生物变异，使它符合生产实践的需要。

利用物理、化学药物处理微生物可提高其变异频率。通过一定的筛选方法可获得生产上所需要的变异株。定向培养即通过有计划、有目的地控制微生物的生长条件，使微生物的遗传性向人类需要的方向发展。在水的生物处理中，这种定向培育过程称为驯化，驯化是选育微生物品种普通而有效的方法和途径。

3.2.1 细菌的遗传

3.2.1.1 遗传的物质基础

遗传必需有物质基础，即遗传信息必须由某些物质作为携带和传递的载体。现已肯定这个物质基础在绝大多数生物体中就是脱氧核糖核酸（DNA）。不含 DNA，只含有 RNA（核糖核酸）的微生物中，遗传物质是 RNA。

1. DNA 分子结构及其多样性

1953 年，沃森（Waston）和克里克（Crick）通过 X 射线衍射法观察 DNA 结构，提出了 DNA 双螺旋分子结构模型，见图 3.3。DNA 的双螺旋结构是两条走向相反的多核苷酸链，以右手方向沿同一轴心平行盘绕成双螺旋。

DNA 的双螺旋结构是由 4 种脱氧核糖核酸变化排列组成的大分子。碱基分别是：A 为腺嘌呤核苷，T 为胸腺嘧啶核苷，G 为鸟嘌呤核苷，C 为胞嘧啶核苷。但各种生物 DNA 的 4 种碱基含量往往是不均等的，而且在各种生物中这 4 种碱基的含量之比反映着种的特性。表 3.2 表明了几种细菌的碱基成分，从表可见各种 DNA 分子碱基含量的差异和共同点。各种微生物中的 A=T，G=C。但 G+C/A+T 则随着微生物的种类不同而不同，这数值小到 0.45，大到 2.03。

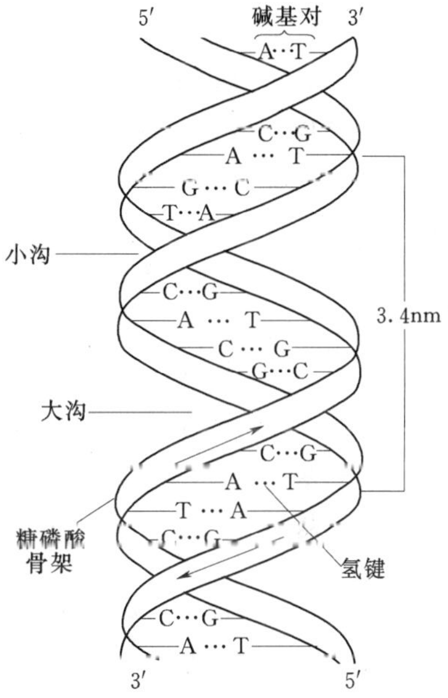

图 3.3 DNA 分子的化学结构组成

按照沃森-克里克（Watson－Crick）DNA 分子结构模型，碱基含量比值的这些特点说明：

（1）DNA 两个单链的相对位置上的碱基有严格的配对关系，一条单链上嘌呤的相对位置上必定是嘧啶，一条单链上嘧啶的相对位置上必定是嘌呤，即 A 的相对位置上必定是 T，G 的相对位置上必定是 C。A 与 T 之间有两个氢键，G 与 C 之间有三个氢键，这种碱基相配的关系称为碱基互补或碱基配对。

（2）DNA 链上的碱基对排列没有一定规律。例如在表 3.2 中的第 1 和第 2 两种细菌的 DNA 分子中，AT 碱基对多于 GC 碱基对约一倍；第 3 和第 4 两种细菌中，两者几乎相等；第 5 和第 6 两种细菌中则 GC 碱基对多于 AT 碱基对约一倍。可见 DNA 分子中四种碱基的排列绝不是单调重复，DNA 结构的变化是无穷无尽的，具有高度多样性。

（3）一个 DNA 分子可含几十万或几百万个碱基对，两个相邻的碱基对之间的距离为 0.34nm，每个螺旋的距离为 3.4nm。

表 3.2　　**几种细菌的 DNA 碱基含量比较**

微生物名称	碱基含量				碱基含量比		
	G	A	C	T	Pu[②]/Py[①]	$\frac{G+T}{A+C}$	$\frac{G+C}{A+T}$
产气荚膜杆菌	15.8	34.1	15.1	35.0	1.00	1.03	0.45
金黄色葡萄球菌	17.3	32.3	17.4	33.0	0.98	1.01	0.53
大肠杆菌	26.0	23.9	26.2	23.9	1.00	1.00	1.09
摩氏变形杆菌	26.3	23.7	26.7	23.3	1.00	0.98	1.13
粪产碱杆菌	33.9	16.5	32.8	16.8	0.98	1.03	2.00
绿脓杆菌	33.0	16.8	34.0	16.2	0.99	0.97	2.03

① Py 示嘧啶。
② Pu 示嘌呤。

2. 遗传物质在微生物中存在的主要形式——染色体

染色体是所有生物遗传物质 DNA 的主要存在形式。但是不同生物的 DNA 分子量、碱基对数、长度等很不相同，总趋势是越是低等的生物，其 DNA 分子量、碱基对数和长度越小，相反则越长，即染色体 DNA 的含量，真核生物高于原核生物，高等动植物高于真核微生物。而且真核微生物和原核微生物的染色体有着明显的如下区别：

（1）真核生物的遗传物质是 DNA，原核生物的遗传物质是 DNA 或 RNA。

（2）真核生物的染色体由 DNA 及蛋白质（组蛋白）构成，原核生物的染色体是单纯的 DNA 或 RNA。

（3）真核生物的染色体不止一个，呈线形，而原核微生物的染色体往往只有一个，呈环形。

（4）真核生物的多条染色体形成核仁并为核膜所包被，膜上有孔，而原核微生物的染色体外无膜包围。

3.2.1.2　细胞中 DNA 的复制

亲代的表型性状要在子代中得以完全表现，必须将亲代的遗传信息既能完整地传递给子代，又能保留在亲代中。现已清楚生物用半保留复制的方式进行复制，即 DNA 的每一次复制所形成的两个分子中，每个分子都保留它的亲代的 DNA 分子的一个单链。即每一个新复制的 DNA 双链中，其中一条链来自于亲代 DNA，另一条链为与亲代 DNA 链相互补的新链，见图 3.4。

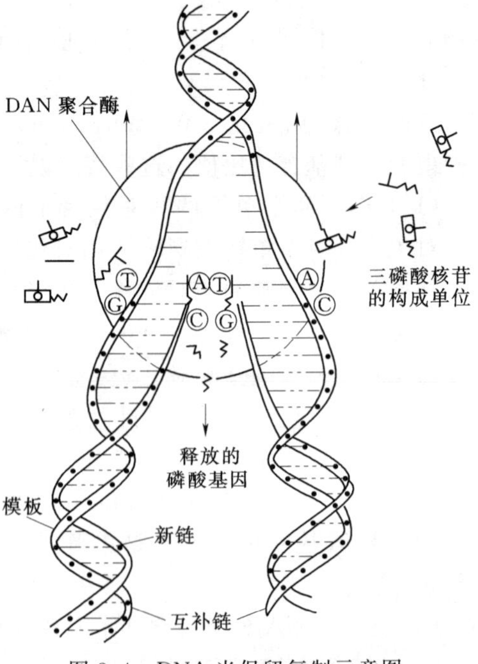

图 3.4　DNA 半保留复制示意图

亲代分子复制时，DNA 分子首先从一端或某处的氢键断裂而使双键松开，然后再以每一条 DNA 单链为模板，通过碱基配对各自合成完全与之互补的一条新链，最后新合成的链和原来的一条模板链形成新的双螺旋 DNA 分子。

3.2.1.3 RNA 与遗传表达

1. RNA 结构与功能

RNA 是由 DNA 携带的遗传信息表达为生物遗传特性的主要中间环节。RNA 的基本结构与 DNA 相类似，但其所含的是核糖核酸而不是脱氧核糖核酸，碱基为 A、C、G、U，没有胸腺嘧啶（T），而含有尿嘧啶（U）。RNA 由单链构成，较 DNA 短。

根据 RNA 在生物性状遗传表达过程中的功能，可分为核糖体 RNA 即 rRNA、信使 RNA 即 mRNA、转移 RNA 即 tRNA 三种。

（1）rRNA。这是组成核糖体的主要成分，可占细胞总 RNA 总量的 80%以上或核糖体的 65%左右。核糖体是细胞合成蛋白质的场所。

（2）mRNA。mRNA 的碱基是 A、U、C、G，其功能是将 DNA 上遗传信息携带到合成蛋白质的场所核糖体上，即其链上碱基的排列顺序决定了其所携带的遗传信息。mRNA 链上每 3 个核苷酸组成一个三联体密码子，编码一种氨基酸。所有编码构成蛋白质的 20 种氨基酸的全部密码子称为遗传密码。按 4^3 排列组合全套遗传密码，可有 64 个密码子，因此，20 个氨基酸中除少数氨基酸如色氨酸、甲硫氨酸外，一个氨基酸可有多个密码子，如丝氨酸可有 UCV、UCA、UCC 和 UCG 4 个密码子编码。64 个密码子中有 3 个密码子（UAA、UGA 和 UAG）是终止密码子，作为终止合成的信号。mRNA 在原核微生物细胞中的寿命仅几分钟，但在真核生物细胞中可有几小时乃至几天。

（3）tRNA。tRNA 在蛋白质合成过程中起将氨基酸运输转移到核糖体上的作用。tRNA 链通过互补碱基之间的氢键折叠成伞叶草形特异结构，那些非互补的碱基片段形成 3 个小环状，其中相对于叶柄的小环为一个反密码子环，上有一个反密码子，用于识别 tRNA 上的氨基酸密码子。

2. “DNA→RNA→蛋白质”的遗传信息流

DNA 双螺旋结构模型的奠基人之一 F. Crick 1958 年首次提出了“DNA→RNA→蛋白质（或多肽链）”的这一遗传信息单向传递的中心法则。在这个中心法则中，从 DNA 基因到蛋白质有两个过程，前一过程为 DNA→RNA，称为转录，后一过程为 RNA→蛋白质，称为翻译。生物中的遗传信息流见图 3.5。

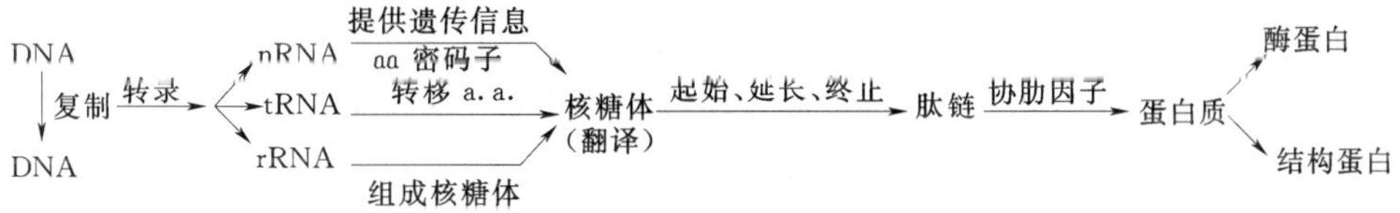

图 3.5 DNA→RNA→蛋白质的遗传信息流

（1）转录过程。转录是将 DNA 链携带的遗传信息（基因）按碱基配对原则转录于 mRNA 上，使 mRNA 链上携带有 DNA 链携带的遗传基因信息。这些信息蕴藏在 mRNA 的 3 字密码上，密码的序列决定了蛋白质中氨基酸的序列。转录产生的 RNA 分子经特定的核酸酶加工成为结构复杂的 rRNA 和 tRNA 分子，而 mRNA 则直接进入翻译过程。

（2）翻译过程。翻译过程是按照 mRNA 上的遗传密码将氨基酸合成多肽链、蛋白质的过程，可分为翻译起始、肽链延长和翻译终止 3 个阶段。

遗传信息的表达及蛋白质合成的过程见图 3.6。

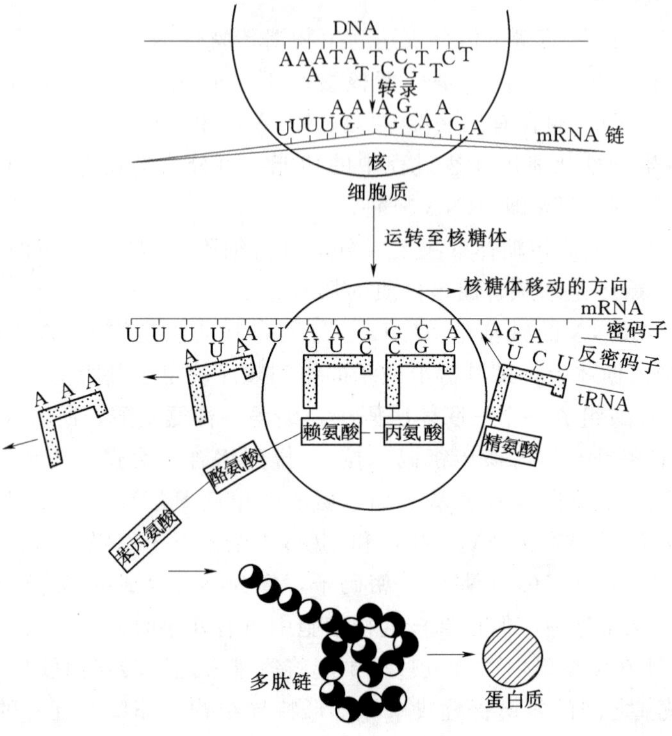

图 3.6　遗传信息的表达和特定蛋白质的合成

3.2.1.4　基因——遗传因子

基因是具有遗传功能的 DNA 分子上的片段，平均含有 1000 个碱基对。一个 DNA 分子中含有许多基因，不同基因分子含碱基对的数量和排列序列不同，并具有自我复制能力。各种基因在染色体上均有其特定的位置称为位点，如果染色体上基因缺失、重复或在新的位置上和别的基因相邻，改变了原有的排列序列，都会引起某些性状的变异。由于基因的功能差异，又可分为结构基因，调节基因和操纵基因。

1. 结构基因

结构基因是决定某一种蛋白质分子结构相应的一段 DNA，可将携带的特定遗传信息转录给 mRNA，再以 mRNA 为模板合成特定氨基酸序列的蛋白质。

2. 调节基因

调节基因带有阻遏蛋白，控制结构基因的活性。平时阻遏蛋白与操纵基因结合，结构基因无活性，不能合成酶或蛋白质，当有诱导物与阻遏蛋白结合时，操纵基因负责打开控制结构基因的开关，于是结构基因就能合成相应的酶或蛋白质。

3. 操纵基因

操纵基因 O 位于结构基因的一端，与一系列结构基因合起来形成一个操纵子。

3.2.2　细菌的变异

细菌的变异即是微生物子代的表型特征与其亲代的表型特征发生较大的差异，这种差异是由于子代的基因发生了突变和基因进行重组所引起的。基因突变即遗传物质 DNA 或 RNA 链上碱基序列发生了一种稳定的和可遗传的变化。基因重组即两个不同性状的个体细胞，其中一个细胞的 DNA 与另一个细胞的 DNA 融合，使基因重新排列，遗传给后代，产生新品种或表达新的遗传性状。

3.2.2.1 基因突变

突变的类型可以从不同角度加以区分，从遗传物质的结构改变来区分，突变包括碱基置换、移码、DNA 片段的缺失和插入。从突变所引起的遗传信息的意义改变来看，基因突变可以区分为同义突变、错义突变和无义突变三种。按发生的方式来看，细菌基因的突变又可以分为自发性突变和诱发突变，自发性突变的发生频率极低，诱发突变可大大提高突变发生的频率，可定向筛选加速获得具有符合研究目标的遗传性状。这里主要介绍自发突变和诱发突变。

1. 自发突变

自发突变的频率很低，一般在 10^{-6}～10^{-10}。引发自发突变的分子基础是 DNA 分子某种程度上的改变，如在 DNA 复制过程中 DNA 聚合酶产生错误，DNA 分子物理性质的损伤、重组、转座等。特别是碱基在细胞中可以不同形式的互变异构体存在，因而可与不同的碱基相配对造成碱基对的变异，如腺嘌呤 A 与胸酰嘧啶 T 正确配对形成 A－T，但当腺嘌呤以亚氨基态出现时，则可与胞嘧啶 C 配对形成 A－C，在下轮 DNA 复制之前，如果 A－C 未能修复为正确的 A－T，则复制时会形成 G－C，即经过这一过程 A－T 变成了 G－C，即碱基的互变异构效应。

引发自发突变的实质性原因是背景辐射、环境因素改变、微生物自身有害代谢产物积累的长期综合效应。DNA 复制过程中由于偶然因素而其中一链上发生一个小环，这即可在复制时跨越这一小环碱基而造成遗传缺失。

一般情况下，细胞内大量的修复系统可以将这些发生的错误和损伤加以修复，而不致发生突变，但这种修复只能将突变频率降低到最低限度，并不能完全消除，即仍有极低频率的自发突变发生。

自发突变具有如下特性：

（1）不对应性。这是突变的一个重要特点。即突变性状与引起突变的原因间无直接对应关系。

（2）自发性。各种性状的突变，可以在没有人为诱变因素下自发发生。

（3）稀有性。自发突变的频率是较低和稳定的，一般在 10^{-6}～10^{-9}间。

（4）独立性。在一个包括亿万个细菌的群体中，可以得到抗链霉素的突变型，也可以得到抗这一种或那一种药物的突变型。抗某一种药物的突变型细菌往往并不抗另一种药物，某一基因的突变既不提高也不降低其他基因的突变率。两个基因发生突变是各不相关的两个事件，也就是说突变的发生不仅对于细胞而言是随机的，对于基因而言同样也是随机的。

（5）诱变性。通过诱变剂的作用，可提高自发突变的频率，不论是自发突变或诱发突变得到的突变型，它们间并无本质上的差别，诱变剂仅起到提高突变率的作用。

（6）稳定性。由于突变的根源是遗传物质结构上发生了稳定变化，所产生的新性状也是稳定而可遗传的。这与由于生理适应所造成的抗药性有本质区别，由生理适应而造成的抗药性是不稳定的。

（7）可逆性。由野生型基因变为突变型基因的过程称为正向突变，相反的过程则称为回复突变。实验证明，任何性状既有正向突变，也可发生回复突变。回复突变率同样是很低的。

2. 诱发突变

凡能提高突变率的任何理化因子都可称为诱变剂。诱变剂可包括碱基类似物如 5 -溴尿嘧啶和 2 -氨基嘌呤等，在分子形态上类似于碱基对的具有 3 个苯环结构的扁平染料分子，可与 DNA 碱基直接起化学反应的亚硝酸、羟胺和烷化剂等，紫外线、X 射线、γ 射线、快中子等射线，热处理等，还有一些来自于其他微生物的 DNA 片段、转座子等生物因子等都可诱发突变。诱发突变又可分为点突变和畸变。

（1）碱基置换。对 DNA 来说，碱基的置换属于一种染色体的微小损伤，一般也称点突变。它只涉及一对碱基被另一对碱基所置换。置换又可分为两类：一类叫转换，即 DNA 链中的一个嘌呤被另一个嘌呤或是一个嘧啶被另一个嘧啶所置换；另一类叫颠换，即一个嘌呤被一个嘧啶或是一个嘧啶被一个嘌呤所置换。对某一具体诱变剂来说，既可同时引起转换与颠换，也可只具有其中的一种功能。

（2）移码突变。指诱变剂使 DNA 分子中的一个或少数几个核苷酸的增添（插入）或缺失，从而使该部位后面的全部遗传密码发生转录和转译错误的一类突变。由移码突变所产生的突变株，称为移码突变株。与染色体畸变相比，移码突变也只是 DNA 分子的微小损伤。

（3）染色体畸变。某些因子如 X 射线等的辐射和烷化剂、亚硝酸等，还可引起 DNA 的大损伤，即染色体畸变，不仅可发生染色体拷贝数的变化，而且更重要的是导致染色体结构上的缺失、重复、插入、易位、倒位等事件。染色体结构上的变化，又可分为染色体内畸变和染色体间畸变两类。染色体内畸变只涉及一条染色体上的变化，例如发生染色体的部分缺失或重复时，其结果可造成基因减少或增加。发生倒位或易位时，则可造成基因排列顺序的改变，但数目却不改变。倒位是指断裂下来的一段染色体旋转 180°后，重新插入到原来染色体的位置上，从而使其基因顺序与原基因顺序方向相反。易位则是指断裂下来的一小段染色体再顺向或逆向地插入到同一染色体的其他部位上。至于染色体间畸变，则指非同源染色体间的易位。

近年发现，有些 DNA 片段不但可在染色体与染色体之间，质粒与质粒之间，质粒与染色体之间移动和跳跃，甚至还可从一个细胞转移到另一个细胞。在这些 DNA 片段的跳跃过程中，往往导致 DNA 链的断裂或重接，从而产生重组交换或使某些基因启动或关闭，结果导致突变发生。这似乎就是自然界所固有的“基因工程”。现已把在染色体组中或染色体组间能改变自身位置的一段 DNA 序列称作转座因子也称作跳跃基因或可移动基因。

各种突变的碱基序列变化简示见图 3.7。

3.2.2.2　基因重组

凡把两个不同性状个体内的遗传基因转移在一起重新组合，形成新的遗传个体方式，称之谓基因重组。这种基因重组在自然界的微生物细胞之间、微生物与其他高等动、植物细胞之间都有发生，也就是说微生物除了前述的由亲代向子代进行垂直方向的基因传递外，具有多种途径进行水平方向的基因转移（也有称水平漂移）。微生物细胞或作为基因供体向其他微生物细胞提供基因，或作为基因受体接受其他微生物细胞提供的基因。整合到受体细胞的染色体或质粒上并表达，使受体细胞具有新的性状。这种基因的转移、交换、重组是生物得以进化的动力。

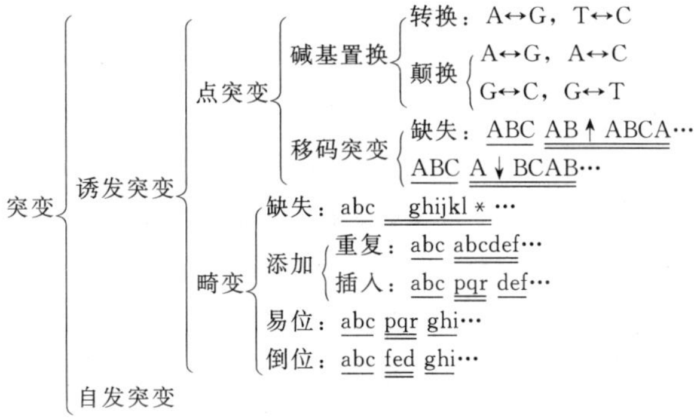

图 3.7 各种基因突变的碱基变化示意图

基因重组可分为自然发生和人为操作两类。在原核微生物中，自然发生的基因重组方式主要有接合、转导、转化等方式。

1. 细菌接合

通过供体菌和受体菌完整细胞间的直接接触而传递大段 DNA 的过程称为接合。在细菌中，接合现象研究得最清楚的是大肠杆菌。发现大肠杆菌有性别分化，决定它们性别的因子称为 F 因子（致育因子），这是一种在染色体外属于附加体的质粒。具有自主的与染色体进行同步复制和转移到其他细胞中去的能力，此外还带有一些对其生命活动关系较小的基因。每一个细胞含有 1～4 个 F 因子。

2. 转导

通过缺陷型噬菌体的媒介，把供体细胞的 DNA 片断携带到受体细胞中，从而使后者获得前者部分遗传性状的现象，称为转导。转导又分为普遍性转导和局限性转导两类。

（1）普遍性转导。噬菌体可转移供体菌中的任何基因，并使受体菌实现各种性状的转导，称为普遍性转导。普遍性转导又可分为完全转导和流产转导。

（2）局限性转导。指通过某些部分缺陷的温和噬菌体把供体菌的少数特定基因转移到受体菌中的转导现象。当温和噬菌体感染受体后，其染色体会整合到细菌染色体的特定位点上，从而使宿主细胞发生溶源化。如果该溶源菌因诱导而发生裂解时，在前噬菌体插入位点两侧的少数宿主基因，如大肠杆菌的 λ 原噬菌体两侧为 *gal* 基因（半乳糖基因）和 *bio* 基因（生物素基因），会因偶尔发生的不正常切割而连在噬菌体 DNA 上（见图 3.8）。这样就产生一种缺陷噬菌体，它们除含大部分自身的 DNA 外，缺失的基因被几个原来位于前噬菌体整合位点附近的宿主基因所取代。

3. 转化

受体菌接受供体菌的 DNA 片断，经过交换将它组合到自己的基因组中，从而获得了供体菌部分遗传性状的现象，称为转化。转化后的受体菌，称为转化子。

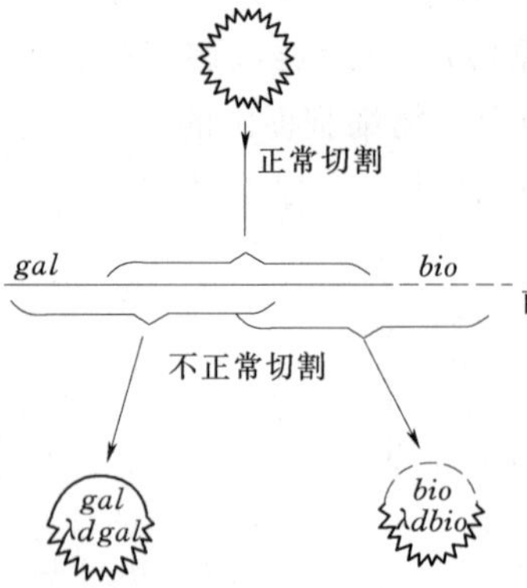

图 3.8 正常 λ 噬菌体和具有局限转导能力的缺陷型 λ 噬菌体的产生机制
（*gal*：半乳糖基因；*bio*：生物素基因；λ*dgal* 或 λ*dg*：带有半乳糖基因的缺陷 λ 噬菌体；λ*dbio*：带有生物素基因的缺陷 λ 噬菌体）

两个菌种和菌株间能否发生转化，与它们在进化过程中的亲缘关系有密切联系。但即使在转化率极高的那些种中，其不同菌株间也不一定都可发生转化。受体菌最易接受外源 DNA 片断并进行转化的生理状态，称为感受态。处于感受态的细胞，其吸收 DNA 的能力，有时可比一般细胞大 100 倍。感受态的出现受该菌的遗传性、菌龄、生理状态和培养条件等的影响。肺炎双球菌的感受态在对数期后期出现，而芽孢杆菌则出现在对数期末及稳定期。感受态可以诱导产生，常用的诱导方法是把培养在营养丰富的细菌转移到营养贫乏的培养液中。在肺炎双球菌和枯草杆菌中都发现感受态的出现伴随着细胞表面新的蛋白质成分的出现，这种蛋白质被称为感受态因子，把感受态因子加到不处在感受态的同种细菌培养物中，可以使细菌转变成处于感受态。

革兰氏阳性的肺炎双球菌的转化过程大体上为：

（1）双链 DNA 片断与感受态受体菌的细胞表面特定位点结合。

（2）在结合位点上的 DNA 发生酶促分解，形成平均分子量为（4～5）$\times 10^6$ 的 DNA 片断。

（3）DNA 双链中的一条单链逐步降解，同时另一条单链逐步进入细胞。

（4）转化 DNA 单链与受体菌染色体组上的同源区段配对，接着受体染色体组的相应单链片断被切除，并被外来的单链 DNA 所交换和取代，于是形成了杂种 DNA 区段。

（5）受体菌染色体组进行复制，杂合区段分离成两个，其中之一类似供体菌，另一类似受体菌。当细胞分裂后，此染色体分离形成了一个转化子。

3.3 遗 传 工 程

遗传工程是 20 世纪 70 年代初按照人们预先设计的生物蓝图，通过对遗传物质的直接操纵、改组、重建、实现对遗传性状定向的改造。目前采用的基本方法是：把遗传物质从一种生物细胞中提取出来，在体外施行“外科手术”，然后再把它导入另一种生物细胞中，改变其遗传结构，使之产生符合人类需要的新遗传特性，定向地创造新生物类型。由于它采用了对遗传物质体外施工，类似工程设计那样，具有很高的预见性，精确性与严密性，因此称为遗传工程。

遗传工程包括两个水平的研究：一是细胞水平（如前所述转化、接合和转导等），另一是基因水平。所以，又可把它分为细胞工程和基因工程。实际上目前研究的主要内容是基因工程，因此，狭义的讲，遗传工程就是基因工程。

基因工程是 20 世纪 70 年代初发展起来，在分子水平上剪接 DNA 片段，与同种、同属或异种、甚至异界的基因连接成为一个新的遗传整体，再感染受体细胞，复制出新的遗传特性的机体。具体过程简述于下，详见图 3.9。

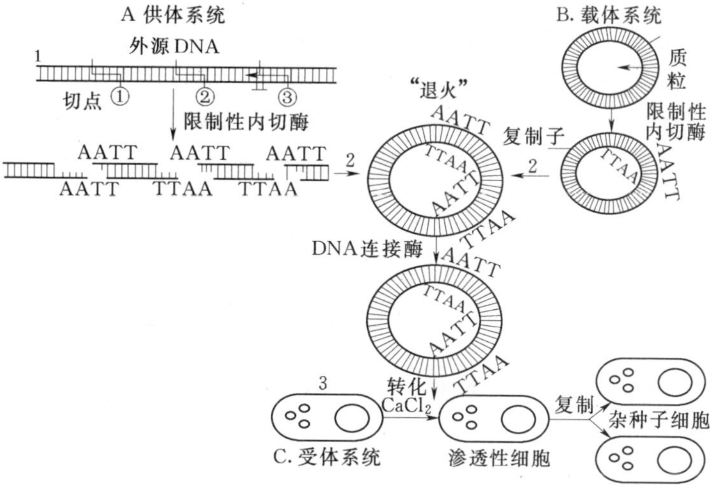

图 3.9 基因工程示意图

(1) 选择合适的供体细胞，将其 DNA 取出，一般 DNA 应为双螺旋分子。

(2) 选择合适外切酶或限制性内切酶，它能专一地切断供体细胞 DNA 分子的特定部位，并在切断处形成具有粘着活性的末端单链（又称粘接末端）。使 DNA 分子在体外进行剪接、重组的“外科手术”有了可能性。目前，这类酶已陆续发现几十种，它们的切点各不相同，可以分别选用，并已制成商品出售。

(3) 基因的运载和复制。大部分 DNA 片段在细胞内无自发复制能力，所以要选择有自体复制的质粒（如 R 因子、降解质粒等）或病毒；（如 λ 噬菌体，SV_{40} 病毒等），从载体细胞取出质粒等载体称载体 DNA，也用内切酶将其切断并形成粘性末端。

(4) 在 DNA 连接酶的作用下，将供体细胞 DNA 粘性末端与载体细胞 DNA 粘性末端粘着起来，相应的互补碱基对以氢键相联，形成一个新的重组的载体 DNA 分子。

(5) 将重组的载体 DNA 分子加入受体细胞培养液中，受体细胞吸入载体，载体在细胞内复制，使受体细胞以及后代获得原供体细胞的基因和相应的属性。

3.4 遗传工程在水处理工程中的应用

由于新的化学物质的不断发现，难降解污染物的增多，废水处理情况日趋复杂。带有降解某些物质的质粒的微生物往往不一定能在某一废水环境中生存，而能在此种废水条件下生存的细菌，又不一定具有降解其中某些物质的质粒，因而各国科学家正试图利用遗传工程，把具有降解某些特殊物质的质粒剪切后，连接到受体细胞中，使之带有一种或多种功能用以处理废水，这种用人工方法选出的多质粒、多功能的新菌种称“超级细菌”。这方面研究工作较多，目前已有较为成功的实例，现简述如下。

1. 降解石油的超级细菌

20 世纪 70 年代美国生物学家查克拉巴蒂（Chakrabarty）针对海洋输油，造成浮油污染，影响海洋生态等问题进行了研究。石油成分复杂，是由饱和、不饱和、直链、支链、芳香烃类组成，不溶于水。而海水含盐量高，虽发现 90 多种微生物有不同程度降解烃类的能力，但不一定能在海水中大量繁殖生存，而且降解速率也较慢，查氏将能降解脂（含质粒 A）的一种假单胞菌作受体细胞，分别将能降解芳烃（质粒 B）、萜烃（质粒 C）和多环芳烃（质粒 D）的质粒，用遗传工程方法人工转入受体细胞，获得多质粒“超级细菌”，可除去原油中 2/3 的烃。浮油在一般条件下降解需一年以上时间，用“超级细菌”只需几小时即可把浮油去除，速度快效率高（见图 3.10）。

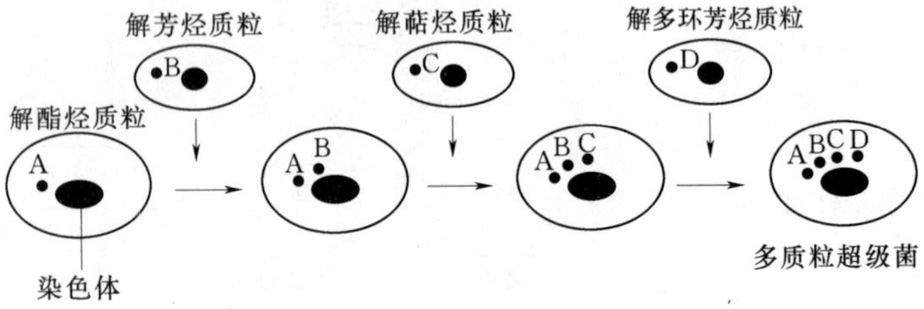

图 3.10　遗传工程获得多质粒超级细菌

2. 耐汞质粒

日本水俣事件及瑞典鸟类汞中毒事件后，日本和瑞典对汞在自然界转化做了大量研究工作，提出了汞化合转化的途径，主要是某些微生物使水体汞元素甲基化形成甲基汞，使人及生物中毒。另一面自然界中存在一些耐汞的微生物，它们的耐汞基因在 R 因子上。例如，恶臭假单胞菌一般在超过 2μg/mL 汞浓度中即将中毒死亡，查克拉巴蒂用质粒转移技术，把嗜油假单胞菌的耐汞质粒（MER 质粒）转移到恶臭假单胞菌中去，后者获得 MER 质粒，可在 50～70μg/mL 氯化汞中生长。

3. 降解染料的质粒

1983 年瑞士科学家 Kulla 发现有两种假单胞菌分别具有降解纺织废水中两种染料的能力：其一为假单胞菌 K24 具有降解 1 号橙偶氮染料的质粒；其二为假单胞菌 K46 具有降解 2 号橙偶氮染料的质粒。他把两个菌株的两种质粒接合到一个菌株内，可获得具有降解两种染料的新菌种。

4. 除草剂的降解

除草剂 2，4-二氯苯氧乙酸是致癌物质，美国对它的生物降解研究一直很重视，并积极研究基因工程菌。已将降解 2，4-二氯苯氧乙酸的基因片段组建到质粒上，将质粒转移到快速生长的受体菌体内构建成高效降解的功能菌。减少了在土壤中 2，4-二氯苯氧乙酸的累积量，有益于环境保护。

5. 尼龙的降解

尼龙是极难生物降解的人工合成物质，现已发现自然界中的黄杆菌属（Flavobacterium）、棒状杆菌属（Coynebacteriun）和产碱杆菌属（Alcaligenes）均含有分解尼龙低聚物 6-氨基己酸环状二聚体的 pOAD2 质粒，S. Negoro 等人将上述三种菌的 pOAD2 质粒和大肠杆菌的 pBR322 质粒分别提取出来，用限制性内切酶 HindⅢ分别切割 pOAD2 质粒和 pBR322 质粒，得到整齐相应的切口，以 pBR322 质粒为受体，用 T4 连接酶连接，获得第一次重组质粒。再以重组质粒为受体，以同样操作方法进行第二次基因重组，获得具有合成酶 EI 和酶 EⅡ能力的质粒。将经两次重组的质粒转移入大肠杆菌体内后，获得了生长繁殖快、含有高效降解尼龙低聚物 6 -氨基己酸环状二聚体质粒的大肠杆菌。

基因工程菌在废水生物处理模拟试验中也取得一些成果。McClure 用 4L 曝气池装置考察体内含有降解 3 -氯苯甲酸酯质粒 pD10 的基因工程菌的存活时间和代谢活性。工程菌浓度为 4～106 个/L，存活时间达 56d 以上。但 32d 以后，降解 3 -氯苯甲酸酯的功能下降。

另外，在原核微生物与动物之间，动物与植物之间的基因工程也均已获得成功。这为微生物与动、植物之间超远缘杂交开辟了一条新途径。苏云金杆菌体内的伴胞晶体含有杀死鳞翅目昆虫的毒素，过去生产苏云金杆菌用作棉花和蔬菜的杀虫剂。现在，农业科技人员将苏云金杆菌体中的毒性蛋白质抗虫基因提取出来，用基因工程技术转接到小麦、水稻、棉花植株内，进行基因重组，使小麦、水稻、棉花具有抗虫、杀虫能力。栽培这些作物不需施杀虫剂，避免了农药污染，有利环境保护。它们都具有高效、无公害等特点，堪称是生物农药领域中的一大创新。

复 习 思 考 题

1. 细菌是怎样繁殖的？
2. 怎样利用细菌的生长曲线来控制生物处理构筑物的运行？
3. 试区别遗传性与变异性。
4. 怎样利用细菌的定向变异来进行工业废水的生物处理？
5. 简述蛋白质合成过程三种 RNA 的功能。
6. 基因重组有几种形式，各有什么特点？
7. 什么叫基因突变，可分为几类？
8. 什么叫遗传工程？在废水生物处理中如何应用？

第4章 其他微生物

学习目标：

掌握：原生动物主要类群的形态特征和生活习性；主要藻类和真菌植物的形态特征及在环境中的分布规律；病毒的形态结构和繁殖过程，病毒的分类；放线菌的形态结构和繁殖特点。

理解：主要微型后生动物的形态特征、生活习性及在水体中的分布规律；病毒的培养和病毒培养基；放线菌的繁殖方式。

了解：真核微生物的繁殖方式及生活史；病毒对物理、化学因素的抵抗力。

4.1 放线菌和丝状细菌

4.1.1 放线菌

放线菌是介于细菌和真菌之间的单细胞微生物。一方面，放线菌的细胞结构和细胞壁化学组成与细菌相似，和细菌同属于原核生物；另一方面，放线菌菌体呈纤细的菌丝，且分支，又以外生孢子的形式繁殖，这些特征与霉菌相似。放线菌在固体培养基上呈辐射状生长而得名。大多数放线菌为腐生菌，宿主植物有欧洲赤杨、香蕨木、杨梅、沙棘和胡颓子，少数是寄生菌。腐生菌在土壤中的分布和数量仅次于细菌，在自然界物质循环中起积极作用，促进土壤形成团粒结构，改良土壤。在有机固体废弃物的填埋和堆肥发酵及废水生物处理中起积极作用。其中的诺卡氏菌属（Nocardia）除有产生抗生素的种外，还有产生蛋白酶的种，可用作酶制剂产生菌。还有的菌种能使石油脱蜡、烃类发酵、脱硫、脱磷。有的对氰化物、腈类化合物的分解能力强，用于丙烯腈废水生物处理。

4.1.1.1 放线菌的形态和大小

放线菌的菌体由纤细长短不一的菌丝组成，菌丝分支，菌丝大多数无隔膜，为单细胞。菌丝体可分三类：

（1）基内（营养）菌丝。它潜入固体培养基内摄取营养，菌丝宽度为0.2～0.80μm，通常不超过1.4μm，长度为50～600μm之间，有无色的、有产色素的（黄、橙、红、紫、蓝、绿、褐、黑）。色素有水溶性的和脂溶性的。

（2）气生菌丝。又称二级菌丝体，它由营养菌丝长出培养基外，伸向空间的菌丝为气生菌丝。比营养菌丝粗，直径为1～1.4μm。有呈弯曲状、直线状或螺旋状。有产色素的。

（3）孢子丝（见图4.1）。放线菌生长发育到一定阶段，在气生菌丝的上部分化出可形成分生孢子的孢子丝。孢子丝的形状和在气生菌丝上的排列方式，随菌种的不同而异，是种的特征，是分类鉴定的依据。孢子丝的形状有直形、波浪状、螺旋形、交替着生和丛生或轮生。孢子丝发育到一定阶段，其顶端形成分生孢子，它带有各种颜色：粉白、灰、黄、橙、红、蓝、绿等。分生孢子的颜色是菌种鉴定的依据。

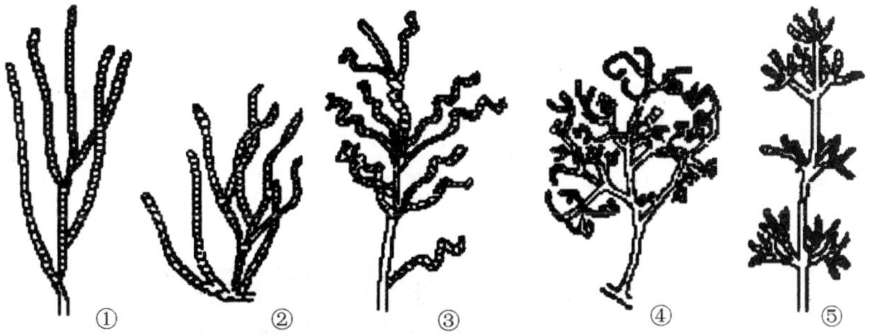

图 4.1 几种放线菌孢子丝的形态

①—直形；②—波浪状；③—螺旋形；④—交替着生；⑤—丛生或轮生

放线菌的孢子表面结构与孢子丝的形态有一定关系。一般孢子丝直形或者波浪弯曲状，这类孢子丝上的孢子表面光滑；若孢子丝螺旋状，它形成的孢子表面则有的光滑，有的带刺或带毛。孢子丝颜色与孢子的结构有一定的相关性。白色、黄色、淡绿、灰黄、浅紫色孢子的表面一般都是光滑的；粉红色孢子只有极少数带刺，黑色孢子绝大多数都带刺和毛发。

4.1.1.2 放线菌的菌落形态

放线菌的菌落是由一个分生孢子或一段营养菌丝生长繁殖引起许多菌丝互相缠绕而成，质地紧密，表面呈绒状或密实干燥、多皱，如链霉菌属。由于其菌丝潜入培养基，整个菌落像是嵌入培养基中，不易被挑取。有的菌落成白色粉末状，质地松散，易被挑取，如诺卡氏菌属。

幼龄菌落中气生菌丝尚未分化为孢子丝，其菌落表面与细菌很难区分。当孢子丝形成大量孢子并布满菌落表面后，就呈现表面絮状、粉末状或颗粒状的典型放线菌的菌落特征。由于菌丝和孢子常具有不同的色素，使菌落正面和背面呈现不同的色泽。水溶性色素可扩散，脂溶性的色素不扩散。

4.1.1.3 放线菌的繁殖

放线菌的生活史如图 4.2 所示。

放线菌主要通过无性孢子进行繁殖，无性孢子主要有分生孢子和孢子囊孢子。也可以借菌丝断片繁殖。

分生孢子：放线菌生长到一定阶段，一部分气生菌丝形成孢子丝，孢子丝成熟并分化形成许多孢子，称为分生孢子。

孢子囊孢子：有的放线菌有菌丝盘卷形成孢子囊，其间产生横隔，形成孢子，孢子囊成熟后，释放出孢子。

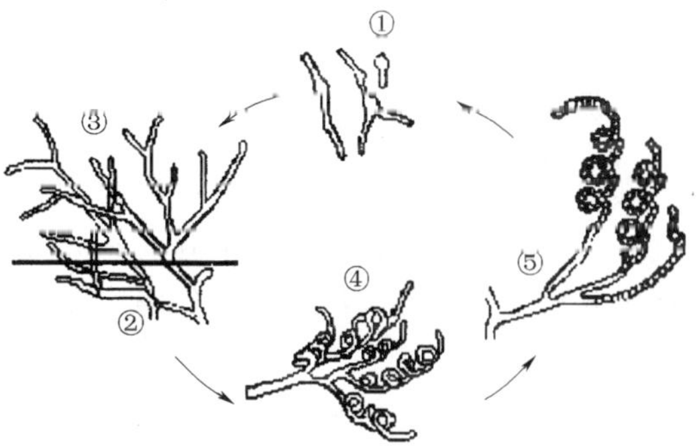

图 4.2 放线菌中的链霉菌的生活史

①—孢子萌发；②—基内菌丝；③—气生菌丝；④—孢子丝；⑤—孢子丝分化为孢子

菌丝断片：放线菌也可以用菌丝的断

裂片段，形成新的菌丝体。如静止培养基，其培养物表面往往形成菌膜，膜上也可生出孢子。

其他方式：小单孢菌科中多数种的孢子着生在直而短的营养菌丝的分叉顶端上，一个树杈顶端形成一个球形、椭圆形或长圆形的孢子，这些孢子也叫分生孢子。

放线菌的孢子具有较强的耐干燥能力，但是不耐高温。

分生孢子形成见图4.3。

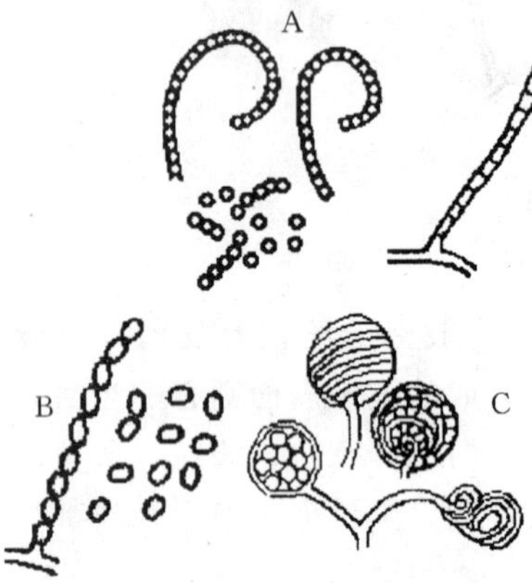

图4.3 放线菌的分生孢子和孢囊孢子的形成

图4.4 显微镜下的丝状菌

4.1.2 丝状菌

细菌不仅分布广泛，而且种类繁多，长相也各有不同，科学家通常根据外形把它们分为4个类群：球状的称为球菌，长圆柱形的称为杆菌，细胞略呈弯曲或弓形的称为弧菌，呈螺旋状的称为螺旋菌，也叫做螺旋体。除了上述这4个类群之外，还有一类丝状细菌，其杆状菌体连成长链，外面由一个共同的粘质衣鞘包围，形成丝状或毛发状的菌丝。

丝状菌分布在水生环境、潮湿土壤和活性污泥中。有铁细菌如：浮游球衣菌、泉发菌属既原铁细菌属及纤发菌属。丝状硫细菌如：发硫菌属、贝日阿托氏菌属、透明颤菌属、亮发菌属等多种丝状菌。丝状体是丝状菌分类的特征（见图4.4）。

4.2 真　　菌

真菌属低等植物，种类繁多，形态、大小各异，包括酵母菌、霉菌及各种伞菌。真菌属真核微生物，有单细胞和多细胞的。酵母菌、霉菌和食用菌在有机废水生物处理和有机固体废弃物生物处理中都起积极作用。

4.2.1 酵母菌

酵母菌是一类单细胞真核微生物，“酵母菌”这个词无分类学意义，是俗称，一般泛指能发酵糖类的各种单细胞真菌。酵母菌通常是以单细胞形式存在；多数以出芽方式进行繁殖；能利用糖类发酵产生能量；经常生活在高糖、高酸度环境中。酵母菌在自然界分布非常广泛，主要生长在偏酸的含糖环境中的酵母菌有发酵型和氧化型两种。发酵型酵母菌是发酵糖为乙醇（或甘油、甘露醇、有机酸、维生素及核苷酸）和二氧化碳的一类酵母菌，用于发面做面包、馒头和酿酒。氧化型的酵母菌则是无发酵能力或发酵能力弱而氧化能力强的酵母菌。氧化型的酵母菌有：拟酵母属、毕赤酵母属（Pichia；hansenula）等，对正葵烷、十六烷氧化力强。热带假丝酵母和阴沟假丝酵母氧化烃类能力最强。球拟酵母属、白色假丝酵母、类酵母的阿氏囊霉属、短梗霉属等在石油加工工业中起积极作用，如石油脱蜡，降低石油的凝固点。许多酵母菌能氧化 C_9～C_{18} 的烷烃，如假丝酵母将石蜡氧化为 a一酮戊二酸、反丁烯二酸、柠檬酸，其转化率达 80％以上，还可收获酵母菌体作饲料。炼油厂的含油、含酚废水生物处理过程中，假丝酵母和粘红酵母菌起积极作用。淀粉废水、柠檬酸残糖废水和油脂废水以及味精废水均可利用酵母菌处理，既处理了废水又可得到酵母菌体蛋白，用作饲料。酵母菌还可用作监测重金属。当然，酵母菌也会给人类带来危害。例如，腐生型的酵母菌能使食品、纺织品和其他原料发生腐败变质；少数嗜高渗透压的酵母菌可使蜂蜜、果酱等食品发生酸败，这些酵母菌有：鲁氏酵母、蜂蜜酵母；有些酵母菌还可引起人和植物的病害，例如假丝酵母（又称白色念珠菌）可引起皮肤、黏膜、呼吸道、消化道以及泌尿系统等多种疾病。新型酵母还能引起慢性脑膜炎、肺炎等疾病。

4.2.1.1 酵母菌的形态和大小

酵母菌为单细胞真核微生物，其细胞形态有卵圆形、圆形、圆柱形或假丝状（见图 4.5）。其直径为 1～5μm，长约 5～30μm 或更长。假丝酵母呈假丝状，是因它在繁殖时子细胞没脱离母体而与母细胞相连成链状，故称为假丝状。有些种的细胞大小、形态极不均匀，而有些种的细胞则较为均一。

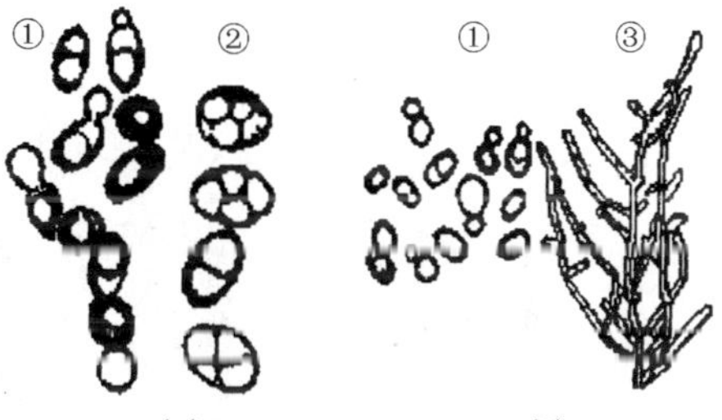

图 4.5　酵母菌的各种形态图
(a) 啤酒酵母；(b) 产朊假丝酵母
①—营养细胞；②—子囊孢子；③—假菌丝

4.2.1.2 酵母菌的细胞结构

酵母菌属于真核微生物，其细胞结构已经接近于高等生物的细胞结构。一般具有细胞壁、细胞膜、细胞质、细胞核、一个或多个液泡、线粒体、核糖体、内质网、微体、微丝及内含物等（见图 4.6）。酵母菌的细胞壁厚为 0.1～0.3μm，有的酵母菌细胞壁会随着菌龄的增大而加厚，质量为细胞干重的 18％～25％。构成细胞壁的主要成分为“酵母纤维素”。在电镜下，细胞壁有三层结构：外层为甘露糖，内层为葡聚糖，中间夹着一层蛋白质。葡聚糖是赋予细胞壁机械强度的主要成分。酵母菌的细胞膜与细菌的细胞膜基本相同，也是由磷脂双分子层构成，其间镶嵌着蛋白质。所不同的是，酵母菌细胞膜的磷脂双分子层上还镶嵌着原核生物所不具备的物质——甾醇。酵母菌的细胞膜也是一种选择透过性膜，即半透膜。

酵母菌细胞膜的主要功能是选择性地运入营养物质，排出代谢废物，同时，它还是细胞壁等大分子物质的生物合成和装配基地，也是部分酶合成和作用的场所。酵母菌的细胞质是一种透明、黏稠、不流动并充满整个细胞的溶胶状物质。在细胞质中悬浮着所有细胞器，如内质网、核糖体、溶酶体、微体、线粒体、叶绿体等。线粒体呈球状或杆状，位于

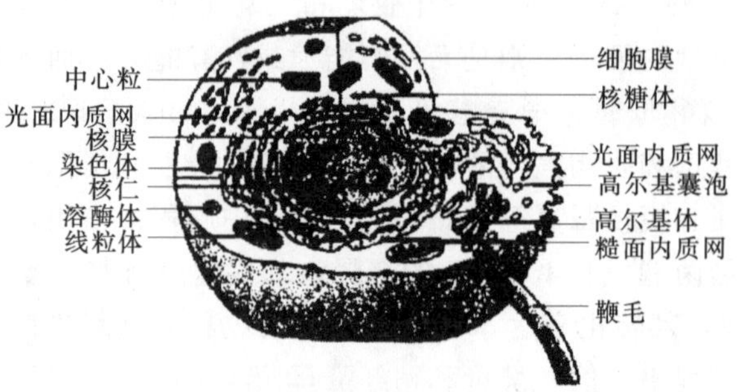

图 4.6 酵母菌的细胞结构

核膜和中心体的表面，含脂类和呼吸酶系统，执行呼吸功能。中心体附着在核膜上。中心染色质附着在中心体上，有一部分附着在核膜上。老龄菌细胞质中由于营养过剩形成一些内含物（即贮存颗粒），如：异染颗粒、肝糖、脂肪粒、蛋白质和多糖。含脂圆酵母、产脂内孢霉和粘红酵母富含脂肪，脂圆酵母含脂肪量尤其高，超过菌体干重的50%。

4.2.1.3 酵母菌的繁殖

酵母菌的繁殖方式可分为两大类：无性繁殖和有性繁殖。无性繁殖包括芽殖、裂殖和产生无性孢子，有性繁殖主要是产生子囊孢子。

1. 无性繁殖

无性繁殖是指不经过性细胞的结合，由母体直接产生子代的生殖方式。

(1) 芽殖。芽殖是酵母菌最常见的繁殖方式。在营养条件和其他生长条件良好的情况下，酵母菌生长速度很快，这时可以看到酵母菌细胞上有芽体生成，而且在芽体上还有新的芽体产生。出芽过程见图 4.7。

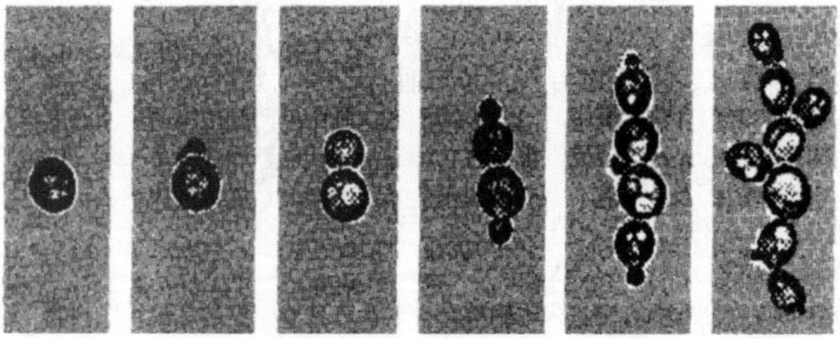

图 4.7 酵母菌芽体形成过程

芽体形成时首先分泌一种水解酶，在这种酶的作用下要形成芽体部位的细胞壁变薄，这时已经形成的大量的新细胞物质开始流向芽体部位，从而形成一个小突起，即芽体。小芽体逐渐长大后，在与母体连接的位置形成了两层新的细胞壁，成熟后两者分离。有许多酵母菌细胞在芽体成熟后不分离，并且在这个芽体上形成新的芽体，致使酵母菌细胞成串排列，成为具有分枝或不分枝的假菌丝，称这些酵母菌为假丝酵母。

(2) 裂殖。裂殖是通过细胞横分裂进行的繁殖方式，与细菌裂殖相似。进行裂殖的酵母菌种类很少。

(3) 产生无性孢子。少数酵母菌（如掷孢酵母）可以产生无性孢子。掷孢酵母产生的掷孢子是在掷孢酵母卵圆形的营养细胞上生出的小梗上形成的，孢子成熟后便将其喷射出去。因此，在倒置培养皿培养掷孢酵母并形成菌落时，常常因为掷孢子的射出而导致培养皿盖上呈现掷孢子菌落镜像。

2. 有性繁殖

有性繁殖是指通过两个具有性差异的细胞结合，形成新的个体的繁殖方式。它们一般由两个相邻近的细胞各自相向伸出一根管状的原生质突起，突起接触后局部融合并形成一条通道，再通过质配、核配和减数分裂形成 4 个或 8 个子核，然后它们各自与周围的原生质结合在一起，再在其表面形成一层厚壁，形成子囊孢子，而原有的营养细胞则成了子囊。待子囊孢子成熟后子囊破裂，释放出子囊孢子。

4.2.1.4 酵母菌的培养特征

1. 在固体培养基上的培养特征

酵母菌接种在固体培养基上，培养基表面湿润而光滑且有一定的透明度，易于挑起，质地均匀，其颜色通常有白色和红色（如粘红酵母），有粘性。培养时间久后菌落表面转为干燥，并呈皱褶状，菌落大小和细菌差不多。酵母菌的菌落一般还会散发出诱人的酒香味。

2. 酵母菌在液体培养基中的生长特征

不同种的酵母菌表现不一样，有的酵母菌长在培养基的底部并产生沉淀；有的在培养基中均匀分布；有的在培养基表面生长并形成菌膜，其厚度因种而异，有的甚至干而变皱。发酵型的酵母菌还会产生二氧化碳气体使培养基表面充满泡沫。

4.2.2 霉菌

霉菌（Mold）和酵母菌同属于真菌界，凡是在营养基质上能形成绒毛状、网状或絮状菌丝体的真菌称为霉菌。

霉菌与人类生活和生产关系密切。发酵工业用霉菌生产酒精、有机酸（如柠檬酸、葡萄糖酸、延胡索酸等）、抗生素（如青霉素、灰黄霉素）、酶制剂（如淀粉酶、蛋白酶、纤维素酶等）、维生素及甾体激素等。霉菌可发酵饲料，生产农药，镰刀霉分解无机氰化物（CN^-）的能力强，对废水中氰化物的去除率达 90%以上。有的霉菌还可处理含硝基（NO_2^-）化合物废水。霉菌有腐生和寄生。腐生菌中的根霉、木霉、青霉、镰刀霉、曲霉、交链孢霉等分解有机物能力强，木霉对难降解的纤维素和木质素分解能力强。寄生霉菌常是人、动物和植物的致病菌。其中的赤霉菌能引起水稻生“恶苗病”，但它的分泌物“赤霉素”可作农作物的生长刺激素，也可用作医药。

4.2.2.1 霉菌的形态、大小

霉菌是由分支的和不分支的菌丝交织形成的菌丝体。整个菌丝体分为两部分：即营养菌丝和气生菌丝。营养菌丝伸入培养基内或匍匐蔓生在培养基的表面，摄取营养和排除废物；气生菌丝生长在培养基上方的空气中，长出分生孢子梗和分生孢子。霉菌的菌丝直径约 2～10μm，在显微镜下放大 100 倍清晰可见，放大 400 倍则细胞内部结构也能看见。

4.2.2.2 霉菌的细胞结构

霉菌细胞由细胞壁、细胞质膜、细胞核、细胞质及内含物等组成。大多数霉菌的细胞壁含几丁质，少数水生霉菌的细胞壁含纤维素。霉菌细胞壁能被蜗牛消化液中的葡聚糖酶、几丁质酶、甘露聚糖酶等溶解，剩下原生质体。细胞核有核膜、核仁和染色体。细胞

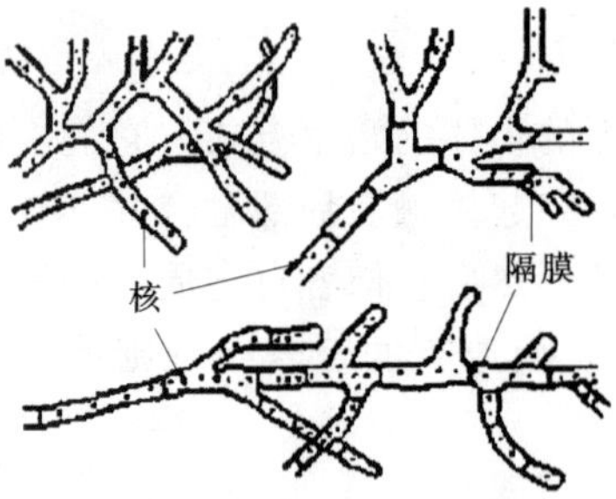

图 4.8 霉菌的营养菌丝

质中含线粒体和核糖体。培养初期细胞质充满整个细胞，老龄霉菌的细胞质内出现大液泡和各种贮藏物，如肝糖、异染颗粒和脂肪粒。霉菌大多数是多细胞的，少数为单细胞的（见图 4.8）。根据菌丝是否存在膈膜，将霉菌菌丝分为两类：无膈菌丝和有膈菌丝。无膈菌丝就是构成霉菌营养体的菌丝为单细胞。无膈菌丝中一般含有多个细胞核，例如毛霉属和根霉属；有膈菌丝就是构成霉菌营养体的菌丝为多细胞，大多数霉菌属于多细胞，如曲霉属和青霉属。通过载片培养等技术，在显微镜下可以清楚地观察到菌丝的形态和构造。根据霉菌菌丝在培养基上生长部位的不同，将其分为营养菌丝（又称基内菌丝）和气生菌丝。营养菌丝生长在培养基内，主要功能是吸收营养物质；气生菌丝伸出培养基外，生长在空气中。有些气生菌丝生长到一定阶段会分化出具有繁殖能力的菌丝，即繁殖菌丝；有些气生菌丝会聚集成团，构成一种坚硬的休眠体，即菌核。菌核对外界不良环境有较强的抵抗力，当条件适宜时它便萌发出菌丝。

4.2.2.3 霉菌的繁殖方式

霉菌的繁殖能力一般都很强，而且方式多样。有的霉菌可以通过菌丝断片来形成新菌丝，也可以通过核分裂而细胞不分裂的方式进行繁殖。但霉菌主要还是通过无性繁殖和有性繁殖来完成生命的传递。

1. 无性繁殖

霉菌的无性繁殖主要是通过产生无性孢子的方式来实现的。霉菌产生的无性孢子主要有四类：孢子囊孢子、分生孢子、节孢子、厚垣孢子。

(1) 孢子囊孢子。孢子囊孢子又称孢囊孢子，其先是营养菌丝上长出伸向空间的繁殖菌丝，菌丝发育成孢囊梗，其顶端膨大形成孢子囊。孢子囊内有许多个核，每个核外包围原生质，逐渐围绕着核生成壁，于是产生了孢子囊孢子。孢子成熟后，孢子囊破裂释放出孢子囊孢子（见图 4.9）。孢子囊孢子的形状、大小和纹饰因种而异。毛霉、根霉均产生这种孢子。

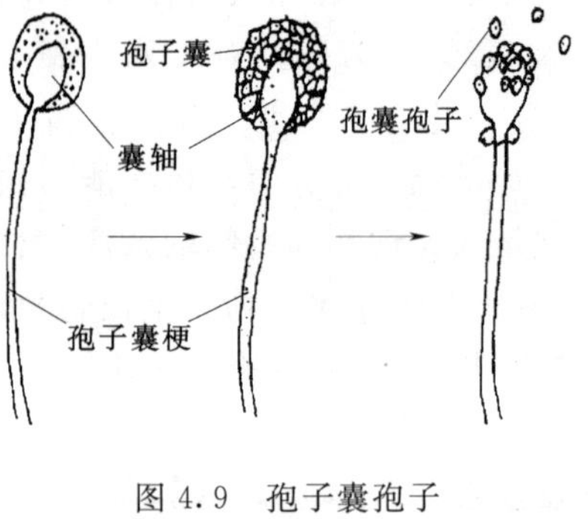

图 4.9 孢子囊孢子

(2) 分生孢子。分生孢子是一种外生孢子，是真菌中最常见的一类无性孢子。分生孢子是由菌丝分化并在胞外形成的，分生孢子形成的方式见图 4.10。分生孢子在菌丝上着生的位置和排列方式有几种情况：交链孢霉属和红曲霉属等，分生孢子着生在未明显分化的菌丝或其分枝的顶端，单生、成链、成簇排列。曲霉属和青霉属等，它们的分生孢子着生于分生孢子梗的顶端，壁较厚。

(3) 厚垣孢子。厚垣孢子又称厚壁孢子，是外生孢子。它的形成类似细菌的芽孢。菌丝生长到一定阶段，其顶端或中间部分细胞的原生质浓缩、变圆，细胞壁加厚，形成圆形、纺锤形或长方形的厚壁孢子。很多真菌都能形成这类孢子，如总状毛霉往往在菌丝中

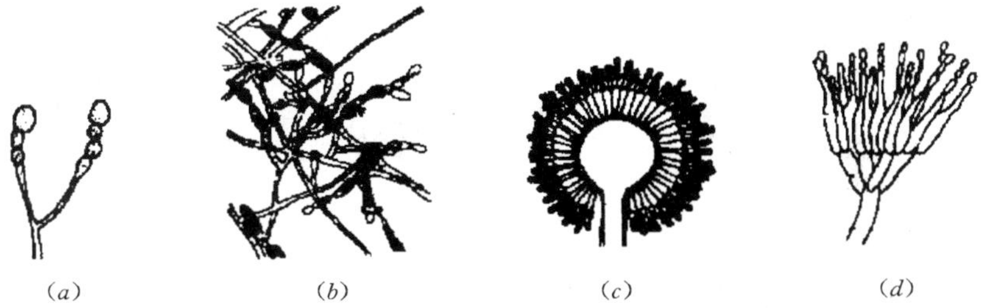

图 4.10 分生孢子

(a) ～ (d) 不同类型的分生孢子

间形成这样的孢子，见图 4.11。厚垣孢子能抗热、干燥等不良的因素，属于休眠体。

(4) 节孢子。节孢子是由菌丝断裂形成的，属于外生孢子。当菌丝生长到一定阶段，菌丝内出现许多横膈膜，然后从横膈膜处断裂，产生许多孢子。如白地霉幼龄菌体为多细胞丝状，衰老时，菌丝内出现许多横膈膜，然后自横膈膜处断裂，形成一串串短柱状、筒状或两端钝圆的细胞，即节孢子，见图 4.11。

(5) 芽生孢子。有的霉菌还能以芽生孢子进行繁殖，见图 4.11。菌丝细胞如同发芽一样，产生小突起，经过细胞壁紧缩，最后脱离母细胞。毛霉和根霉在液体培养基中会形成这种孢子。

2. 有性繁殖

霉菌的有性繁殖是通过不同亲代细胞结合后产生有性孢子而进行的。霉菌的有性繁殖主要包括三阶段：首先是进行质配；其次是进行核配，核配后形成二倍体核；最后通过减数分裂恢复为单倍体核。霉菌产生的有性孢子类型主要有以下几种：

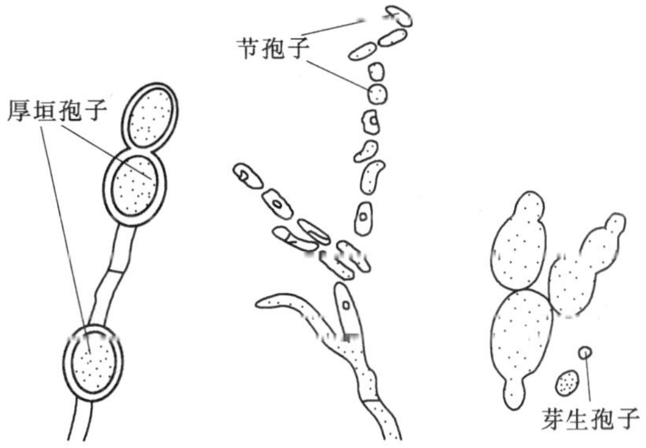

图 4.11 厚垣孢子、节孢子、芽生孢子

(1) 卵孢子。卵孢子是由两个大小不同的配子囊结合后发育而成，小的配子囊称雄器，大的配子囊称藏卵器，藏卵器内有 1 个或数个称为卵球的原生质团。当雄器与雌器配合时，雄器中的细胞质和细胞核通过受精管进入藏卵器，并与卵球配合。以这种方式形成的有性孢子称为卵孢子。藻状菌纲中除毛霉目外，许多菌（如水霉属）的有性繁殖方式是产生卵孢子，如图 4.12 所示。

(2) 接合孢子。接合孢子由菌丝生出形态相同或略有差异的配子囊接合而成，接合过程是：两个相邻的菌丝相遇，各自向对方生出极短的侧枝，称原配子囊，原配子囊接触后，顶端各自膨大并形成横膈，分隔形成两个配子囊细胞。然后相接触的两个配子囊之间的横膈消失，发生质配、核配，同时外部形成厚壁，即成接合孢子囊，接合孢子进行减数分裂后，形成四个单倍体的接合孢子。

菌丝与菌丝之间的接合有两种情况：一种是由同一菌株的两根菌丝，甚至同一菌丝的

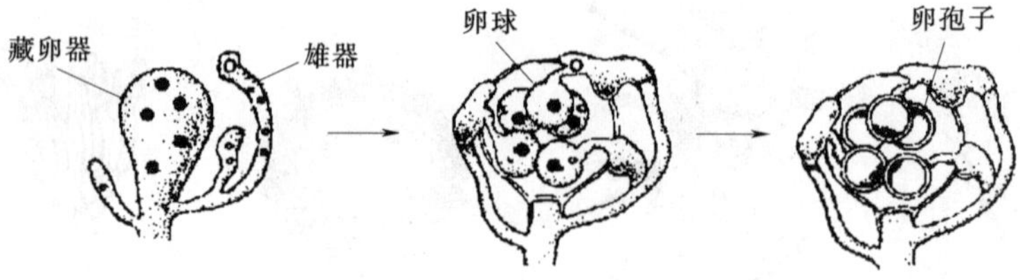

图 4.12 卵孢子形成过程

分枝相互接触，形成接合孢子，这种方式称为同宗配合；另一种是由不同菌株的菌丝相遇后，形成接合孢子，这种由不同母体产生的菌丝间发生的配合现象，称异宗配合，毛霉目的大多数霉菌采取此方式（见图 4.13）。

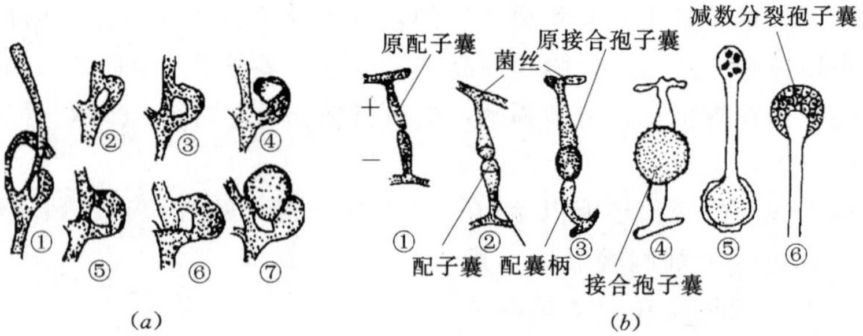

图 4.13 接合孢子形成过程

(a) 同宗配合；(b) 异宗配合

（图中序号为接合孢子形成时的先后顺序）

（3）子囊孢子。在子囊内形成的有性孢子，称为子囊孢子（见图 4.14）。

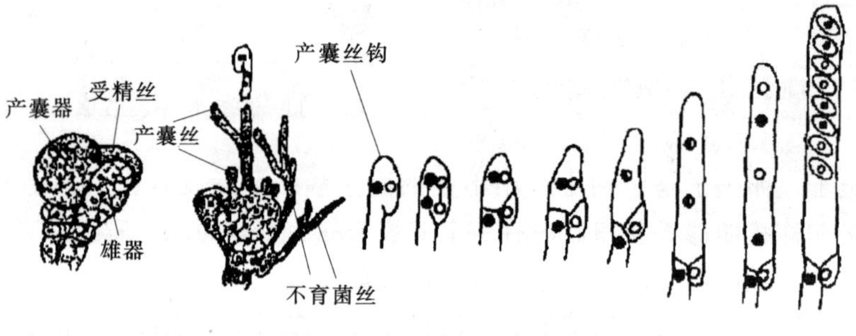

图 4.14 子囊孢子的形成过程

4.2.2.4 霉菌的菌落特征

用接种环挑取霉菌的分生孢子或一段营养菌丝或气生菌丝接种在固体培养基上，置于一定温度的培养箱中培养即可长出霉菌的菌落。霉菌的菌落有明显的特征，外观上易辨认：菌落较大，质地疏松，外观干燥，不透明，呈现或松或紧的蛛网状、绒毛状、棉絮状或毡状；菌落与培养基间的连接紧密，不易挑取，菌落正面与反面的颜色、构造，以及边缘与中心的颜色、构造常不一致等。菌落的这些特征都是细胞（菌丝）特征在宏观上的反映。由于霉菌的细胞呈丝状，在固体培养基上生长时又有营养菌丝和气生菌丝的分化，所以霉菌的菌落与细菌或酵母菌不同，较接近放线菌。

菌落正反面颜色呈现明显差别，其原因是：由气生菌丝分化出来的子实体和孢子的颜色，往往比深入在固体基质内的营养菌丝颜色深。而菌落中心与边缘的颜色、结构不同的原因是：越接近菌落中心的气生菌丝其生理年龄越大，故颜色比菌落边缘的气生菌丝颜色要深。菌落的特征是鉴定霉菌等各类微生物的重要形态学指标，在实验室和生产实践中有重要的意义。现将细菌、放线菌、酵母菌和霉菌这四大类微生物的细胞和菌落形态等特征做一比较，见表 4.1。

表 4.1　　微生物菌落形态特征图

菌落特征 \ 微生物类别			单细胞微生物		丝状微生物	
			细菌	酵母菌	放线菌	霉菌
主要特征	细胞	形态特征	小、均匀、个别有特殊结构	大且分化	细且均匀	粗且分化
		相互关系	单个分散或按一定方式排列	单个分散或呈假丝状	丝状交织	丝状交织
	菌落	含水情况	很湿或较湿	较湿	干燥或较干燥	干燥
		外观特征	小而突起或大而平坦	大而突起	小而紧密	大而松或小而紧密
参考特征	菌落透明度		透明或稍透明	稍透明	不透明	不透明
	菌落与培养基结合度		不结合	不结合	牢固结构	较牢固结合
	菌落颜色		多种	单调	十分多样	十分多样
	菌落正反色差		相同	相同	一般不同	一般不同
	细胞生长速度		一般很快	较快	慢	一般较快
	气味		般有臭味	多带酒香	常有泥腥味	霉味

4.2.2.5　霉菌的常见属

霉菌分属于藻菌纲、担子菌纲、子囊菌纲和未知菌纲。下面按单细胞和多细胞类型介绍。

1. 单细胞霉菌有三属

（1）毛霉属（Mucor）。毛霉属隶属于藻菌纲毛霉目，其菌丝白色，腐生，极少寄生。毛霉又叫黑霉，长毛霉。菌丝为无膈的单细胞，多核，有分枝，以孢囊孢子和接合孢子繁殖。毛霉的孢子囊梗多呈丛生，分枝或不分枝。毛霉菌丝初期白色，后灰白色至黑色，这说明孢子囊大量成熟。该菌在土壤、粪便、禾草及空气等环境中存在。在高温、高湿度以及通风不良的条件下生长良好。许多毛霉可生产草酸、乳酸、琥珀酸和甘油、腐乳等，有的还可以生产酶制剂。常用的毛霉主要有鲁氏毛霉和总状毛霉。

（2）根霉属（Rhizopus）。根霉属也隶属于毛霉目（见图 4.15）。根霉属的霉菌叫根霉。根霉菌丝无膈、有分枝和假根，营养菌丝匍匐生长。在其假根处着生着丛生、直立、有分枝的孢子囊梗，顶端膨大形成圆形的孢子囊。根霉的孢子可以在固体培养基内保存，能长期保持生活力。

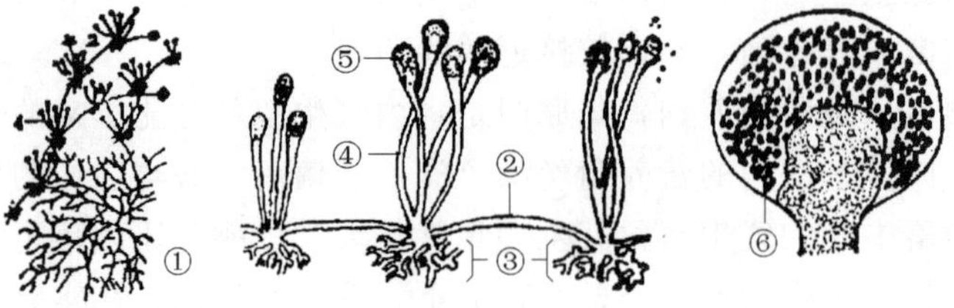

图 4.15 根霉属

①—营养菌雉；②—匍匐菌丝；③—假根；④—孢子梗；

⑤—孢子囊；⑥—孢囊孢子

根霉分布很广，能产淀粉酶、脂肪酶和果胶酶。常生长在淀粉食品上分解淀粉能力强，可将淀粉转化为糖，是有名的糖化菌。民间制甜酒常用根霉和酵母菌混合作为甜酒曲。工业用它作糖化菌，还用于生产乳酸、延胡索酸、丁烯二酸和转化甾体物质。

(3) 绵霉属 (Achlya)。

2. 多细胞霉菌有6属

(1) 青霉属 (penicillum)。青霉隶属于未知菌纲。青霉的分生孢子梗分叉生出小梗并连续分支，在最后一级的小梗上长出一串分生孢子，呈扫帚状（见图 4.16），与曲霉相似。根据分生孢子梗分支的形态青霉可分为四组：①一轮青霉的分生孢子梗只生一轮分支；②二轮青霉的分生孢子梗生二轮分支；③三轮青霉的分生孢子梗生三轮以上的分支；④不对称青霉的分生孢子梗生不对称分支。

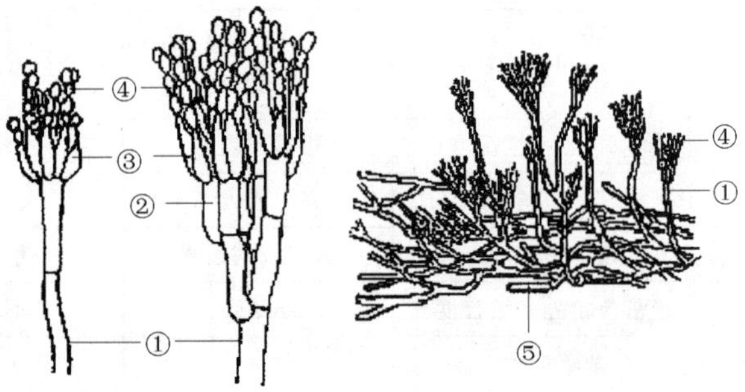

图 4.16 青霉属

①—分生孢子梗；②—梗基；③—小梗；

④—分生孢子；⑤—营养菌丝

青霉进行无性繁殖。青霉的菌落呈密毡状，大多为灰绿色。

青霉以生产青霉素而著称。还可用于生产有机酸（如柠檬酸、延胡索酸、草酸、葡萄糖酸等）和酶制剂。青霉是霉腐剂，能引起皮革、布匹、谷物及水果等腐烂。

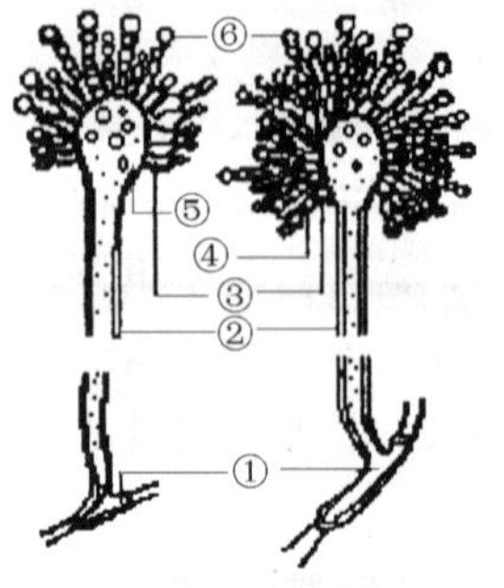

图 4.17 曲霉属

①—足细胞；②—分生孢子梗；

③—顶囊；④—初生小梗；

⑤—次生小梗；⑥—分生孢子

(2) 曲霉属 (Aspergillus)。曲霉属于子囊菌纲曲霉属。曲霉与其他霉菌有明显不同的是：它分化出厚壁的足细胞。由足细胞长出分生孢子梗（柄），其顶端膨大成圆形或椭圆形的顶囊，由顶囊向外辐射长出一层或两层小梗，最上层小梗呈瓶状，在其顶端生成成串的分生孢子（见图 4.17）。分生孢子的颜色有黄、绿、黑和褐色等。曲霉菌落表面的颜色由分生孢子决定。曲霉以无性孢子繁殖。

(3) 镰刀霉属 (Fusarium)。镰刀霉隶属于未知菌纲，由于它产生的分生孢子呈长柱状或稍弯曲像镰刀而得名（见图

4.18)。分生孢子有大型和小型两种，大型的是多细胞的，长柱形或镰刀形，每个分生孢子内有3.9个平行隔膜。小型的分生孢子呈卵圆形、球形、梨形或纺锤形，大多数是单细胞的，少数是多细胞的。多数是无性繁殖，少数是有性繁殖。

图 4.18 镰刀霉属

镰刀霉的培养特征：镰刀霉在固体培养基上的菌落呈圆形，平坦，绒毛状。颜色有白色、粉红、红、紫和黄等。有些种类的颜色为水溶性的，可溶于培养基中。

镰刀霉对氰化物的分解能力强，可用于处理含氰废水。

(4) 木霉属 (Trichoderma)。木霉的分生孢子梗从菌丝的短侧枝长出，分生孢子梗上又长对生的或互生的分支，还可二级或三级分支，分支角为锐角或近于直角。最顶端的分支叫小梗，小梗前端长出成簇的孢子。孢子呈圆形或椭圆形，无色或淡绿色。木霉进行无性繁殖。

(5) 交链孢霉属 (Alternaria)。交链孢霉的分生孢子梗短而有隔膜，单生或丛生，大多数不分支。顶端长分生孢子并排列成链状，单个孢子呈纺锤形，有横和竖的隔膜将孢子分隔呈砖壁状 (见图4.19)。分生孢子暗至黑色，故其菌落呈类似颜色。交链孢霉进行无性繁殖。

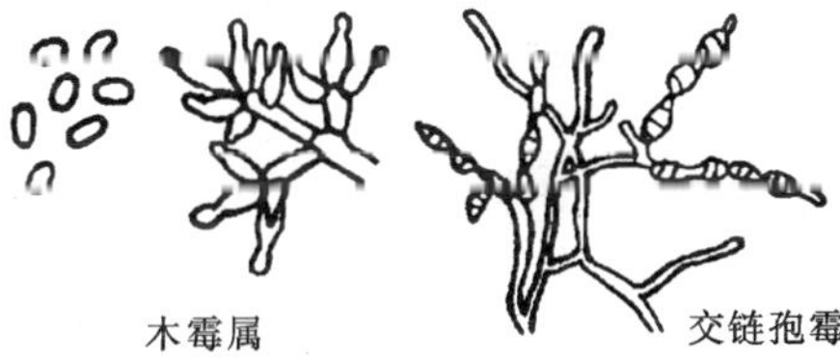

图 4.19 木霉属和交链孢霉属

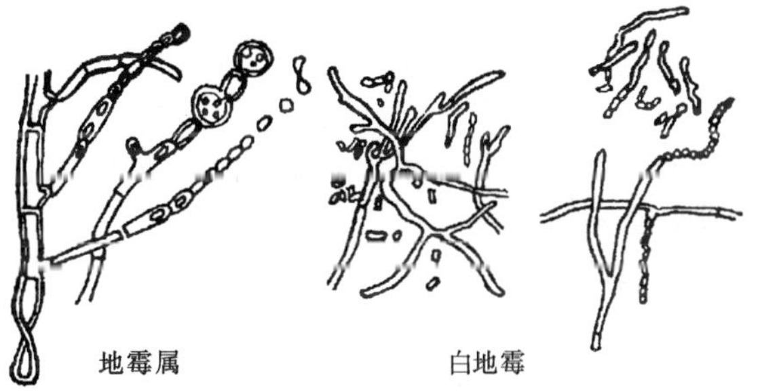

图 4.20 地霉属和白地霉

(6) 白地霉 (Geotrichum candidum)。白地霉隶属于丛梗孢子科的地霉属 (见图4.20)。其繁殖方式为裂殖。在营养菌丝的顶端长节孢子，节孢子呈单个或连接成链，孢子形状为长筒形、方形、椭圆形或圆形。白地霉的菌体蛋白营养价值高，可食用或作饲料，可提取核酸，还可用于合成脂肪、制糖、酿酒、淀粉、食品、饮料、豆制品及制药等行业。白地霉也可用于处理废水。

4.3 藻 类

4.3.1 藻类的一般特征

藻类在植物学中被列为藻类植物，现已发展成独立的学科——藻类学。它们在大小和结构上差异很大，小的藻类只能在光学显微镜下才能看见。蓝藻因形小，细胞结构简单，没有核膜，没有特异化的细胞器，也没有有丝分裂，故微生物学把它列入微生物的范畴。除蓝藻以外的藻类都是真核生物。它们中也有形体小的和形体大的，形体小的也列入微生物范畴。形体大的藻类有红藻（如石花菜和紫菜）和褐藻（如海带和裙带菜）。

根据藻类细胞内所含不同的色素、不同的贮藏物以及植物体的形态构造、繁殖方式、鞭毛的有无、数目、着生位置、细胞壁成分等方面的差异，一般将藻类分为八个门：蓝藻门、裸藻门、绿藻门、轮藻门、金藻门、甲藻门、红藻门及褐藻门。典型藻类见图 4.21。

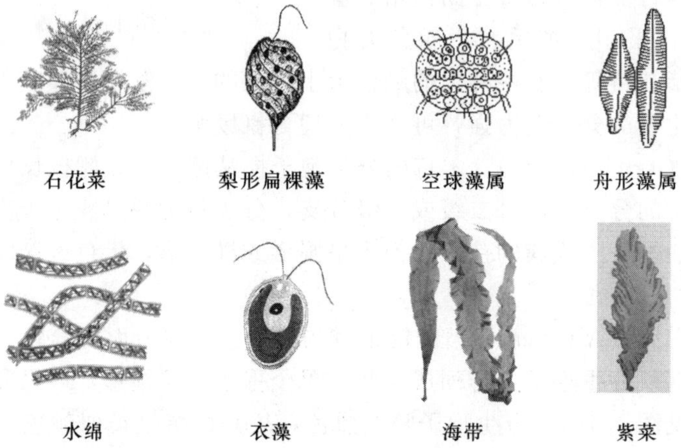

图 4.21　典型藻类植物

真核藻类具有叶绿体，有叶绿素 a、b、c、d，β胡萝卜素、叶黄素等。藻类是光能自养型的，进行光合作用。最适 pH 为 6～8，生长的 pH 范围在 4～10，绝大多数藻类是中温性的，有的藻类在 85℃的温泉中大量繁殖，有的在长年不化的冰上生长。

藻类的繁殖有无性生殖和有性生殖。

藻类分布很广，江、河、湖、海、温泉、土壤、岩石、树干等都可生长。藻类在生态平衡中，与人类的关系中占有一定的地位。

4.3.2　藻类的分类及各门特征简介

4.3.2.1　蓝藻门（CyanopHyta）

蓝藻门是一类原始的低等植物，由单细胞或由许多细胞组成的群体或丝状体，细胞内无真正的细胞核或没有定形的核，在细胞原生质中央含有核质，叫中央质（centroplasm），又叫中央体（centralbody）。核质无核膜和核仁的结构，但有核的功能，其中含有核物质（DNA），在电镜下可以见到呈颗粒状或纤维细网状，见图 4.22。此类细胞称原核细胞，在进化上比具有真核的细胞原始，因此蓝藻在植物进化系统研究上有着极其重要的地位。

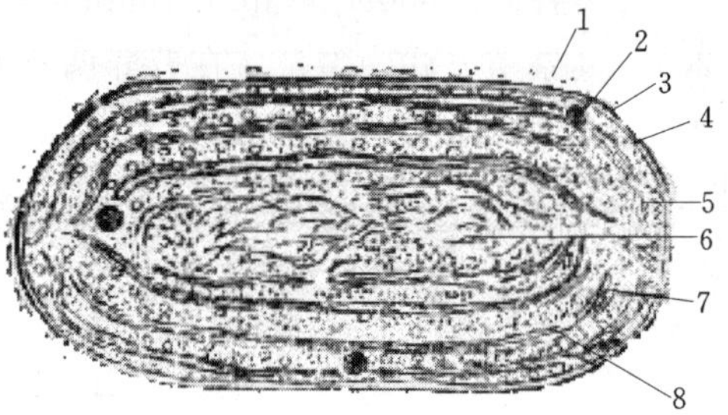

图 4.22　电子显微镜下蓝藻细胞构造示意图

1—胶质鞘；2—类脂颗粒；3—细胞壁；4—质膜；5—核糖体；6—原始核；7—光合作用片层；8—糖原颗粒

蓝藻细胞也无质体，色素分散在中央质周

围的原生质中，称周质（periplasm），又称色素质（chromatoplasm），其中含有光合色素，但无叶绿体。蓝藻的光合色素主要是叶绿素 a、β胡萝卜素和藻蓝素，此外，还含有藻黄素和藻红素，因此藻体多呈蓝绿色，稀呈红色。光合作用的贮藏营养物质是蓝藻淀粉和蓝藻颗粒体。细胞壁是由三到四层构成。绝大多数蓝藻的细胞壁外面都有一层胶质，称为胶质鞘，其成分为果胶酸和粘多糖。胶质鞘无色，有的因含有非光合作用的色素而呈红、蓝、棕等色。蓝藻的繁殖主要靠细胞分裂，丝状体种类能分裂成若干小段，每小段各自长大成新个体。少数蓝藻还可产生某种孢子进行无性繁殖。

蓝藻约有 150 属，1500 种，分布很广，但仍以生活在水中的为多，且淡水中的多，海水中的少。

4.3.2.2　裸藻门（EuglenopHyta）

裸藻门的藻类叫裸藻。裸藻因不具细胞壁而得名。它们有鞭毛能运动，动物学将它们列入原生动物门的鞭毛纲。绝大多数裸藻具有叶绿体，内含叶绿素 a、b，β胡萝卜素、3种叶黄素。上述色素使叶绿体呈现鲜绿色，易误认为绿藻。在叶绿体内有较大的蛋白质颗粒，为造粉核。其功能与裸藻淀粉的聚集有关。其贮存物为裸藻淀粉，并形成淀粉颗粒。裸藻还含油类。它具有 1～3 根茸鞭型鞭毛，鞭毛基部有高度分化的鞭毛器或神经运动器。柄裸藻属（Colacium）以胶柄相连成群体。其他的裸藻全是游动型的单细胞个体，含光合色素的裸藻进行光合作用，即植物性营养。不含色素的裸藻营腐生性营养或全动物性营养。

裸藻以细胞纵裂的方式进行繁殖。细胞分裂可以在运动状态下进行，也可以在胶质状态下进行。分裂开始，着生鞭毛一端发生凹陷，同对细胞核开始有丝分裂，鞭毛器和眼点也分裂，这些过程结束后，细胞本身发生缢裂。缢裂的结果，叶绿体和裸藻淀粉粒在每个子细胞中各保留一半，一个子细胞保留原有的鞭毛，另一个子细胞长出一条新的鞭毛（见图 4.23）。

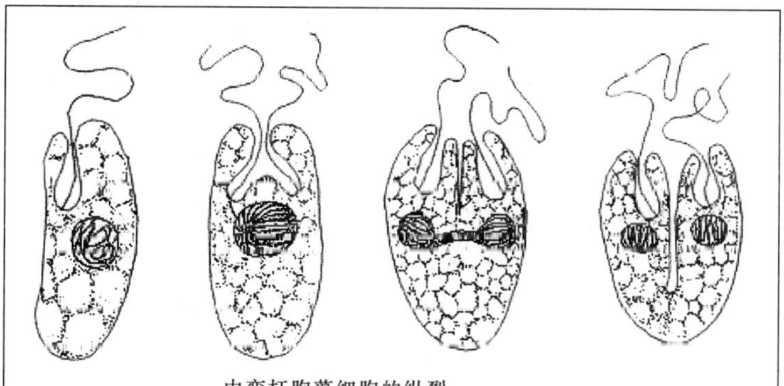

图 4.23　内弯杆胞藻类细胞纵裂过程

裸藻门约有 40 属，800 多种，全部包括在裸藻纲中。本纲分两个目，即裸藻目和胶柄藻目。

裸藻大多数分布在淡水，少数生长在半咸水，很少生活在海水中，特别是在有机质丰富的水中，生长良好，是水质污染的指示植物，夏季大量繁殖使水呈绿色，并浮在水面上形成水花。裸藻有两个属生活在两栖类的消化管内。

4.3.2.3　绿藻门（ChloropHyta）

绿藻门的藻类叫绿藻。它们形体多样，有单细胞的个体、群体和丝状体。个体的形态也多样，详见图4.24。单细胞个体的绿藻具有2～4根顶生的、等长的尾鞭型鞭毛。它们含有较多叶绿素a、b，叶黄素、泥黄素，β胡萝卜素也较多。其贮存物为淀粉和油类，叶绿体内有一至几个有鞘的造粉核。

图4.24　绿藻类植物

绿藻的繁殖方式多种多样，其单细胞藻类依靠细胞分裂，产生各种孢子，如衣藻产生的游动孢子，小球藻产生的不动孢子等，多细胞丝状体靠断裂下来的片段，再长成独立的个体，不少的种类在生活史中有明显的世代交替现象，水绵、新月藻等具有特殊的有性生殖接合生殖。

绿藻是藻类植物中最大的一门，约有350属5000～8000种。多分布于淡水中，有些分布于陆地阴湿处，有些生于海水中，有的与真菌共生成地衣。绿藻的代表属有：衣藻属（Chlamydomonas）、小球藻属（Chlorella）、盘藻属（Gonium）、实球藻属（Pandorina）、空球藻属（Eudorina）、团藻属（Volvox）、栅藻属（Scenedesmus）、盘星藻属（Pediastrum）、新月藻属（Closterium）、鼓藻属（Cosmarium）、转板藻属（Mougeotia）、丝藻属（Ulothrix）、双星藻属（Zygnema）、水绵藻属（Spirogyra）、绿球藻属（Chlorococcus）及绿梭藻属（Chlorogonium）等，见图4.25。

绿藻在流动的和静止的水体、土壤表面和树干都能生长。水生绿藻有浮游的和固着的，寄生的引起植物病害。有的与绿水螅共生，有的与真菌共生形成地衣。

小球藻和栅藻富含蛋白质可供人食用和作动物饲料。绿藻是藻类生理生化研究的材料及宇宙航行的供氧体，有的可制藻胶。绿藻在水体自净中起净化和指示生物的作用。

4.3.2.4　轮藻门（CharopHyta）

轮藻门的藻类叫轮藻。它们的细胞结构、光合色素和贮存物与绿藻大致相同，不同的是有大型顶细胞，具有一定的分裂步骤，有节和节间，节上有轮生的分支。

轮藻门具营养繁殖和有性生殖两种繁殖方式。不产生无性孢子。

（1）营养繁殖。靠植物体基部节上产生的淀粉星体及基部节上或假根上产生的珠芽进行。淀粉星体和珠芽脱离母体后，均可单独发育成新的轮藻个体。另外，藻体断裂后形成

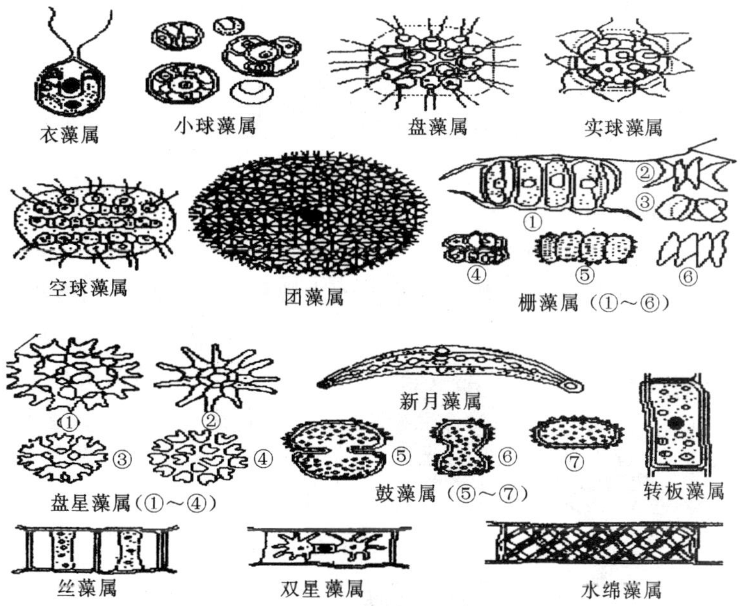

图 4.25 绿藻门的几个代表属

的小段，也可以长出假根和芽，发育成新的植物体。

（2）有性生殖。为卵式生殖，雌雄同株或异株。雄性器官称精子囊或藏精器，雌性器官称卵囊或藏卵囊，二者都生于短枝的节上。精子囊球形，成熟时橘红色，外壁由8个盾片状细胞组成。在这些细胞内侧中央的盾柄细胞上产生丝状排列的单细胞精囊丝。每个精囊丝内产生1个精子。卵囊长圆形，内含1卵。其壁由5列细胞组成，顶端的细胞较短，称冠细胞，由5个或10个（成2轮）冠细胞组成冠。下部细胞长管状，螺旋状排列，围绕在卵细胞外面。精子成熟时，自精子囊中释放出来，游至卵囊，经冠细胞的裂口处进入其中，与卵结合形成合子。合子经休眠后进行减数分裂，所产生的4个子核中有3个退化，仅1个继续发育，形成新的轮藻个体。

轮藻生活于各种淡水或半咸水水体中，尤喜生长于含钙质丰富的硬水和透明度较高的水体中，稻田、沼泽、池塘和湖泊中最常见。轮藻受精卵化石可作地层鉴定和陆地勘探的依据。

4.3.2.5 金藻门（ChrysopHyta）

藻体通常为单细胞，有的集成球状群体或分枝丝状体。多数能运动的种类，具鞭毛2条，少数为1条或3条，细胞裸露或表面具硅质化的鳞片、小刺或囊壳。不能运动的种类，具有由2个半片套合成的壁，壁的主要成分为果胶质。色素体1～2个，片状，所含光合色素为叶绿素a、c，β胡萝卜素，叶黄素及金藻特有的金藻素（pHycochrgsin）。其中β胡萝卜素和叶黄素比例较大，故藻体呈金褐色或黄褐色，所以又称金藻为金黄藻。光合作用同化产物为金藻昆布糖（又称麦清蛋白、白糖素）和脂肪。

金藻门的繁殖方法为细胞纵分裂以形成2个子体细胞，群体的种类除细胞纵分裂外，也常断裂成2个或更多的新群体。此门藻类最独特的无性生殖方式为在原生质形成的静孢子，多呈球形，有时为椭圆形。孢子萌发时，其原生质形成一个新个体。有性生殖尚未发现。

金藻门约200属，1000多种。中国约有30种。多分布于清洁的贫营养型淡水中，也有的生于半咸水或海水中，通常在冬、春和晚秋季节生长旺盛。一些种类常作为贫营养型水体的指示生物，如鱼鳞藻、锥囊藻等。

4.3.2.6 甲藻门（PhrropHyta）

甲藻门的藻类叫甲藻。甲藻多为单细胞的个体，呈三角形、球形、针形，前后或左右略扁，前、后端常有突出的角。多数有细胞壁，少数种为裸型的。细胞核大，有核仁和核内体。细胞质中有大液泡，有的有眼点（见图4.26甲藻门的代表属）。色素体有一个或多个，含叶绿素a、c，β胡萝卜素、硅甲黄素、甲藻黄素、新甲藻黄素及环甲藻黄素，藻体呈棕黄色或黄绿色，偶尔红色。贮存物为淀粉、淀粉状物质和脂肪。多数有两条不等长、排列不对称的鞭毛为运动胞器。无鞭毛的作变形虫运动或不运动。营养型为植物性营养，少数腐生或寄生。少数种为群体或具分支的丝状体。

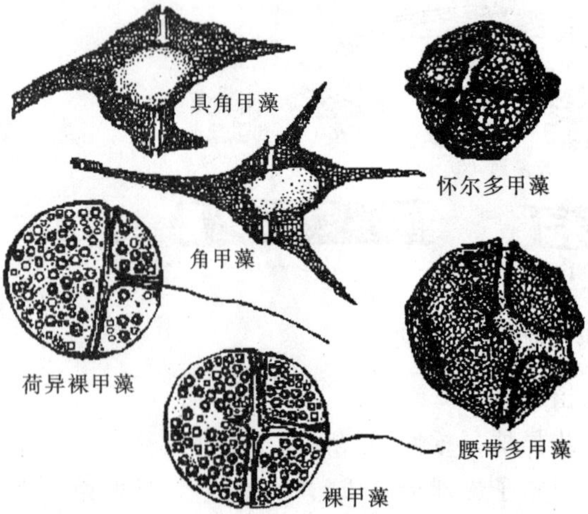

图4.26 绿藻门的几个代表属

甲藻主要以细胞分裂的方式进行无性繁殖。有的种类可产生动孢子或不动孢子。有性生殖只在极少数种类中发现。

甲藻门约1500种。大多数分布在海洋中，半咸水和淡水中也有种类分布。多数甲藻对光照强度和水温范围要求严格，在适宜的光照和水温条件下，甲藻在短期内大量繁殖，造成海洋“赤潮”。生活在淡水的甲藻喜在偏酸性水中生活。水中含腐殖质酸时，常有甲藻存在。有的也在硬度大、碱性水中生活。甲藻是重要的浮游藻类之一，甲藻死后沉在海底形成生油地层中的主要化石。

4.3.2.7 褐藻门（PhaeopHyta）

褐藻门中的藻类叫褐藻。褐藻比较高级，在外形上有：枝或不分枝的丝状体，有的成片状或膜状体。内部构造有的比较复杂，组织已分化成表皮、层和髓部，褐藻细胞内有细胞核和形态不一的载色体，载色体内有叶绿素，但常被黄色色素如胡萝卜素和六种叶黄素所掩盖，叶黄素中有一种叫墨角藻黄素，这一色素含量最大，因此，植物体常呈褐色。贮藏营养物质为褐藻淀粉、甘露醇、油类等。细胞壁外层为褐藻胶，内层为纤维素。生殖方式基本与绿藻相似。

褐藻约有250属1500种，绝大部分生活在海水中，是构成海底“森林”的主要类群。

4.3.2.8 红藻门（RodopHyta）

红藻门的藻类叫红藻。红藻的色素为红藻藻红素和红藻藻蓝素。细胞壁两层，内层由纤维素构成，外层为果胶质构成。光合作用色素有藻红素、叶绿素a、β和叶黄素、藻蓝素等，一般藻红素占优势，故藻体呈紫色或玫瑰红色。贮藏营养物质为红藻淀粉和红藻糖。红藻的无性繁殖产生不动孢子。有性生殖产生卵和精子，精卵结合后形成合子，合子不离开母体，通过减数分裂产生果孢子，萌发成配子体。有的不经减数分裂，即发育成果孢子体，果孢子体不能独立生活，寄生在雌配子体上，以后果孢子体产生二倍体的果孢子，又发育成二倍体的四分孢子体。由四分孢子体发育成四分孢子囊，每个孢子囊经减数分裂，产生四分孢子，再形成新的配子体。

红藻约有558属，3740余种，绝大多数分布于海水中，固着于岩石等物体上。

4.4 原 生 动 物

原生动物是动物界中最原始、最低等的一类动物，它们大多是单细胞的有机体。从细胞结构上看，原生动物的单细胞相似于多细胞动物身体中的一个细胞，它也可以区分成细胞质（cytoplasm）及细胞核（nucleus），细胞质的表面还有细胞膜（cell membrane）包围。从机能上看，原生动物的这个细胞又是一个完整的有机体，它能完成多细胞动物所具有的生命机能，例如营养、呼吸、排泄、生殖及对外界刺激产生反应，这些机能由细胞或由细胞特化而成的细胞器（organelles）来执行。所以不同的细胞器在机能上相当于多细胞动物体内的器官及系统。它们是在不同的结构水平上执行着相同的生理机能。构成原生动物的这个细胞在结构与机能上分化的多样性及复杂性是多细胞动物中任何一个细胞无法比拟的，所以从细胞水平上说，构成原生动物的细胞是分化最复杂的细胞。极少数原生动物是由几个或许多个细胞组成，细胞之间可能没有形态与机能的分化，也可能出现了初步的形态机能的分化，但每个细胞仍然保持着一定的独立性。

4.4.1 原生动物的营养类型

4.4.1.1 全动性营养（Holozoic）

绝大多数的原生动物还是通过取食活动而获得营养。例如，变形虫类通过伪足的包裹作用（engulment）吞噬食物；纤毛虫类通过胞口、胞咽等细胞器摄取食物，食物进入体内后被细胞质形成的膜包围成为食物泡（food vacuole），食物泡随原生质而流动，经消化酶作用使食物消化，消化后的营养物经食物泡膜进入内质中，不能消化吸收的食物残渣再通过体表或固定的肛门点（cytopyge）排出体外。

4.4.1.2 植物性营养（HolopHytic）

在植鞭毛虫类，内质中含有色素体，色素体中含有叶绿素（ChloropHyll）、叶黄素（xanthopHyll）等，它们的色素体像植物的色素体一样，利用日光能将二氧化碳和水合成碳水化合物，即进行光合作用，自己制造食物。

4.4.1.3 腐生性营养（SapropHytic）

孢子虫类及其他一些寄生或自由生活的种类，能通过体表的渗透作用从周围环境中摄取溶于水中的有机物质而获得营养。

4.4.2 原生动物的繁殖

原生动物的生殖有无性生殖（asexual reproduction）及有性生殖（sexual reproduction）两种方式。无性生殖存在于所有的原生动物，在一些种类中它是唯一的生殖方式，例如锥虫。

1. 无性生殖

无性生殖有以下几种形式：

（1）二分裂（binary fission）。如图4.27所示，它是原生动物最普遍的一种无性生殖，一般是有丝分裂（mitotic），分裂时细胞核先由一个分为2个，染色体均等的分布在两个子核中，随后细胞质也分别包围两个细胞核，形成两个大小、形状相等的子体，二分裂可以是纵裂，如眼虫；也可以是横裂，如草履虫；或者是斜分裂，如角藻（Ceratium）。

（2）出芽生殖（buddingreproduction）。实际也是一种二分裂，只是形成的两个子体大小不等，大的子细胞称母体，小的子细胞称芽体。

（3）多分裂（multiplefission）。分裂时细胞核先分裂多次，形成许多核之后细胞质再分裂，最后形成许多单核的子体，多分裂也称裂殖生殖（schizogony），多见于孢子虫纲。

（4）质裂（plasmotomy）。这是一些多核的原生动物，如多核变形虫、蛙片虫所进行的一种无性生殖，即核先不分裂，而是由细胞质在分裂时直接包围部分细胞核形成几个多核的子体，子体再恢复成多核的新虫体。

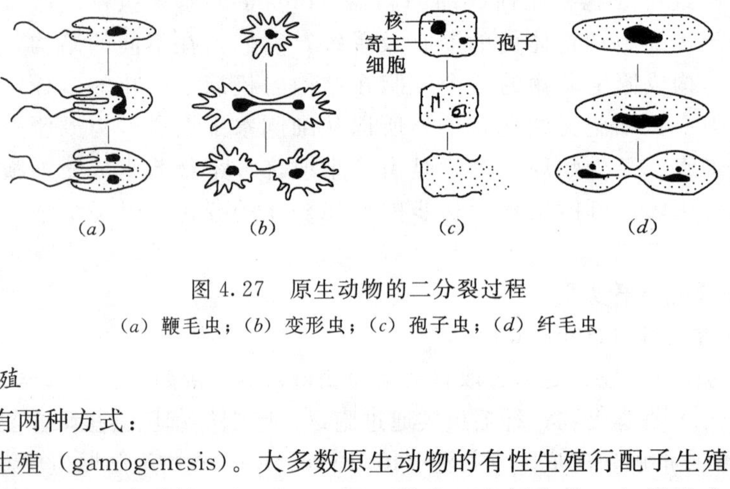

图4.27 原生动物的二分裂过程

(a) 鞭毛虫；(b) 变形虫；(c) 孢子虫；(d) 纤毛虫

2. 有性生殖

有性生殖有两种方式：

（1）配子生殖（gamogenesis）。大多数原生动物的有性生殖行配子生殖，即经过两个配子的融合（syngamy）或受精（fertilization）形成一个新个体。如果融合的两个配子在大小、形状上相似，仅生理机能上不同，则称为同形配子（isogamete），同形配子的生殖称同配生殖（isogamy）。如果融合的两个配子在大小、形状及机能上均不相同，则称异形配子（heterogamete），根据其大小不同、分别称为大配子（macrogamete）及小配子（microgamete），大、小配子从仅略有大小的区别，分化到形态与机能完全不同的精子（sperm）和卵（ovum）。卵受精后形成受精卵，亦称合子（zygote）。异形配子所进行的生殖称为异配生殖（heterogamy）。

（2）接合生殖（conjugation）。原生动物另一种有性生殖方式是纤毛虫所具有的接合生殖。两个二倍体虫体腹面相贴，每个虫体的小核减数分裂，形成单倍体的配子核，相互交换部分小核，交换后的单倍体小核与对方的单倍体小核融合，形成一个新的二倍体的结合核，然后两个虫体分开，各自再行有丝分裂，形成数个二倍体的新个体。

原生动物的生活史也有多种类型。有的种类生活史中仅有分裂生殖，从未出现过有性生殖，那么子体与母体都是单倍体（haploid），用“N”表示，例如锥虫。一些鞭毛虫及孢子虫，生活史中出现了无性生殖与有性生殖，但生活史的大部分时期为单倍体时期（N），即细胞核内染色体的数目为受精后染色体数目的1/2，受精后染色体数目比配子的多一倍，形成二倍体（diploid），用“2N”表示。其二倍体时期很短，当孢子形成时又进行减数分裂（meiosis），所以减数分裂是出现在受精作用之后。如果二倍体时期延长，减数分裂仍在受精作用之后，结果单倍体与二倍体交替出现，单倍体时期为无性世代（asexual generation）。二倍体时期为有性世代（sexual generation），例如有孔虫就是这样。原生动物的纤毛虫类及多细胞动物生活史的绝大部分时期为二倍体，减数分裂发生在受精作用之前，减数分裂之后才产生单倍体的配子，配子在受精作用之后个体又立刻进入二倍体时期。

4.4.3 原生动物的一般形态及生理

绝大多数的原生动物是显微镜下的小型动物，最小的种类体长仅有2～3μm，例如寄生于人及脊椎动物网状内皮系统细胞内的利什曼原虫（Leishmania），大型的种类体长可达7cm，例如海产的某些有孔虫类（Foraminifera）。淡水生活的旋口虫（Spirostomum）可达3mm，新生代化石有孔虫例如钱币虫（Nummulites）竟达19cm，这是原生动物在个体大小上曾经达到过的最大记录。但是大多数的原生动物体长在300μm以下，例如草履虫（Paramoecium），在150～300μm之间。

原生动物的体形随种及生活方式表现出多样性，一些种类身体没有固定的形态，身体的表面只有一层很薄的原生质膜（Plasmalemma），因而能使细胞的原生质流动而不断地改变体形，例如变形虫（Amoeba）。多数的种类有固定的体形。眼虫（Euglena）由于体表的细胞膜内蛋白质增加了厚度及弹性形成了皮膜（pellicle），使身体保持了一定的形状。皮膜的弹性使身体可以适当的改变形状。衣滴虫（Chlamydomonas）的细胞外表是由纤维素及果胶组成，因而形成了和植物一样的细胞壁，体形不能改变。

原生动物的体形与生活方式相关，例如固着生活的种类，身体多呈锥形、球形，有柄，柄内有肌丝纤维，可使虫体收缩运动，钟形虫（Vorticella）、足吸管虫（PodopHrya）就是这种体形。漂浮生活的种类，身体多呈球形，并伸出细长的伪足，以增加虫体的表面积，例如辐射虫（Actinosp hacrium）及某些有孔虫。游泳型的种类，身体呈梭形，例如草履虫（Paramoecium）。适合于底栖爬行的种类，身体多呈扁形，腹面纤毛联合形成棘毛用以爬行，例如棘尾虫（Stylonychia）。寄生型的种类或者失去了鞭毛，如利什曼原虫，或者鞭毛借原生质膜与身体相连形成波动膜（undulating membrane），以增加鞭毛在血液或体液中运动的能力，例如锥虫（Trypanosoma）。

原生动物的细胞质可以分为外质（ectoplasm）和内质（endoplasm）。外质透明清晰、较致密，内质不透明，其中含有颗粒。在变形虫中这种区分很明显，并能看到外质与内质可以互相转化。由外质还可以分化出一些细微结构，例如腰鞭毛虫类可分化出刺丝囊（nematocyst）；丝孢子虫类可分化出极囊（polar capsule）；纤毛虫类可分化出刺丝泡（trichocyst）、毒泡（toxicyst）；这些结构在受到刺激时，可放出长丝以麻醉或刺杀敌人，或用以固着，具有攻击和防卫的功能。一些纤毛虫类外质还可分化成肌丝（myoneme），肌丝是由许多可收缩的纤维组成，例如钟形虫的柄部，外质也参与构成运动细胞器，例如鞭毛、纤毛及伪足等。内质中包含有细胞质特化形成的执行一定机能的细胞器，例如色素体（chromatop hore）、眼点（stigma）、食物泡（food vacuole）、伸缩泡（contractile vacuole）等以及细胞结构、线粒体、高尔基体等。

原生动物的细胞核位于内质中，除了纤毛虫类之外，均有一种类型的核。在一个虫体内，核的数目可以是一个或多个。在电子显微镜下观察证明核的外层是一双层膜结构，其上有小孔，可使核基质与细胞质相沟通。核膜内包含有核基质、染色质及核仁。如果核内染色质丰富、均匀而又致密的散布在核内，这种细胞核称为致密核（massive nucleus），如果核质较少，不均匀的散布在核膜内，这种核称为泡状核（vesicular nucleus）。纤毛虫具有两种类型的核，大核（macronucleus）与小核（micronucleus），其大核是致密核，含有 RNA，有表达的功能；小核通常是泡状核，含有 DNA，无表达功能，与纤毛虫的表型无关，而与生殖有关，也称生殖核。

原生动物的运动是由运动细胞器进行，运动细胞器有两种类型，一种是鞭毛（flagellum）及纤毛（cilium）；一种是伪足（pseudopodium），它们运动的方式不同。鞭毛与纤毛从结构与机能上两者没有明显的区别，用电子显微镜的观察证明它们的结构是相同的，只是鞭毛更长（5～200μm）、数目较少（多鞭毛虫类除外），多数鞭毛虫具有 1～2 根鞭毛。纤毛较短（3～20μm）、数目很多。鞭毛与纤毛的直径是固定的，两者直径的差别在 0.1～0.3μm 之间。鞭毛的摆动是对称的，包括几个左右摆动的运动波；纤毛的运动是不对称的，仅包括一个运动波。鞭毛与纤毛除了运动功能之外，它们的摆动，可以引起水流、利于取食、推动物质在体内的流动，另外它们也具有某些感觉的功能。伪足也是一种运动细胞器，它是由原生质的流动而形成，所以伪足及体形都可改变形状，伪足可用来在物体表面上爬行运动。伪足的形成与运动是由细胞质内微丝的排列而决定。伪足的形状可以是叶状、针状、网状等。

4.4.4 原生动物的胞囊

在正常的环境条件下，所有的原生动物都各自保持自己的形态特征。若环境条件变坏，如水干枯、水温和 pH 过高或过低，溶解氧不足，缺乏食物或排泄物积累过多，废水中的有机物浓度超过它的适应能力等原因，都可使原生动物不能正常生活而形成胞囊（cyst）（见图 4.28）。所以，胞囊是抵抗不良环境的一种休眠体。胞囊形成过程如下：先是虫体变圆，鞭毛、纤毛或伪足等细胞器缩入体内或消失，细胞水分陆续由伸缩泡排出，虫体缩小，最后伸缩泡消失，分泌一种胶状物质于体表，尔后凝固形成胞壳。胞壳有两层，外层较厚，表面凸起，内层薄而透明。胞囊很轻易随灰尘飘浮或被其他动物带至他处，胞囊遇到适宜环境其胞壳破裂恢复虫体原形。

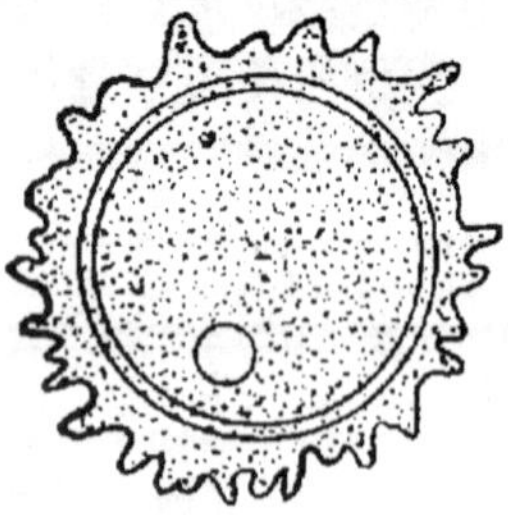

图 4.28 原生动物的胞囊

所有原生动物在污水生物处理过程中都起指示生物的作用。一旦形成胞囊，就可判断污水处理不正常。在光学显微镜下看到的胞囊是何种原生动物的胞囊，要根据经验判断，以其个体大小和出现胞囊之前的原生动物的种类等综合分析和判断。

4.5 后 生 动 物

后生动物包括轮虫、线虫、寡毛虫（瓢体虫、颤蚓、水丝蚓等）、浮游甲壳动物、苔藓动物等。这些微型动物在天然水体、潮湿土壤、水体底泥和污水生物处理构筑物中均有存在。

4.5.1 轮虫

轮虫（Rotifer）是担轮动物门（Trochelminthes）轮虫纲（Rotifera）的微小动物。因它有初生体腔，新的分类把轮虫归入原腔动物门（Aschelminthes）。轮虫种类很多，据王家楫 1961 年论述，已观察到的有 252 种，分隶属于 15 科、79 属。常见的轮虫有：旋轮属（philodina）、猪吻轮属（Dicranophorus）、腔轮属（Lecane）和水轮属（Epiphanes）。试验中观察到沼轮属（Limnias）的金鱼藻沼轮虫（Limniasceratophylli）和巨冠轮属（Sinantherina）的长柄巨冠轮虫（Sinantherinaprocera）（见图 4.29）。

轮虫形体微小，多数在 500μm 左右，需在显微镜下观察。身体为长形，分头部、躯干和尾部。头部有轮盘，其咽内有一个几丁质的咀嚼器。躯干呈圆筒形，背腹扁宽，具刺或棘，外面有透明的角质甲膜，尾部末端有分叉的趾，内有腺体分泌的粘液，借以固着在其他物体上。雌雄异体，雄体比雌体小得多，并退化，有性生殖少，多为孤雌生殖。轮虫有个体的，如旋轮虫属、猪吻轮属、腔轮属和水轮属；也有群体的，如金鱼藻沼轮虫、群栖巨冠轮虫和长柄巨冠轮虫。有自由生活和固着生活种类，少数海洋寄生种。

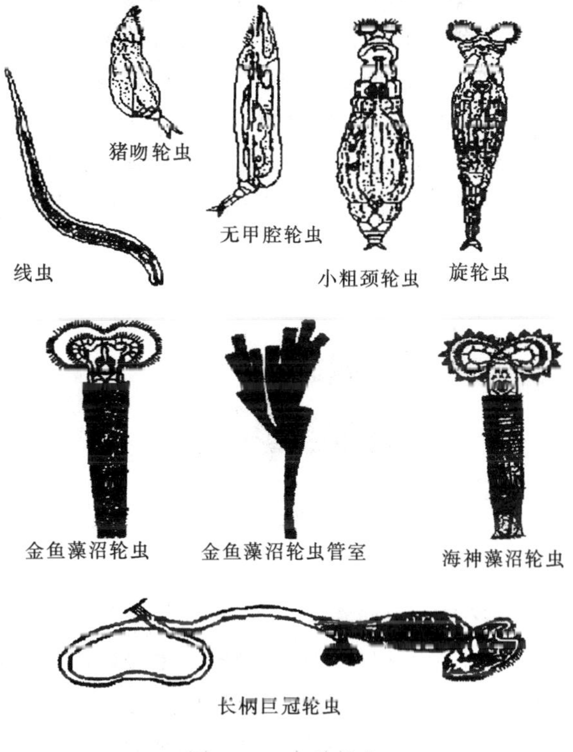

图 4.29 各种轮虫

轮虫在自然环境中分布很广，是世界性的。轮虫以底栖的种类居多，栖息在沼泽、池塘、浅水湖泊和深水湖的沿岸带。大多数的属和种生长在苔藓植物上。适应 pH 值范围广，中性、偏碱性和偏酸性的种均有，适应 pH 值范围广，以 pH6.8 左右生活的种类较多。轮虫以小的原生动物和有机颗粒等为食物，在废水的生物处理中有一定的净化作用。污（废）水生物处理中的轮虫有自由生活的，也有固着生活的。

在一般的淡水水体中出现的轮虫有旋轮虫属（philodina）、轮虫属（Rotaria）和间盘轮虫属（Dissotrocha），轮虫生活要求有较高的溶解氧量。轮虫是水体寡污带和污水生物处理效果好的指示生物。

4.5.2 线虫

线虫（Nemato）属于线形动物门（Nemathelminthes）的线形纲（Nematoda.）。线虫为长形，形体微小，多在0.25～2mm。在显微镜下清晰可见。线虫前端口上有感觉器官，体内有神经系统，消化道为直管，食道由辐射肌组成。

线虫的营养类型有三种：腐食性（以动植物的残体及细菌等为食）、植食性（以绿藻和蓝藻为食）和肉食性（以轮虫和其他线虫为食）。

线虫分寄生的和自由生活的，污水处理中出现的线虫多是自由生活的。自由生活的线虫体两侧的纵肌交替收缩，作蛇形状的拱曲运动。

线虫的生殖为雌雄异体，卵生。

线虫有好氧和兼性厌氧的，兼性厌氧者在缺氧时大量繁殖。线虫是污水净化程度差的指示生物。

4.5.3 寡毛类动物

颡体虫、颤蚓及水丝蚓属环节动物门（Annelida）的寡毛纲（Oligochaeta），比轮虫和线虫高级。身体细长分节，每节两侧长有刚毛，靠刚毛爬行运动。

在污水生物处理中出现的多为红斑瓢体虫（Aeolosma hemprichii），见图4.30。它的前叶腹面有纤毛，是捕食器官，杂食性，主要食污泥中有机碎片和细菌。它分布很广，夏、秋两季在水体中生长适宜，生长温度为20℃，6℃以下活动力降低，并形成胞囊。颤蚓和水丝蚓为河流、湖泊底泥污染的指示生物，它们中有厌氧生活的，以土壤为食。

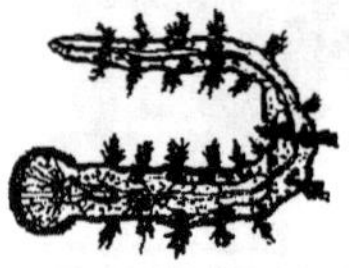

图4.30 寡毛纲红斑瓢体虫

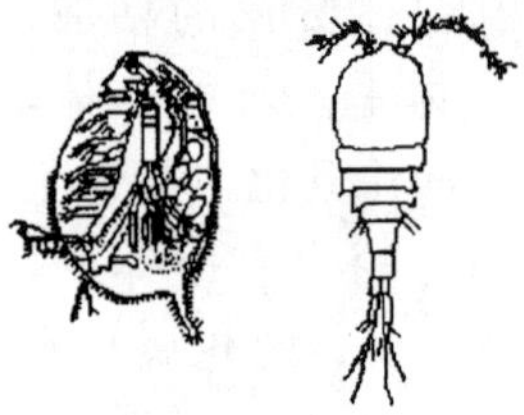

(a) (b)

图4.31 浮游甲壳动物

(a) 水蚤；(b) 剑水蚤

4.5.4 浮游甲壳动物

浮游甲壳动物在浮游动物中占重要地位，数量大，种类多，是鱼类的基本食料。甲壳动物的数量对鱼类影响大。它们广泛分布于河流、湖泊和水塘等淡水水体及海洋中，以淡水种为最多。它们是水体污染和水体自净的指示生物。常见的有剑水蚤（Cyclops）和水蚤（Daphniapulex），见图4.31。

水蚤的血液含血红素，血红素溶于血浆，肌肉、卵巢和肠壁等细胞中也含血红素。血红素的含量常随环境中溶解氧量的高低而变化。水体中含氧量低，水蚤的血红素含量高；水体中含氧量高，水蚤的血红素含量低。由于在污染水体中溶解氧含量低，清水中氧的含量高，所以，在污染水体中的水蚤颜色比在清水中的红些，这就是水蚤常呈不同颜色的原因，是适应环境的表现。水蚤的颜色可作为判断水体清洁程度的依据。

4.5.5 苔藓虫、羽苔虫

苔藓虫属苔藓动物门，种类很多，多生活在海洋。苔藓动物为群体，固着生活，外形似苔藓植物，故名。大多数生活在温带海域，少数生活在淡水水域。有菊皿苔虫（Berenica)、白薄苔虫（arthropoma)、和鞭须苔虫（Crisia crisiadioides)。个体很小，不到1mm，外被一由外胚层分泌的角质或钙质的虫室（zooecium)。个体头部不明显，前端体壁外突，于口周围形成圆形或马蹄形物，其上生有触手，触手具纤毛，这是触手冠，称为总担，为摄食器官。苔藓动物为雌雄同体，能进行配子生殖。每个个体具有一个在体腔膜上形成的卵巢和发生在体腔膜形成的胃绪（funiculus）上的多个精巢，受精卵在体内或体外发育。通常以出芽法行无性生殖。可产生休眠芽，外被几丁质壳，能抵御不良环境。神经系统不发达，皮下神经网状，神经节在背侧，位口和肛门之间，发出神经至触手等处。

苔藓虫喜欢在较清洁、富含藻类、溶解氧充足的水体中生活，能适应各地带的温度，广泛分布在世界各地。多数的苔藓虫生活在海床上，群体的形状各不相同：有的像被单一样盖在壳或石头上；有的则长得像小树或网状复叶。每个群体都由许多单体（游动孢子）组成。每个单体都有管状或盒状的骨骼。在微污染源水生物预处理过程中如有大量苔藓虫出现，会被填料拦截，附着在填料上生长，和钟虫、聚缩虫、独缩虫、累枝虫、盖纤虫等有粘性尾柄的原生动物聚集在一起，具有一定的生物吸附作用，并吞食水中微型生物和有机杂质，对水体的净化有一定积极作用。

羽苔虫（见图 4.32）为群体生活，固着在其他物体上。有许多分支，每一分支是一个个体。呈圆柱形，其前端为由许多触手组成的触手冠，其后是类螅体（肠)，口在触手冠中间，肠子呈 U 形，肛门在触手冠的外侧。脑在口和肛门之间。每根触手的内侧密生纤毛，纤毛扇动形成水流，将水中藻类、细菌和有机杂质等食物吸人体内，再其后是虫室，虫室壁由角质构成，形成群体的骨架。触手冠由虫室伸出摄食，受刺激后缩进虫室内。

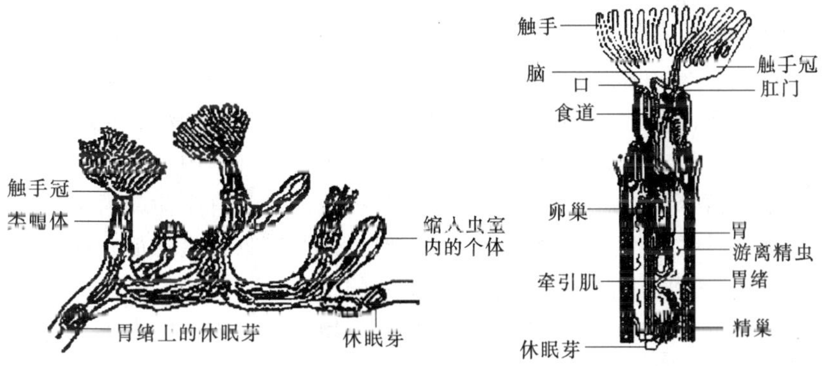

(*a*) (*b*)

图 4.32 羽苔虫

(*a*) 羽苔虫群体；(*b*) 羽苔虫的一部分个体

羽苔虫多数是雌雄同体，行有性生殖，也进行无性生殖，如内出芽生殖和外出芽生殖。由于外出芽而形成很多分支，一个显微镜视野里可看到四五个分支。羽苔虫到秋季，由胃绪（中肠后端的肠系膜）上的细胞分裂成团，外被几丁质外壳，形成椭圆形的、具有几丁质外壳的休眠芽，冬季母体死后破壁外出，到处漂浮，翌年春季发育成新的羽苔虫个体。

4.6 病毒和噬菌体

病毒的个体微小，要用纳米（10亿分之一米）来度量，最大的天花病毒的直径大约200nm，最小的脊髓灰质炎（小儿麻痹症）病毒的直径不过28nm，而一般细菌的大小则是用微米（1μm=1000nm）为度量单位，所以一个细菌细胞中可以容纳上百个病毒。病毒的结构简单，没有细菌那样的细胞结构，只含有一种核酸（DNA或RNA中的一种）和少数种类的蛋白质，有的甚至连蛋白质都没有（例如类病毒）。所以它要繁殖后代，就必须侵入到生物的细胞中，以这种细胞为宿主。病毒是贫穷自私的家伙，它们完成自己的生命过程、繁殖后代所需要的原料和能量全部来自宿主。它们可以长期蛰伏在细胞中，例如使人类患肿瘤病的病毒，往往是多年潜伏在人体细胞中的。可是一旦条件适合或受到外界刺激，它就会利用自己非常稳定的特有基因，不受宿主基因的指挥，繁殖起来，突然使细胞发生病变，在几十分钟内把宿主细胞瓦解掉。因此，可以认为病毒是介于生命与非生命之间的一种物质形式，是有一层蛋白质外壳保护着的基因组，可在一定宿主细胞中自我复制的感染性因子。诺贝尔奖获得者梅达沃说，病毒是包在蛋白质里的一个坏信息。

4.6.1 病毒的一般特征及其分类

病毒（virus）是没有细胞结构、专性寄生在活的敏感宿主体内、大小在0.2μm以下且可通过细菌过滤器的超微小微生物。成熟的具有侵袭力的病毒颗粒称为病毒粒子。在电子显微镜下观察到的病毒粒子一般为球状、棒状、蝌蚪状和线状等。人、动物和真菌的病毒大多呈球状，少数为枪弹状或砖块状。植物病毒和昆虫病毒则多数为线状和杆状，少数为球状。细菌病毒称噬菌体，部分呈蝌蚪状，部分为线状或球状。

4.6.1.1 病毒的特点

由于其大小在0.2μm以下，故在光学显微镜下看不见，必须在电子显微镜下方可看见。病毒没有合成蛋白质的机构——核糖体，也没有合成细胞物质和繁殖所必备的酶系统，不具独立的代谢能力，必须专性寄生在活的敏感宿主细胞内，依靠宿主细胞合成病毒的化学组成和繁殖新个体。病毒在活的敏感宿主细胞内是具有生命的超微生物，然而，在宿主体外却呈现不具生命特征的大分子物质，但仍保留感染宿主的潜在能力，一旦重新进入活的宿主细胞内又具有生命特征，重新感染新的宿主。

病毒是根据病毒的宿主、所致疾病、核酸的类型、病毒粒子的大小、病毒的结构、有或无被膜等进行分类。

4.6.1.2 病毒的分类

根据专性宿主分类：有动物病毒、植物病毒、细菌病毒（噬菌体）、放线菌病毒（噬放线菌体）、藻类病毒（噬藻体）、真菌病毒（噬真菌体）。

动物病毒寄生在人体和动物体内引起人和动物疾病，如人的流行性感冒、水痘、麻疹、腮腺炎、乙型脑炎、脊髓灰质炎、甲型肝炎、乙型肝炎等。引起动物疾病的有：家禽、家畜的瘟疫病及昆虫的疾病。

植物病毒寄生在植物体内引起植物疾病，如烟草花叶病、番茄丛矮病、马铃薯退化病、水稻萎缩病和小麦黑穗病等。

噬菌体寄生在细菌体内引起细菌疾病，1917 年 D. Herelle 在人的粪便中发现噬菌体。大肠杆菌噬菌体（Coliphages）广泛分布在废水和被粪便污染的水体中。由于他们比其他病毒较易分离和测定，花费少，有人建议用噬菌体作为细菌和病毒污染的指示生物，环境病毒学已使用噬菌体作为模式病毒。噬菌体与动物病毒之间存在相似性和相关性，故已被用于评价水和废水的处理效率。蓝细菌病毒广泛存在于自然水体，已在世界各地的氧化塘、河流或鱼塘中分离出来。由于蓝细菌可引起周期性的水华作用，产生的毒素，可造成水体中鱼类大量死亡。因而有人提出将蓝细菌的噬菌体用于生物防治，从而控制蓝细菌的分布和种群动态。寄生在蓝细菌体内的噬菌体有以下几种：LPP_1、LPP_2（宿主均是鞘丝藻、席藻和织线藻）、MS－L（宿主是聚球藻和微囊藻）、N－1（宿主是念珠藻）和 AS－1（宿主是组囊藻和聚球藻）。

按核酸分类：有 DNA 病毒（除细小病毒组的成员是单链 DNA 外，其余所有的病毒都是双链 DNA）和 RNA 病毒（除呼肠孤病毒组的成员是双链 RNA 外，其余所有的病毒都是单链 RNA）。

4.6.2 病毒的形态和结构

病毒的形态依种类不同而不同。动物病毒的形态有球形、卵圆形、砖形等，植物病毒的形态有杆状、丝状和球状。噬菌体的形态有蝌蚪状和丝状［见图 4.33（*a*）］。

病毒的大小以 nm 计，动物病毒以痘病毒（Poxvirus）最大，为 100nm × 200nm × 300nm，为砖形。口蹄疫病毒（Foot-and-Mouth Disease Virvs）最小，直径为 22nm。植物病毒以马铃薯 Y 病毒（Potato VirusY）最大，为 750nm × 12nm，南瓜花叶病毒（Squash Mosaic Virus）最小，为 22nm。大肠杆菌噬菌体 T_2、T_4、T_6 头部 90nm×60nm，尾部 100nm×20nm。大肠杆菌噬菌体 f_2 直径为 25nm。丝状的大肠杆菌噬菌体 M_{13} 长度为 600～800nm。

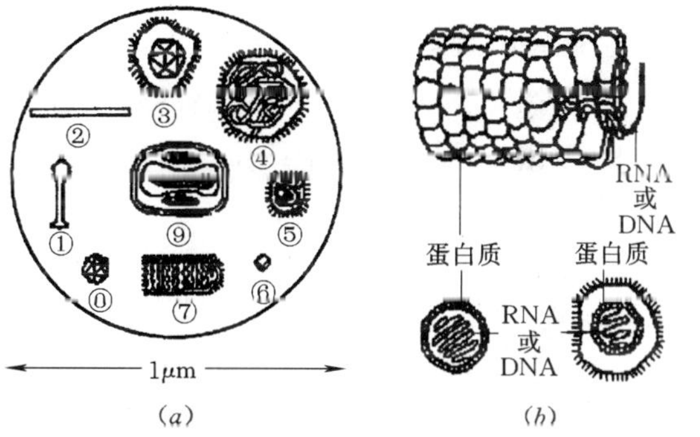

图 4.33 病毒的形态与结构图

（*a*）几种病毒的形态和相对大小（大圆表示葡萄球菌细胞的相对大小）；（*b*）病毒的结构

①—葡萄球菌噬菌体；②—烟草花叶病毒；③—疱疹病毒；④—腮腺炎病毒；⑤—流感病毒；⑥—脊髓灰质炎病毒；⑦—狂犬病毒；⑧—腺病毒；⑨—痘病毒

病毒没有细胞结构，却有其自身特有的结构。病毒粒子由壳体和核酸两部分构成。壳体和核酸统称为核壳，有些病毒在核壳外还有一层外套称包膜，有的包膜上面还有刺突。包膜由脂肪或蛋白组成。壳体的化学成分是蛋白质，由称为壳粒的次级单位（亚基）组成。壳粒是电镜下能见到的最小形态学单位，由一种或几种小分子蛋白质分子折叠而成。由于衣壳粒的排列组合不同，使病毒有三种对称性构型。第一种是立体对称型，主要为 20 面体［见图 4.34（*a*）］如腺病毒、疱疹病毒、脊髓灰质炎病毒、呼肠孤病毒等。第二种为螺旋对称型，如烟草花叶病毒、狂犬病毒、流感病毒、正粘病毒。第三种为复合对称型，如大肠杆菌 T 系噬菌体，它的头部呈立体对称型（20 面体），尾部为螺旋对称型［见图 4.34（*b*）］。

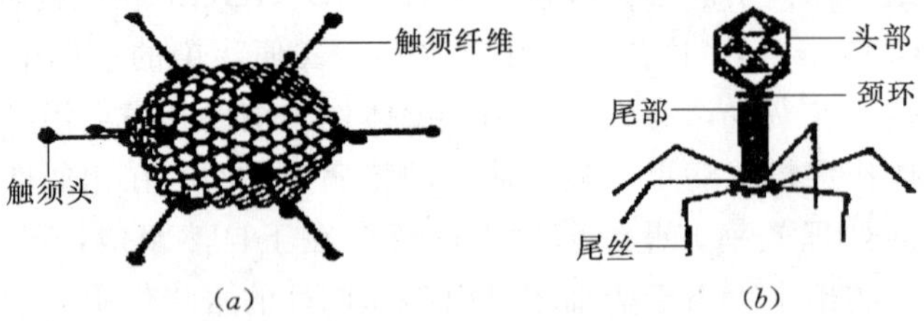

图 4.34 病毒的对称构型

（*a*）立体对称型（20 面体）（腺病毒）；（*b*）复合对称型（T 系噬菌体）

病毒粒子有两种：一种是不具被膜（亦称囊膜）的裸露病毒粒子；另一种是在核衣壳外面有被膜包围所构成的病毒粒子，寄生在植物体内的类病毒和拟病毒结构更简单，只具 RNA，不具蛋白质。

核酸内芯有两种：即核糖核酸（RNA）和脱氧核糖核酸（DNA）。一个病毒粒子并不同时含有 RNA 和 DNA，而只含其中一种，或是 RNA，或是 DNA。动物病毒有的含 DNA，有的含 RNA。植物病毒大多数含 RNA，少数含 DNA。噬菌体大多数含 DNA，少数含 RNA。

病毒核酸的功能是：决定病毒遗传、变异和对敏感宿主细胞的感染力。

4.6.3 病毒的繁殖

动物病毒、植物病毒和噬菌体的繁殖过程基本相似，此处以大肠杆菌 T 系噬菌体为例介绍其繁殖过程，有如下四步：吸附、侵入、复制、聚集与释放。

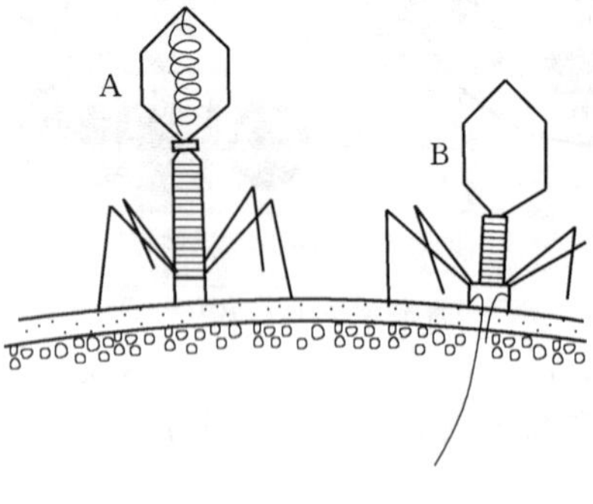

图 4.35 噬菌体吸附、侵入宿主菌的过程

A—吸附；B—侵入

大肠杆菌 T 系噬菌体以它的尾部末端吸附到敏感细胞表面上某一特定的化学成分，或是细胞壁，或是鞭毛，或是纤毛（见图 4.35 中 A）。

侵入方式以 T 系噬菌体最复杂，它的尾部借尾丝的帮助固着在敏感细胞的细胞壁上，尾部的酶水解细胞壁的肽聚糖形成小孔，尾鞘消耗 ATP 获得能量而收缩将尾髓压入宿主细胞内（不具尾髓的丝状大肠杆菌噬菌体 M，也能将 DNA 注入宿主细胞内，速度较慢），尾髓将头部的 DNA 注入宿主细胞内，蛋白质外壳留在宿主细胞外（见图 4.35 中 B）。此时，宿主细胞壁上的小孔被修复。在非正常情况下，大量噬菌体会在短期内同时吸附一个宿主细胞引起细胞产生许多小孔而裂解，这叫细胞外裂解。噬菌体不能繁殖，这与噬菌体在宿主细胞内增殖所引起的裂解不同。噬菌体侵入宿主细胞后，立即引起宿主的代谢改变，宿主细胞内的核酸不能按自身的遗传特性复制和合成蛋白质，而由噬菌体核酸所携带的遗传信息控制，借用宿主细胞的合成机构如核糖体 mRNA、tRNA 及酶等复制核酸，进而合成噬菌体的蛋白质，核酸和蛋白质聚集合成新的噬菌体，这过程叫装配。

大肠杆菌噬菌体 T4 的装配过程如下：先合成含 DNA 的头部，然后合成尾部的尾鞘、尾髓和尾丝。并逐个加上去就装配成一个完整的新的大肠杆菌噬菌体 T4（见图 4.36 中 A、①和②）。噬菌体粒子成熟后，噬菌体的水解酶水解宿主细胞壁而使宿主细胞裂解，噬菌体被释放出来（见图 4.36 中 A 和③）重新感染新的宿主细胞，一个宿主细胞可释放 10～1000 个噬菌体粒子。

噬菌体有毒（烈）性噬菌体和温和噬菌体两种类型。侵入宿主细胞后，随即引起宿主细胞裂解（见图 4.36 中 A）的噬菌体称作毒性噬菌体。毒性噬菌体被看成正常表现的噬菌体。温和噬菌体则是：当它侵入宿主细胞后，其核酸附着并整合在宿主染色体上，和宿主的核酸同步复制，宿主细胞不裂解而继续生长（见图 4.36 中 B)。这种不引起宿主细胞裂解的噬菌体称作温和噬菌体。含有温和噬菌体核酸的宿主细胞被称作溶原细胞。在溶原细胞内的温和噬菌体核酸，称为原噬菌体（或前噬菌体）。原噬菌体随宿主细胞分裂传给子代细胞，子代细胞也成为溶原细胞。溶原性（lysogeny）是遗传特性，溶原性细菌的子代也是溶原性的。在溶原性细菌内的原噬菌体没有感染力，它一旦脱离溶原性细菌的染色体后即可恢复复制能力，并引起宿主细菌裂解而释放出成熟的毒性噬菌体，这是溶原性发生变异所致。溶原性的变异可以是自发的，也可以诱发产生。

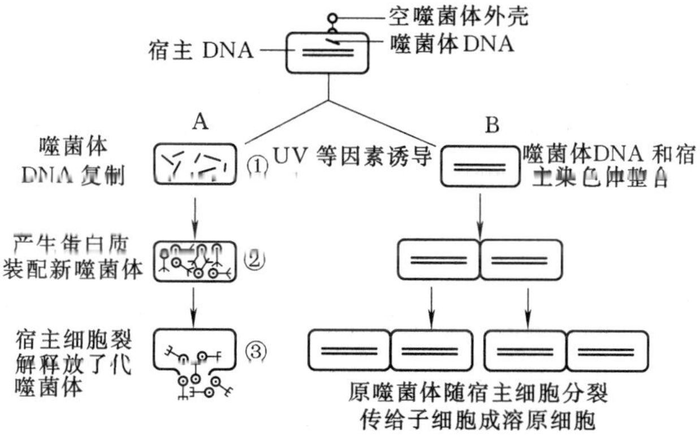

图 4.36 细菌受噬菌体感染后的两种反应

A 裂解反应，B 溶原性反应

溶原性噬菌体的命名是在敏感菌株的名称后面加一个括弧，在括弧内写上溶原性噬菌体 A，如大肠杆菌溶原性噬菌体的全称为 Eschcrichia coli K_{12}（λ），Escherichia 是大肠杆菌的属名，coli 是大肠杆菌的种名，K_{12}是大肠杆菌的株名，括弧内的 λ 为溶原性噬菌体。

4.6.4 病毒的培养

将噬菌体的敏感细菌接种在液体培养基中，经培养后敏感细菌均匀分布在培养基中而使培养基浑浊。然后接种噬菌体，敏感细菌被噬菌体感染后发生菌体裂解，原来浑浊的细菌悬液变成透明的裂解溶液（见图 4.37)。

将噬菌体的敏感细菌接种在琼脂固体培养基上生长形成许多个菌落，当接种稀释适度

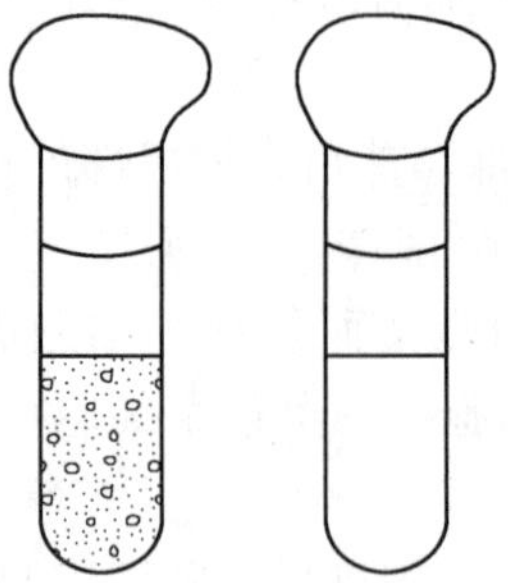

图 4.37 噬菌体在液体培养基的培养特征

(a) 被噬菌体感染之前培养液浑浊；(b) 被噬菌体感染之后培养液清

的噬菌体悬液后引起点性感染，在感染点上进行反复的感染过程，宿主细菌菌落就一个个地被裂解成一个个空斑，这些空斑就叫噬菌斑。

病毒是专性寄生在活的敏感宿主细胞内才能生长繁殖的微生物。因此，病毒的培养基要求苛刻，专一性强。其敏感细胞要具备如下条件：①必须是活的敏感动物或是活的敏感动物组织细胞；②能提供病毒附着的受体；③敏感细胞内没有破坏特异性病毒的限制性核酸内切酶，病毒进入细胞就可生长繁殖。

不同种类的病毒其培养基是不同的。

脊椎动物病毒的培养基有：人胚组织细胞（如人胚肾、肌肉、皮肤、肝、肺、肠等器官的细胞）；人组织细胞（如扁桃体、胎盘、羊膜、绒毛膜等）；人肿瘤细胞（如 Hela 细胞、Hep－2 细胞、上皮癌细胞等）；动物组织细胞（如猴肾和心脏、兔肾、猪肾细胞等）；鸡、鸭胚细胞（如肌皮和全胚细胞）；敏感动物（如猴、兔、羊、马、小白鼠、豚鼠等）。脑炎病毒最宜选用幼龄小白鼠作敏感动物。

植物病毒的培养基：与之相应的敏感植株和敏感的植物组织。

噬菌体的培养基：与噬菌体相应的敏感细菌，如大肠杆菌噬菌体用大肠杆菌培养。

1. 动物病毒的培养

动物病毒的培养方法有动物接种、鸡胚接种和组织培养技术。现在动物接种很少用，仅柯萨奇 A 病毒组（肠病毒）的分离仍用此法。鸡胚接种常用于分离流感病毒，鸡胚的羊膜腔和尿囊腔用作常规注射部位，如痘病毒被注射入绒毛尿囊膜上，以呈现在尿囊膜表面的痘斑或痘疱进行计数。

2. 噬菌体的分离培养

用双层琼脂法培养，在实验的前一天在灭菌的培养皿内倒入 10mL 适合某种宿主菌生长的琼脂培养基，待凝固成平板后置于一定温度的恒温箱内烘干平板上的水分，取 2～3 滴宿主菌（每 mL 含 108 个细菌）于软琼脂培养基（融化并冷至 45℃）中，再加入 0.1mL 噬菌体样品，摇动混匀后全部倒入，使铺满整个琼脂平板上，凝固后，于一定温度的恒温箱中倒置培养一定时间后，取出计数。

4.6.5 病毒对物理因素的抵抗力

4.6.5.1 温度

对病毒影响最大的物理因素是温度、光和干燥。在宿主细胞外的病毒大多数在 55～65℃范围内不到 1h 被灭活。而脊髓灰质炎病毒中有抗热变异株，可在 75℃温度下生存。并且抗热的病毒在衣壳破裂后有感染性的 RNA 释放出来。一般情况下，高温使病毒的核酸和蛋白质衣壳受损伤，高温对病毒蛋白质的灭活比对病毒核酸的灭活要快。蛋白质的变性作用阻碍了病毒吸附到宿主细胞上，削弱了病毒的感染力。但是，环境中的蛋白质和金属阳离子（如 Mg^{2+}）可保护病毒免受热的破坏，粘土、矿物、和土壤也有保护病毒免受热的破坏作用。

低温不会灭活病毒，通常在－75℃保存病毒。天花病毒在鸡胚膜中冰冻15年仍存活，经冷冻真空干燥后可保存数月至数年。

4.6.5.2 光及其他辐射

紫外辐射：日光中的紫外辐射和人工制造的紫外辐射均具有灭活病毒的作用。其灭活的部位是病毒的核酸，使核酸中的嘧啶环受到影响，形成胸腺嘧啶二聚体（即在相邻的胸腺嘧啶残基之间形成共价键）。紫外辐射的致死作用会随培养基的浊度和颜色的增加而降低。

可见光：在天然水体和氧化塘中，日光对肠道病毒有灭活作用，在低浊度（Jackson浊度单位：1.7JTU）的水中，当平均光强2.7J/（cm^2·min），平均温度26℃时，80％的脊髓灰质炎Ⅰ型病毒在3h内被灭活。在氧气和染料存在的条件下，大多数肠道病毒对可见光很敏感而被杀死，这叫“光灭活作用”。染料附着在核酸上，催化光氧化过程，引起病毒灭活。

4.6.5.3 干燥

在医院的环境中，到处都可能存在病毒，如载玻片、陶瓷砖、乙烯地板和不锈钢器具、衣服等表面可长期存留病毒。大环境中的气溶胶、灰尘、土壤及干污泥中也存在病毒。

干燥是控制环境中病毒的重要因素。如在相对湿度（RH）7％时，在载玻片上的腺病毒2型和脊髓灰质炎2型病毒至少存活8周，柯萨奇病毒B3存活2周。当RH在35％时，肠病毒可在衣物的表面存活达20周。在土壤中，水分含量低于10％时，病毒会迅速灭活。在污泥中，当固体含量大于65％时，病毒量减低。在此情况下病毒被灭活是由于病毒RNA释放出来而随后的裂解所致。气溶胶化的病毒，如无被膜的细小核糖核酸病毒类和腺病毒类在相对湿度较高时存活最好。而有被膜的病毒如粘液病毒类、副粘液病毒类、森林（Sc- ik）病毒等则在相对湿度较低时存活最好。

4.6.6 病毒对化学因素的抵抗力

病毒的灭活有体内灭活和体外灭活之分。

体内灭活的化学物质有抗体干扰素。抗体是病毒侵入有机体后，有机体产生的一种特异蛋白质，用以抵抗入侵的外来病毒。入侵的病毒是抗原，而产生的特异蛋白是抗体。干扰素是宿主抵抗入侵的病毒而产生的一种糖蛋白，它进而诱导宿主产生一种抗病毒蛋白将病毒灭活，干扰素起间接作用。

体外灭活的化学物质有：酚、低渗缓冲溶液、甲醛、亚硝酸、氨、醚类、十二烷基硫酸钠、氯仿、去氧胆酸钠、氯（或次氯酸、二氧化氯、漂白粉）、溴、碘、臭氧、乙醇、强酸、强碱、pH及其他氧化剂等。

强酸、强碱除本身可灭活病毒外，还导致pH值变化对病毒有影响。病毒一般对酸性环境不敏感，而对高pH值敏感。碱性环境可破坏蛋白质衣壳和和核酸，当pH值达到11以上会严重破坏病毒。氯（或次氯酸、二氧化氯、漂白粉）和臭氧灭活病毒的效果极好，它们对病毒蛋白质和核酸均有作用。病毒对氯的耐受力比肠道致病菌强，甲型肝炎病毒用氯消毒需浓缩三倍，游离氯浓度维持在1mg/L。

4.6.7　病毒在环境中的存活和在污水处理过程中的去除效果

自然环境中存在如上述各种物理、化学和生物等影响病毒存活的因子。所以，病毒在各种环境中的存活时间有所不同。

在海水和淡水中，温度是影响病毒存活的主要因素，与病毒类型也有关。在3～5℃时肠道病毒滴度下降99.9%所需要的时间为40～90d，22～25℃时需要2.5～9d。37℃只需5d。在淡水如湖水和河水中，肠道病毒在3～6℃时传染性效价损失三个对数所需时间是7～67d。在18～27℃时只需3～10d。在水体淤泥中，病毒吸附在固体颗粒上或被有机物包裹在颗粒中间，受到保护其存活时间会较长一些。

土壤由粘土、砂砾、腐殖质、矿物质、可溶性有机物及许多微生物等组成。有一定的团粒结构和孔隙，在土壤中可形成许多毛细管，是很好的过滤层。有净化污物的功能。在污水和固体废弃物的土地处理处置过程中，会夹带许多病原菌和病毒到土壤中。这些致病因子或被渗透到地下水，污染地下水。或被截留在土壤中，污染土壤。土壤截留病毒的能力受土壤的类型、渗滤液的流速、土壤孔隙的饱和度、pH值、渗滤液中的阳离子的价数（阳离子吸附病毒的能力：3价＞2价＞1价）和数量、可溶性有机物和病毒的种类等的影响。雨水可使病毒在土壤中转移和重新分布。吸附状态的病毒保持感染力。虽然病毒在土壤中的存活时间受很多因素影响，但受土壤温度和湿度的影响最大，低温时的存活时间比在高温时长。干燥易使病毒灭活，其灭活原因是病毒成分的解离和核酸的降解。土壤水分含量在10%以下，病毒的数量大减。病毒在土地处理场中可存活6个月以上。

生活污水喷灌和生活污水生物处理都可使病毒气溶胶化。气溶胶进一步与空气中的尘埃结合，随风飘浮于空气中。空气中病毒的存活时间受干燥、相对湿度、太阳光中的紫外辐射、温度和风速等的影响。相对湿度大，病毒存活时间长；相对湿度小，越干燥，病毒存活时间短。

污水处理分一级、二级和三级处理。一级处理是物理过程，以过筛、除渣、初级沉淀除去砂砾、碎纸、塑料袋及纤维状固体废物为目的。所以去除病毒的效果很差，最多去除30%。二级处理是生物处理方法，是生物吸附和生物降解和絮凝沉降作用过程，以去除有机物脱氮和除磷为主要目的，同时对污水中病毒的去除率较高，去除病毒率在90%～99%。病毒被吸附在活性污泥中，由液相转向固相。虽然活性污泥中黄杆菌、气杆菌、克雷伯氏菌、枯草杆菌、大肠杆菌、铜绿色假单胞菌有抗病毒活性，但病毒的灭活率不高。三级处理是继生物处理后的深度处理，有生物和化学及物理的处理过程。它包括絮凝、沉淀、过滤和消毒（加氯或臭氧）过程，进一步去除有机物、脱氮和除磷。三级处理可使病毒的滴度常用对数值下降4～6。

复习思考题

1. 除细菌外，水中微生物主要还有哪些？
2. 丝状细菌的代谢过程有什么特征，它们在给排水工程中有什么作用？
3. 霉菌和放线菌有什么区别？什么叫营养菌丝？什么叫气生菌丝？
4. 病毒是一类什么样的微生物？它有什么特点？
5. 病毒具有什么样的化学组成和结构？

6. 什么叫噬菌体？它有哪些基本特征？
7. 什么叫毒性噬菌体？什么叫温和噬菌体？
8. 噬菌体在液体培养基和固体培养基中各有什么样的培养特征？
9. 破坏病毒的物理因素有哪些？它们是如何破坏病毒的？
10. 紫外线如何破坏病毒？
11. 病毒在水体和土壤中的存活时间主要受哪些因素影响？

第5章　水微生物的生态

学习目标：

掌握：水体中主要的微生物群落；水体微生物生态系统的特点；水体自净和污染的原理。

理解：微生物之间的关系以及在水处理过程中的意义；水体富营养化的概念及其评价方法。

水体有天然水体和人工水体两种。天然水体包括海洋、江河、湖泊等；人工水体有水库、运河、下水道、各种污水处理系统。由于雨水冲刷，将土壤中各种有机物及无机物，动、植物残体带至水体，工业废水和生活污水源源不断排入，水生动、植物死亡等都为水体中的微生物提供了丰富的有机营养。在各种水体，特别是污染水体中存在有大量的有机物质，适于各种微生物的生长，因此水体是仅次于土壤的第二种微生物天然培养基。水体中微生物的数量和种类受各种环境条件的制约。水中微生物主要有四类：细菌、大肠菌、病毒和寄生虫。

5.1　水体中的微生物群落

水体中的微生物主要来源于土壤，以及人类和动物的排泄物及污染。我们把水体中微生物的来源分为四个方面：

(1) 水体中固有的微生物。包括荧光杆菌、产红色和产紫色的灵杆菌、不产色的呼氧芽孢杆菌、产色和不产色的球菌、丝状硫细菌、球衣菌及铁细菌等。

(2) 来自土壤的微生物。由于雨水冲刷地面，将土壤中的微生物带到水体中。有枯草芽孢杆菌、巨大芽孢杆菌、氨化细菌、硝化细菌、硫酸还原菌、霉菌等。

(3) 来自生产和生活的微生物。各种工业废水、生活污水和牲畜的排泄物夹带各种微生物进入水体。它们是大肠杆菌群、肠球菌、产气荚膜杆菌、各种腐生性细菌、厌氧梭状芽孢杆菌、致病微生物如：霍乱弧菌、伤寒杆菌、痢疾杆菌、立克次氏体、病毒、赤痢阿米巴等。

(4) 来自空气微生物。雨雪降落时，将空气中的微生物夹带入水体中。初雨尘埃多，微生物也多，雨后空气微生物少。雪的表面积大，与尘埃接触面大，故含的微生物比雨水多。

水体中微生物种类很多，微生物在水体中的分布与数量受水体的类型、有机物的含量、微生物的拮抗作用、雨水冲刷、河水泛滥、工业废水、生活污水的排放量等因素影响。

群落（community or biocoenose）是生活在一定地区内的动物、植物和微生物各种种群的集合体。群落内的各种生物由于彼此间的相互影响、紧密联系和对环境的共同反应，而使群落构成一个具有内在联系和共同规律的有机整体。

在一定条件下，水生生物群落和水环境之间互相联系、互相制约，保持着自然的、暂时的相对平衡关系。水环境中进入的污染物质，必然作用于生物个体、种群和群落，影响生态系统中固有生物种群的数量、物种组成及其多样性、稳定性、生产力以及生理状况，使得一些水生生物逐渐消亡，而另一些水生生物则能继续生存下去，个体和种群的数量逐渐增加。

5.1.1 海洋中微生物群落

海水是混合液体，盐分高，渗透压大，温度低、海面阳光照射强烈，深海处光线极暗，静水压力大。微生物群落分布和数量受海洋环境变化、人类活动等因素的影响。海洋中的微生物有固有栖息者，也有许多是随河水、雨水及污水排入的。

5.1.1.1 海洋微生物群落分布

海洋分沿（近）海带和外（远）海带。在沿海带，由于沿海城市人口密集、工厂多，污水和工业废水随河水流入。海港停泊的船只也排出许多污水和废物，故沿海海水中含有大量的有机物，海面阳光充足，温度适宜，港口海水每毫升含菌 1×10^5 个。在外海，人类活动少，每毫升含菌 10～250 个。海洋微生物的水平分布除受内陆气候、雨量等影响外，还受潮汐的影响。当涨潮时，因海水受到稀释，含菌量明显减少，退潮含菌量增加。

海水中的细菌以革兰氏阴性杆菌占优势，常见的有假单胞菌属等 10 余个属。相反，海底沉积土中则以革兰氏阳性细菌偏多。芽孢杆菌属是大陆架沉积土中最常见的属。

距海面 0～10m 的深处因受阳光照射含菌量较少，浮游藻类较多。例如绿藻、硅藻和甲藻等，成为海洋生产者，为浮游动物和鱼、虾提供饵料。10～50m 处的微生物数量较多，而且随海水深度增加而增加，50m 以下微生物的数量随海水深度增加而减少。在海底因沉积有很丰富的有机物，微生物数量增多，但溶解氧缺乏。因此就某一区域微生物群落的垂直分布而言：海面有阳光照射，藻类生长，溶解氧量高，有好氧的异养菌，再往下为兼性厌氧微生物。海底有兼性厌氧菌、厌氧异养菌及硫酸还原菌等。

5.1.1.2 海洋微生物群落的生态特征

常见海洋微生物有假单胞菌属、弧菌属、黄色杆菌属、无色杆菌属及芽孢杆菌属等，按栖息地可分为底栖性细菌、浮游性细菌和附着性细菌。

1. 底栖性细菌

因海底各处地质结构和有机物含量不同，底栖性细菌的水平分布也不同。岩礁海岸底部为产芽孢杆菌和溶胶杆菌；砂砾海岸底部有腐败芽孢杆菌和固氮菌；沉积土有机物丰富，以腐败细菌为主，还有硫细菌、硝化细菌；浅海海底沉积大量有机物和动、植物残体，缺乏溶解氧，故多为厌氧的腐败梭菌，产物有 H_2S 和 N_2，还有硫酸还原菌；在深海海底有厌氧异养菌；在河口和入海处多数是来自土壤的细菌。

2. 浮游性细菌

这类细菌有鞭毛，自由生活，有荧光假单脑菌、变形杆菌、纤维弧菌、螺旋菌及人和动物的肠道细菌。

3. 附着性细菌

这类细菌附着在动、植物体上，是异养菌，例如发光细菌和有色杆菌附着在鱼体上，纤维素分解菌和固氮菌附着在浮游植物和藻体上。

海水的盐质量浓度高约 30g/L。所以，海洋微生物大多数是耐盐或嗜盐的。有的还能耐高渗透压，在含盐 25～40g/L 的海水中生长最适宜，超过 10% 微生物生长才受抑制，但嗜盐菌例外，其在含盐 120g/L 的海水中生长良好，在死海和咸水湖中仍能生存，在 40g/L 的海水中则细胞破裂。

海洋微生物还耐高的静水压力，甚至嗜高静压力，如 Pseudomonas 在 40℃时，要在 4.0×10^4～5.0×10^4kPa 静水压力下才能生长繁殖。在标准大气压力和 3.0×10^4kPa 静水压力下不生长。有的细菌要在 6.0×10^4kPa 或更高静水压力下才生长。

5.1.1.3　海洋微生物在海洋环境中的作用

海洋堪称为世界上最庞大的恒化器，能承受巨大的冲击（如污染）而仍保持其生命力和生产力，微生物在其中是不可缺少的活跃因素。自人类开发利用海洋以来，竞争性的捕捞和航海活动、大工业兴起带来的污染以及海洋养殖场的无限扩大，使海洋生态系统的动态平衡遭受严重破坏。海洋微生物以其敏感的适应能力和快速的繁殖速度在发生变化的新环境中迅速形成异常环境微生物区系，积极参与氧化还原活动，调整与促进新动态平衡的形成与发展。从暂时或局部的效果来看，其活动结果可能是利与弊兼有，但从长远或全局的效果来看，微生物的活动始终是海洋生态系统发展过程中最积极的一环。

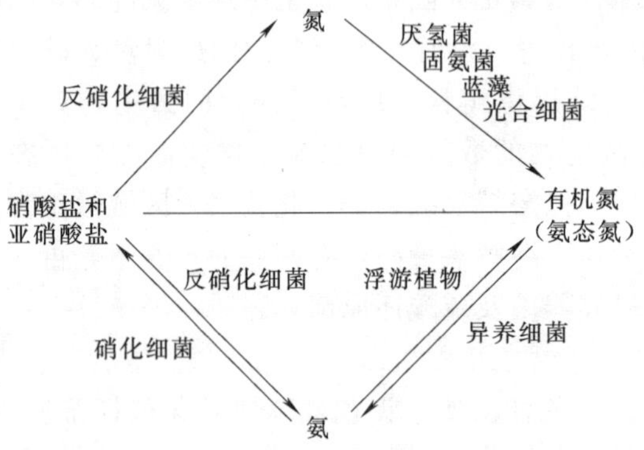

图 5.1　海洋中氮的循环

微生物在海洋氮循环中的作用与陆地相仿，虽然至今尚未在海洋中发现根瘤菌，但固氮菌不难从海洋中分离到。硝化细菌多集中分布于海洋沉积土中，海水中的硝酸盐含量随着靠近沉积土的程度而逐渐增加，因此，硝化作用在大陆架或近岸海域较为明显。海水中的硝酸盐主要是通过这一途径产生。反硝化作用在有机物来源丰富和溶解氧浓度低的内湾或河口海域较为强烈。反硝化细菌在一定条件下影响海洋中处于可利用状态的氮（见图 5.1）。

某些异养细菌分解含硫蛋白质类物质产生硫化氢。此外，有机物丰富的浅海缺氧水域中硫酸盐还原细菌还原硫酸盐产生大量硫化氢，污染大片海湾与滩涂。这些硫化氢可由各种硫细菌氧化，经硫、硫代硫酸盐变成硫酸盐（见图 5.2）。

微生物分解海洋动植物残体，并释放出可供植物利用的无机态磷酸盐。磷也是海洋微生物繁殖和分解有机物过程中不可缺少的限制性因子。

5.1.2　淡水微生物群落

淡水水体包括湖泊、池塘、河流等，通常是互相隔离的。

淡水中的微生物主要来源于土壤、空气、污水、人和动物的排泄物以及死亡的动植物残体。因地表径流的作用，土壤中的大部分微生物在水体都可以找到。

影响淡水中微生物群落的分布、种类和数量的因素有：水体类型、受污（废）水污染程度、有机物的含量、溶解氧量、水温、pH 值及水深等。水体有机物含量越高，微生物数量越多。中温水体微生物含量比高温和低温水体高。表层水中好氧微生物较多，深层水中厌氧微生物较多。

水体类型不同，微生物的种类和数量也不同。人烟稀少的清洁水体中，有机物含量较少，微生物数量也少，细菌总数一般为每毫升几十到几百个，大部分是自养型的。人口密集地区的水体中，有机物含量高，微生物的种类和数量也较多，每毫升几千万甚至几亿个。种类上主要是腐生细菌、真菌和原生动物。

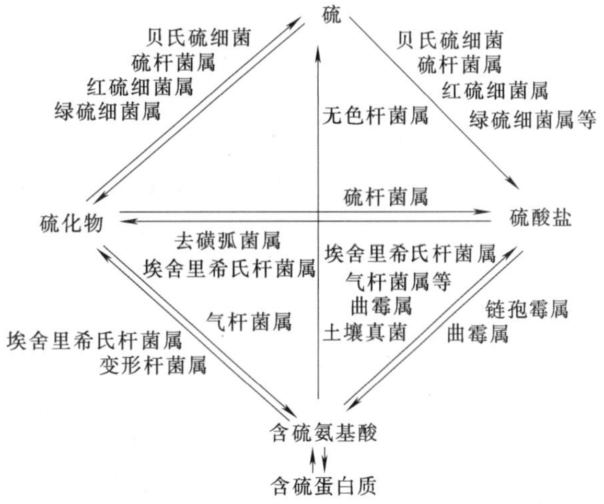

图 5.2 海洋中硫的循环

在水流缓慢的湖泊和池塘等浅水区常生长有丝状细菌、丝状藻类和真菌。藻类的大量繁殖致使水中有机物增多，腐生细菌和原生动物繁殖很快。流速较快的水体中，只在上层有藻类和细菌生长，底层则主要生长厌氧细菌。

由于土壤的过滤作用，地下水、温泉等水体中有机物含量很少，微生物含量也很少。浅层水中有少量的无色杆菌属和黄杆菌属，深层地下水中则几乎不存在微生物。地下水如果被污染，则因为高含量有机物的存在常有大量微生物繁殖。

淡水因土壤腐殖质和有机酸等流入或酸雨影响，水体酸碱度大多呈弱酸性。淡水微生物要求 pH=6.5～7.5，所以，淡水水体适合它们生长。pH 小于 4 或大于 9，微生物生长都受抑制。淡水微生物是中温性的。

5.2 水体的污染与自净

5.2.1 水体的污染与自净

5.2.1.1 水体的自净

天然淡水水体是人类生活和工业生产用水的水源，也是水生动、植物生长繁殖的场所。在正常情况下，各种水体有各自的生态系统，以河流为例：土壤中动、植物残体及生活污水、工业废水等排放入河流后，水中细菌由于有丰富的有机营养而大量生长繁殖。随着有机物含量逐渐降低，藻类含量逐渐增多，原生动物以细菌和藻类为食料而大量繁殖，成为轮虫和甲壳动物的食料。轮虫和甲壳动物大量繁殖为鱼类提供食料。鱼被人食用，人的排泄物及废物被异养细菌分解为简单有机物和无机物，同时构成自身机体。随后各种生物又按前述次序循环。这种河流中的生物循环构成食物链。食物链如下：

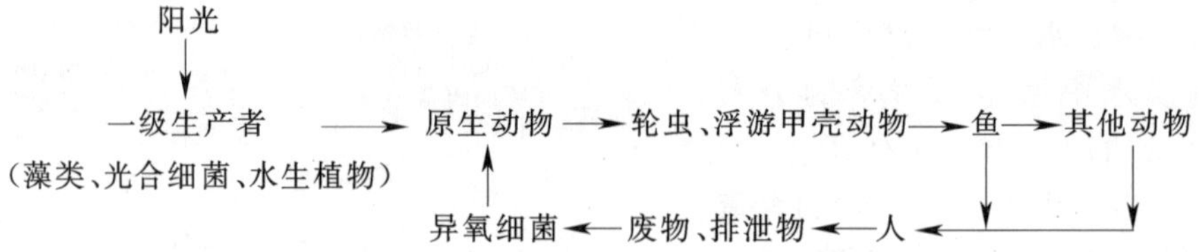

食物链中各种生物与它们的生存环境之间通过能量转移和物质循环，保持着相互依存的关系，这种关系在一定的空间范围和一定时间内呈现稳定状态，即保持生态平衡。

污染物质进入水体后，使水体受到污染。但是，自然环境包括水环境对污染物质都具有一定的承受能力，即所谓环境容量。水体能够在其环境容量的范围内，经过水体的物理、化学和生物的作用，使排入污染物质的浓度和毒性随时间的推移，在向下游流动的过程中自然降低，称之为水体的自净作用。也可简单地说，水体受到污染后，靠自然能力逐渐变清洁的过程称为水体的自净。当排入水体的废水浓度小于水体的“自净容量”时，水中的植物和动物都可以正常生存并有利于人类；当排入水体的废水浓度大于自身的“自净容量”时，正常生物循环或生态平衡将被破坏，水体就会遭到污染。

5.2.1.2 水体的自净过程

水体的自净过程很复杂，按其机理划分如下。

1. 物理过程

物理过程包括稀释、混合、扩散、挥发、沉淀等过程。水体中的污染物质在这一系列作用下，其浓度得以降低。稀释和混合作用是水环境中极普遍的现象，又是比较复杂的一项过程，它在水体自净中起着重要的作用。

2. 化学及物理化学过程

污染物质通过氧化、还原、吸附、凝聚、中和等反应使其浓度降低，这就是化学及物理化学过程。

3. 生物化学过程

生物化学过程是污染物质中的有机物，由于水体中微生物的代谢活动而被分解、氧化并转化为无害、稳定的无机物，从而使浓度降低的过程。总之，水体的自净作用包含着十分广泛的内容，任何水体的自净作用又常是相互交织在一起的，物理过程、化学和物化过程及生物化学过程常常是同时同地产生，相互影响，其中常以生物自净过程为主，生物体在水体自净作用中是最活跃、最积极的因素。

水体自净过程大致如下（见图5.3）：

（1）有机污染物排入水体后被水体稀释，有机和无机固体物沉降至河底。

（2）水体中好氧细菌利用溶解氧把有机物分解为简单有机物和无机物，并用以组成自身有机体，水中溶解氧急速下降至零，此时鱼类绝迹，原生动物、轮虫、浮游甲壳动物死亡（见图5.4），厌氧细菌大量繁殖，对有机物进行厌氧分解。有机物经细菌完全无机化后，产物为CO_2、H_2O、PO_4^{3-}、NH_3和H_2S，NH_3和H_2S继续在硝化细菌和硫化细菌作用下生成NO_3^-和SO_4^{2-}。

（3）水体中溶解氧在异养菌分解有机物时被消耗，大气中的氧刚溶于水就迅速被消耗掉，尽管水中藻类在白天进行光合作用放出氧气，但复氧速度仍小于耗氧速度，氧垂曲线下降。在最缺氧点，有机物的耗氧速度等于河流的复氧速度。再往下流的有机物渐少，复氧速度大于耗氧速度，氧垂曲线上升。如果河流不再被有机物污染，河水中溶解氧恢复到原有浓度，甚至达到饱和（见图 5.5）。

（4）随着水体的自净，有机物缺乏和其他原因（例如阳光照射、温度、pH 值变化、毒物及生物的拮抗作用等）使细菌死亡。

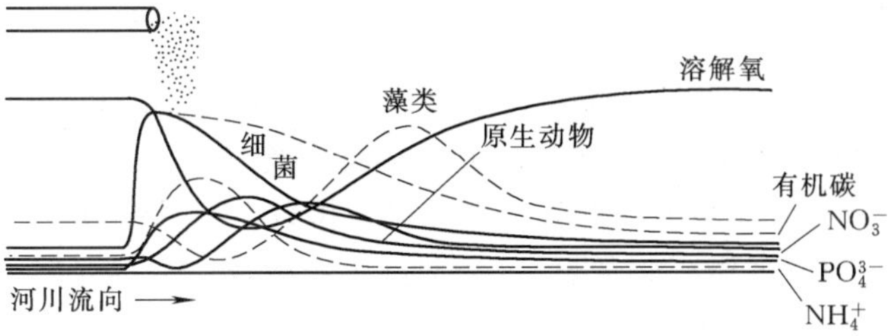

图 5.3 河流污染和自净过程

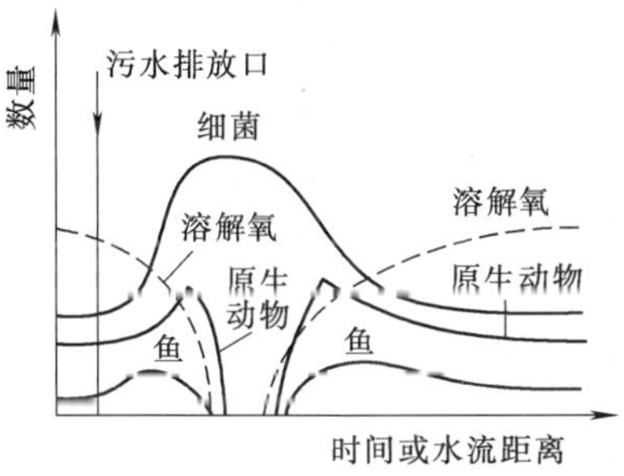

图 5.4 河流污染对水生生物的影响

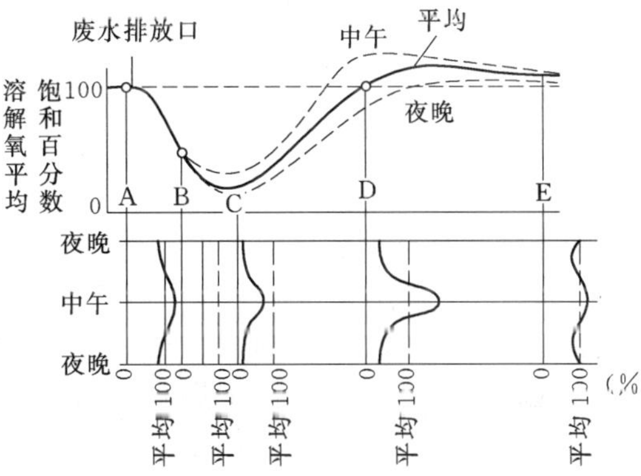

图 5.5 污染河流中氧浓度昼夜变化示意图

5.2.2 衡量水体自净的指标

5.2.2.1 *P*/*H* 指数

P 代表光合自养型微生物数量，*H* 代表异养型微生物数量，两者的比即 *P*/*H* 指数。*P*/*H* 指数反映水体污染和自净程度。水体刚被污染，水中有机物浓度高，异养型微生物大量繁殖，指数低，自净的速率高。在自净过程中，有机物减少，异养型微生物数量减少，光合自养型微生物数量增多，故 *P*/*H* 指数升高，自净速率逐渐降低，在河流自净完成后，*P*/*H* 指数恢复到原有水平。

5.2.2.2 氧浓度昼夜变化幅度和氧垂曲线

水体中的溶解氧是由空气中的氧溶于水而得到补充，同时也靠光合自养型微生物的光合作用放出氧得到补充。阳光的照射是关键因素，白天和夜晚水中溶解氧浓度差异较大。

在白天有阳光和阴天时的溶解氧浓度差异也较大。昼夜的差异取决于微生物的种群、数量或水体断面及水的深度。如果光合自养型微生物数量多，*P*/*H* 指数高，溶解氧昼夜差异大。河流刚被污染时，P/H 指数下降，光合作用强度小，溶解氧浓度昼夜差异小，如图5.5所示的A点和B点。在C点 P/H 指数上升，光合作用强度大，溶解氧浓度昼夜差异增大，当增大到最大值后又回到被污染前的原有状态，即完成自净过程。从溶解氧浓度大小看，B点高于C点，但C点溶解氧的昼夜变化幅度大于B点，C点的自净程度高于B点。可见，溶解氧昼夜变化幅度能较好的反映水体中微生物群落的组成和生态平衡状况。

5.2.3　水体有机污染指标

5.2.3.1　*BIP* 指数

污化系统用指示生物定性地衡量水体有机污染程度，但也还可用水生生物的数量求出某种指数来评价水体污染程度。例如：*BIP* 指数，其意义是无叶绿素的微生物占所有微生物（有叶绿素和无叶绿素微生物）数的百分比。指数由下式计算：

$$BIP = (\text{无叶绿素的微生物数量})/(\text{全部微生物数量}) \approx H/(P+H) \times 100\%$$

可以判断水体的污染程度，见表5.1。

表5.1　利用 *BIP* 值判断水体的污染程度

污染程度	清洁水	轻度污染水	中等污染水	严重污染水
BIP 值	0～8	8～20	20～60	60～100

5.2.3.2　细菌菌落总数（*CFU*）

1mL水样在营养琼脂培养基中，于37℃培养24h后所生长出来的细菌菌落总数。它用于指示被检的水源水受有机物污染的程度，为生活饮用水作卫生学评价提供依据。在我国规定1mL生活饮用水中的细菌菌落总数在100个以下。

在饮用水中所测得的细菌菌落总数除说明水被生活废弃物污染程度外，还指示该饮用水能否饮用。但水源水中的细菌菌落总数不能说明污染的来源。因此，结合大肠菌群数以判断水的污染源和安全程度就更全面。

表5.2　各种水质细菌卫生标准

水样来源	细菌菌落数（CFU/mL）	总大肠菌群数（个/L）（MPN法）	霉菌及酵母菌	致病菌	标准来源
生活饮用水	≤100	≤3			GB5749—85
优质饮用水	≤20	≤3	—	—	GB17324—98
矿泉水	≤5	0/100mL			
游泳池水	≤1000	0/100mL			
地表水Ⅲ类		≤10000			GB8978—88
农田灌溉用水		≤10000			GB5084—85

如何知道水体是否受到粪便污染呢？检测肠道病原菌数量，通常不直接检测，水中存在病原菌的可能性很小，其他各种细菌的种类却很多，要排除一切细菌而单独直接检出某种病原菌来，在培养分离技术上较为复杂，需较多的人力和较长的时间。因此选用和它相

近的非致病菌作间接指标，一般选用总大肠菌群作致病菌的指示菌。

5.2.3.3 总大肠菌群

总大肠菌群又称大肠菌群和大肠杆菌群。它包括埃希氏菌属（Escherichia）、柠檬酸杆菌属（～itrobactet·）、肠杆菌属（Enterbacter）和克雷伯氏菌属（Klebsiella）等十几种肠道杆菌。它们是一群兼性厌氧的、无芽孢的革兰氏阴性杆菌。埃希氏菌属、柠檬酸杆菌属、肠杆菌属和克雷伯氏菌属在37℃能不同程度地发酵乳糖产酸、产气。它是致病菌污染水体的间接指标。

5.3 微生物之间的关系

在自然界，微生物之间，微生物与其他动植物之间存在着复杂的关系。它们相互影响，彼此制约，相互依赖，形成了稳定的生态链。下面讨论微生物之间的几种主要关系。

5.3.1 寄生关系

寄生关系是指一种生物寄居在另外一种生物的体内，从中摄取生长和繁殖所需的营养，使后者受到损害。前者称寄生生物，后者称宿主或寄主。微生物之间的寄生关系，最典型的就是噬菌体寄生在细菌或放线菌体内，引起宿主细胞裂解。而且噬菌体对各种细胞类微生物的寄生具有高度的专一性。此外，细菌与真菌、真菌与真菌、细菌与细菌之间也存在有寄生关系。例如，蛭弧菌属有寄生在大肠杆菌、浮游球衣菌等菌体的种。

有的寄生菌不能离开宿主而生存，称专性寄生，有的寄生菌离开宿主后营腐生生活，称兼性寄生。寄生的结果一般都导致宿主的损伤和死亡。

5.3.2 共生关系

共生关系是指两种不能单独生活的生物相互依存，利用各自占有优势的生理功能，组成一个在营养上互相有利的共生体。地衣是微生物之间共生关系的代表，它是真菌和藻类共生形成的植物体。地衣中的真菌从附着的基质（岩石、土壤等）中吸取水分和无机盐供给藻类，藻类则进行光合作用，将 CO_2 等无机物转化为有机物，为真菌提供营养。

5.3.3 互生关系

互生关系是指两种可以单独生活的生物共同生活，彼此依赖，创造相互有利的营养和生活条件，较之单独生活时更为有利。废水生物处理过程中，微生物之间的互生关系较常见。例如，氧化塘中的藻菌互生系统，藻类以 CO_2 为碳源，进行光合作用，放出 O_2 供好氧细菌分解有机物；好氧细菌则利用氧将有机物污染物分解为无机物，为自养型藻类提供更多碳、氮、磷等无机营养。又如，在脱氮过程中氨化细菌分解含氮有机物产生的氨作为亚硝化细菌的营养，亚硝化细菌将氨转化为亚硝酸，为硝化细菌提供营养。亚硝酸对各种生物都是有害的，但由于硝化细菌将亚硝酸转化为硝酸，既为其他微生物解毒，又为其他生物提供了无机氮源。又如，在炼油厂汗酚和 H_2S 的废水处理系统中，分解酚的食酚细菌与分解 H_2S 的硫细菌之间也存在互生关系。硫细菌能分解 H_2S 为 H_2SO_4，为食酚细菌解毒；食酚细菌能将酚分解为 CO_2，为硫细菌解毒并提供无机碳源。

5.3.4 对抗关系

对抗关系是指一种生物在其生命活动中，通过捕食或生存竞争或分泌代谢产物来抑制或杀死另一生物，从而使自身获得较多的生存机会。对抗关系普遍存在于微生物之间。在天然水体、污水生物处理构筑物的活性污泥和生物膜中，以吞食细菌、藻类为生的原生动物与细菌、藻类之间是对抗关系，利用这种对抗，可以改善出水水质。微生物之间的竞争又是一种对抗形式，各种微生物在营养、溶解氧的摄取和占有空间等方面进行竞争。例如，氨化细菌和硝酸细菌之间的对抗，氨化细菌分解有机氮化物产生氨气，抑制硝酸细菌的生长，从而使自己获得较多的营养。

对抗关系分为特异性对抗和非特异性对抗两种。非特异性对抗不具备专一性，如乳酸菌产生大量乳酸，导致环境 pH 值下降，抑制其他腐败细菌的生长。特异性对抗具有专一性，如放线菌的代谢产物氯霉素、金霉素、四环素等可抑制多种细菌的生长；青霉产生的青霉素对革兰氏阳性菌具有致死作用。

5.4 水体富营养化

5.4.1 水体富营养化的概念与发生

当水体接受了大量的有机物或无机物，特别是磷酸盐和无机氮化合物，引起水的富营养化。由于水中含有过多的含氮、磷等的营养物质，引起藻类过量生长，产生大量的有机物，异养微生物氧化这些有机物，耗尽水中的氧，使厌氧菌开始大量生长和代谢，并分解含硫化合物，产生 H_2S，从而导致水有难闻的气味，并由于缺氧引起鱼和好氧微生物的死亡，最终引起水出现大量沉淀物和水体颜色异常。上述过程又称富营养化作用，它是水体受到污染并使水体自身的正常生态失去平衡的结果。在淡水水体的富营养化作用中，藻类、蓝细菌等的大量繁殖使水体出现颜色，并变得浑浊，许多藻类团块漂浮在水面上，从而形成所谓的“水花”或“水华”（water bloom）；在海洋中，某些甲藻类大量繁殖也可以形成水花，从而使海水出现红色或褐色，即所谓的赤潮或红潮（red tides）。

一般认为，水体中总磷为 20mg/m^3，无机氮为 300mg/m^3 以上就会出现富营养化。在从贫营养到中营养的水域中，氮和磷是藻类增长的限制因素。当氮达到 0.3mg/L 以上和磷达到 0.02mg/L 以上时，最适合藻类增长。

与富营养化关系密切的是藻类，水体中由于藻类和异养细菌的代谢活动，耗尽了水中溶解氧，大量的藻类覆盖在水面，大气中的氧不易溶于水，造成水体缺氧，使浮游动物、鱼类无法生存。加上藻类分泌致臭、致毒物及它本身死亡、腐败，严重影响水质。富营养化的水体底部沉积着很丰富的有机物，在水体缺氧的情况下。加剧了水体底泥的厌氧发酵，如：沼气发酵，硫酸盐还原反应等，相应地引起微生物种群、群落的演替。

5.4.2 评价水体富营养化的方法与 *AGP*

评价水体富营养化的方法有：①观察蓝藻等指示生物；②测定生物的现存量；③测定原初生产力；④测定透明度；⑤测定氮和磷等导致富营养化的物质。将五方面综合起来对水体的富营养化作出全面、充分的评价。为了控制排入水体的废水量和水质，以便采取防止废水对水体产生负面影响的措施，必须测定该废水中藻类的潜在生产力（*AGP*）。

AGP 即藻类生产的潜在能力。把特定的藻类接种在天然水体或废水中，在一定的光照度和温度条件下培养，使藻类增长到稳定期为止，通过测干重或细胞数来测其增长量。

此即藻类生产的潜在能力（*AGP*）。欧、美已制订藻类培养试验标准法，日本也在使用。具体藻类培养试验的培养方法如下：

藻种：小球藻属、衣藻属、裸藻属、纤维藻属、微囊藻属及鱼腥藻属等。

方法：将培养液用滤膜（1.2μm）或高压蒸汽灭菌器（121℃，15min）除去SS和杂菌。取500mL置于L型培养管（1000mL），接入羊角月芽藻，将培养管放在往复振荡器上（30～40r/min），在20℃，光照度为4000～6000lx条件下振荡培养7～20d（每天明培养14h，暗培养10h）后，取适量培养液用滤膜过滤，置105℃烘至衡重，称干重，计算1L藻类中的干重即为该水样的*AGP*。

日本天然水体贫营养湖的*AGP*为1mg/L，中营养湖*AGP*为1～10mg/L，富营养湖*AGP*为5～50mg/L。若加入生活污水处理水，*AGP*明显增加。

表5.3是水体营养状态的分类情况。

表5.3　　水体营养状态的分类　　单位：mg/L

营养状态	总磷	无机氮
极贫营养	<0.005	<0.2
贫—中营养	0.005～0.01	0.20～0.40
中营养	0.01～0.03	0.3～0.65
中—富营养	0.03～0.1	0.5～1.5
富营养	>0.1	>1.5

复 习 思 考 题

1. 什么叫水体自净？可以根据哪些指标判断水体自净程度？
2. 水体污染指标有哪几种？
3. 什么叫水体富营养化？
4. 水体中微生物的来源有几个方面？
5. 什么叫群落？
6. 微生物之间存在哪几种关系？共生关系与互生关系有什么区别？

第6章 给 水 处 理

学习目标：

通过本章的学习，要求知道水中微生物的种类及其分布；掌握水中细菌总数和大肠菌群的测定方法；掌握生活饮用水中的病原微生物的常规处理方法；了解饮用水的生物预处理技术和固定化微生物技术的基本原理。

水是国民经济发展和人类生存的基本条件，由于环境污染和生态的破坏，导致全球性水危机的出现，直接影响到社会和经济的可持续发展。

水体的污染，不仅加剧了城市用水的供需矛盾，而且直接影响了城市供水水质，威胁居民的健康。据世界卫生组织（WHO）统计，全世界每年至少有1500万人死于因水污染引起的疾病。要解决供水水质的问题，从目前国内外的研究来看，主要的趋势是强化现行的常规给水工艺及供水的安全输配，加快发展消除污染的高新技术。

在供给人们生活饮用水时，必须保证水中没有病原微生物。为此，需要知道水中有哪些常见的病原微生物，并学习检验和消除它们的方法。

6.1 水中的病原微生物

6.1.1 水中的细菌及病原微生物的分布

水中所含微生物来源于空气、土壤、污水、垃圾、死的动植物等，所以水中微生物的种类是多种多样的。进入水体中的病原微生物大多来自人或动物的排泄物，特别是传染病人或动物，如伤寒杆菌、霍乱弧菌、痢疾杆菌、钩端螺旋体、甲型肝炎病毒、骨髓灰质炎病毒等。病原微生物进入水环境的途径主要有医院废水、家庭废水及城市街道排水等。它们进入水体后，则以水为生存和传播的媒介。

水体中生存的细菌大多为腐生细菌，当水被废水、垃圾、粪便污染时，水中细菌的种类和数量都会大大增加。一般来说，在远离工厂和居民区的清洁河、湖中，细菌的种类主要是通常生活在清洁水中和土壤中的细菌。在工业区和城市附近，河水受到污染，不但含有大量腐生细菌，还可能含有病原细菌。河水下游离城镇越远，受清洁支流冲淡和生化自净作用越大，细菌数目也就逐渐下降。地下水经过土壤过滤，逐渐渗入地下，由于渗滤作用和缺少有机物质，地下水中所含细菌量远远少于地面水，深层的地下水甚至会没有细菌。

6.1.2 水中的病原微生物

水中细菌虽然很多，但大部分都不是病原微生物。经水传播的疾病主要是肠道传染病，如伤寒、痢疾、霍乱以及马鼻疽、钩端螺旋体病、肠炎等。此外，还有一些由病毒引起的疾病也可经水传播。

6.1.2.1 伤寒杆菌

伤寒杆菌有三种：伤寒沙门氏菌（Salmonella typhi）、甲型副伤寒沙门菌（S. paraty-phiA）和乙型副伤寒沙门菌（S. paraty-phiB）。它们的大小约为（0.6～0.7）μm×（2.0～4.0）μm，不生芽孢和荚膜，借周生鞭毛运动，革兰氏阴性反应。加热到60℃，30min可以杀死，在5%的石炭酸中可存活5min。伤寒杆菌见图6.1。

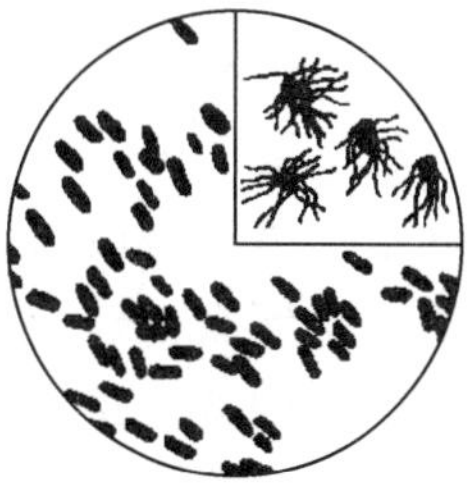

图6.1 伤寒杆菌

伤寒和副伤寒是一种急性的传染病，特征是持续发烧，牵涉到淋巴样组织，脾脏肿大，躯干上出现红斑，使胃肠壁形成溃疡以及产生腹泻。感染来源为被感染者或带菌者的尿及粪便，一般是由于与病人直接接触或与病人排泄物所污染的物品、食物、水等接触而被传染的。

6.1.2.2 痢疾杆菌

痢疾杆菌是指志贺菌属（shigella）中的两种菌，可引起细菌性痢疾（与阿米巴痢疾不同）。

1. 痢疾杆菌（痢疾志贺菌 S. dysenteriae）

痢疾杆菌的大小为（0.4～0.6）μm×（1.0～3.0）μm。所引起的痢疾在夏季最为流行，特征是急性发作，伴以腹泻。有时在某些病例中有发烧，里急后重，通常大便中有血及粘液。

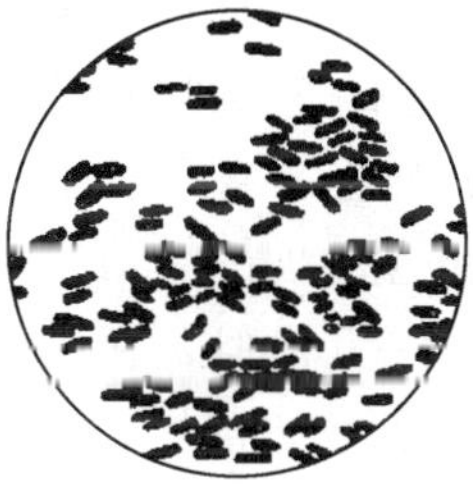

图6.2 痢疾杆菌

痢疾杆菌不生芽孢和荚膜，一般无鞭毛，革兰氏染色阴性。加热到60℃能存活10min，在1%的石炭酸中可存活0.5h。它们的传播方式主要由于食用污染的食物和饮用污染的水，以及由于蝇类而传播。痢疾杆菌见图6.2。

2. 副痢疾杆菌（副痢疾志贺菌 S. paro dysenteriae）

这种杆菌的大小约为0.5μm×（1～1.5）μm，所引起疾病的症状与痢疾杆菌引起的急性发作类似，但症状一般较轻。

3. 霍乱弧菌

霍乱弧菌（Vibrio cholerae）的细胞呈微弯曲的杆状，大小约（0.3～0.6）μm×（1～5）μm。细胞可以变得细长而纤弱，或短而粗，具有一根较粗的鞭毛，能运动，革兰氏阴性反应，不生荚膜与芽孢。在60℃能存活10min，在1%的石炭酸中能存活5min，能耐受较高的碱度。

在霍乱的轻型病例中，只出现腹泻。在较严重或较典型的病例中，除腹泻外，症状还包括呕吐、腹疼和昏迷等。此病病程发展短，严重的常常在症状出现后12h内死亡。霍乱弧菌可借水及食物传播，与病人或带菌者接触也可能被传染，也可由蝇类传播。霍乱弧菌见图6.3。

图6.3 霍乱弧菌

以上3种肠道传染病菌对于氯的抵抗力都不大。用一般的加氯消毒法都可除去。但有些病原菌，采用通常的消毒剂量难以杀死，如赤痢阿米巴对氯的抵抗力较强，需游离性余氯3～10mg/L左右，接触30min才能杀灭。但因其虫体较大，可在过滤时除去。杀死炭疽菌则需更多的氯量。目前，一般水厂的加氯量只能杀死肠道传染病菌。

除传染病菌外，还有一些借水传播的寄生虫病。例如，蛔虫、血吸虫等。防止其传播的重要措施是改善粪便管理工作，在用人粪施肥前，应经过曝晒或堆肥。在用城市生活污水灌溉前，应经过沉淀等处理，将多数虫卵除去。在水厂中经过砂滤和消毒，可将水中的寄生虫卵完全消除。对于分散的给水，应加强水源保护，以防止寄生虫卵的污染。

6.2 大肠菌群和生活饮用水的细菌标准

6.2.1 大肠菌群作为卫生指标的意义

从卫生角度看，天然水的细菌性污染主要是由于粪便污水的排入而引起的。也就是说，水中的病原菌很可能是肠道传染病菌。所以对生活饮用水进行卫生细菌学检验的目的，是为了保证水中不存在肠道传染病的病原菌。水中存在病原菌的可能性很小，而水中各种细菌的种类却很多，要排除一切细菌而单独检出某种病原菌来，在培养分离技术上较为复杂，需较多的人力和较长的时间。因此，一般不直接检验水中的病原菌，而是测定水中是否有肠道正常细菌的存在。若检出有肠道细菌，则表明水被粪便所污染，也说明有被病原菌污染的可能性。只有在特殊情况下，才直接检验水中的病原菌。

肠道正常细菌有3类：大肠菌群、肠球菌和产气荚膜杆菌。选作卫生指标的必须符合下列要求：①该细菌生理习性与肠道病原菌类似，因而它们在外界的生存时间基本一致；②该种细菌在粪便中的数量较多；③检验技术较简单。根据上述要求，长期以来选定了大肠菌群作为检验水的卫生指标，因为大肠菌群（如大肠杆菌，见表6.1）的生理习性与伤寒杆菌、副伤寒杆菌和痢疾杆菌等病原菌的生理特性较为相似，在外界生存时间也与上述病原菌基本一致。而肠球菌的抵抗力弱，生存时间比病原菌短，水中若未检出肠球菌，也不能说明未受粪便污染。产气荚膜杆菌因为有芽孢，能在自然环境中长期生存，它的存在不足以说明水是最近被粪便污染的。大肠菌群在人的粪便中数量很大，健康人每克粪便中平均含5000万个以上；每毫升生活污水中含有大肠菌群3万个以上。检验大肠菌群的技术并不复杂。根据上述理由将大肠菌群作为水的卫生细菌学检验指标的确是比较合理的。

表6.1 大肠菌群及某些病原菌在各种水体中生存时间 单位：d

水体	大肠杆菌	伤寒杆菌	甲型副伤寒杆菌	乙型副伤寒杆菌	痢疾杆菌	霍乱弧菌
灭菌水	8～365	6～365	22～5	39～167	2～72	3～392
污染水		2～42		2～42	2～4	0.2～213
自来水	22～62	2～93		27～37	15～27	4～28
河水	21～183	4～183			12～92	0.5～92
井水		1.5～107				1～92

6.2.2 大肠菌群的形态和生理特性

大肠菌群一般包括大肠埃希氏杆菌（Escherichia coli，简写 E. coli）、产气杆菌（Aerobacteraerogenes）、枸橼酸盐杆菌（Coli citrovorum）和副大肠杆菌（Paracoli）。

大肠埃希氏杆菌有时也称为普通大肠杆菌或大肠杆菌。它是人和温血动物肠道中的正常的寄生细菌。一般情况下大肠杆菌不会使人致病，在个别情况下，发现此菌能战胜人体的防卫机制而产生毒血症、腹膜炎、膀胱炎及其他感染。从土壤或冷血动物肠道中分离出来的大肠菌群大多是枸橼酸盐杆菌和产气杆菌，也常发现副大肠杆菌。副大肠杆菌也常在痢疾或伤寒病人粪便中出现。因此，如水中含有副大肠杆菌，可认为受到病人粪便的污染。

大肠埃希氏杆菌是好氧及兼性的，革兰氏染色阴性，无芽孢。大小约（0.5～0.8）μm×（2.0～3.0）μm，两端钝圆的杆菌，生长温度 10～46℃，适宜温度 37℃，生长 pH 值范围为 4.5～9.0，适宜的 pH 值为中性，能分解葡萄糖、甘露醇、乳糖等多种碳水化合物，并产酸产气，所产生的 CO_2 和 H_2 之比为 1∶1，即 $CO_2/H_2=1$，而产气杆菌的 $CO_2/H_2=2$。大肠菌群中各类细菌的生理习性都相似，只是副大肠杆菌分解乳糖缓慢，甚至不能分解乳糖。并且它们在品红亚硫酸钠固体培养基（远藤培养基）上所形成的菌落不同。大肠埃希杆菌菌落呈紫红色带金属光泽。直径约 2～3mm；枸橼酸盐杆菌菌落呈紫红或深红色；产气杆菌菌落是淡红色，中心较深，直径较大，一般约 4～6mm；副大肠杆菌的菌落则无色透明。

目前国际上检验水中大肠菌群的方法不完全相同。有的国家用葡萄糖或甘露醇作发酵试验，在 43～45℃的温度下培养。在此温度下，冷血动物和水、土壤中的枸橼盐杆菌和产气杆菌多不能生长，培养分离出来的是寄生在人和温血动物体内的大肠菌群。

因为副大肠杆菌分解乳糖缓慢或不能分解乳糖，所以检验副大肠杆菌时采用葡萄糖或甘露醇而不用乳糖作培养基。而且在 43～45℃下培养出来的副大肠杆菌，常可代表肠道传染病细菌的污染。

还有的国家检验水中大肠菌群时，不考虑副大肠杆菌。因为人类粪便中存在着大量大肠埃希氏杆菌，在水中检出大肠埃希氏杆菌，他们认为就足以说明此水已受到粪便的污染，这样就可采用乳糖作培养基。由于大肠埃希氏杆菌的适宜温度是 37℃，所以培养温度也不采用 43℃而采用 37℃，这样可顺利地检验出寄生于人体内的大肠埃希氏杆菌和产气杆菌。生产实践表明，这种检验方法一般可保证饮用水水质的安全可靠。

6.2.3 生活饮用水细菌卫生标准

我国 2001 年颁布的［（2001）161 号文件］《生活饮用水卫生规范》，对生活饮用水的细菌学标准的具体规定如下：

（1）细菌总数 1mL 水中不超过 100cfu（colony-forming unit）。

（2）总大肠菌群每 100mL 水样中不得检出。

（3）粪大肠菌群每 100mL 水样中不得检出。

（4）若只经过加氯消毒即供作生活饮用水的水源水，每 100mL 水样中总大肠菌群 MPF（最可能数）值不应超过 200；经过净化处理及加氯消毒后供作生活饮用的水源水，每 100mL 水样中总大肠菌群 MPF 值不应超过 2000。

6.3 水的卫生细菌学检验

6.3.1 细菌总数的测定

将定量水样接种于营养琼脂培养基中，在37℃温度下培养24h后，数出生长的细菌菌落数，然后根据接种的水样数量即可算出每毫升水中所含的菌数。

在37℃营养琼脂培养基中能生长的细菌代表在人体温度下能繁殖的腐生细菌，细菌总数越大，说明水被污染得也愈严重。因此这项测定有一定的卫生意义，但其重要性不如大肠菌群。对于检查水厂中各个处理设备的处理效率，细菌总数的测定则有一定的实用意义，因为如果设备的运转稍有失误，立刻就会影响到水中细菌的数量。

6.3.2 大肠菌群的测定

常用的检验大肠菌群的方法有两种：发酵法和滤膜法。

6.3.2.1 发酵法

发酵法是测定大肠菌群的基本方法，此法分以下三个步骤进行。

1. 初步发酵试验

本试验是将水样置于糖类液体培养基中，在一定温度下，经一定时间培养后，观察有无酸和气体产生，即有无发酵现象，从而初步确定有无大肠菌群存在。如采用含有葡萄糖或甘露醇的培养基，则包括副大肠杆菌；如不考虑副大肠杆菌，则用乳糖培养基。由于水中除大肠菌群外，还可能存在其他发酵糖类物质的细菌，所以培养后如发现产生气体和酸并不一定能肯定水中含有大肠菌群，还需根据这类细菌的其他特性进行进一步检验。水中能使糖类发酵的细菌除大肠菌群外，最常见的有各种厌氧和兼性的芽孢杆菌。在被粪便严重污染的水中这类细菌的数量比大肠菌群的数量要少得多。在此情形下，本阶段的发酵一般即可被认为有大肠菌群存在。在比较清洁的或加氯的水中，由于芽孢的抵抗力较大，其数量可能相对地比较多，所以本试验即使产酸产气，还不能肯定是由于大肠菌群引起的，必须继续进行试验。

2. 平板分离

这一阶段的检验主要是根据大肠菌群在特殊固体培养基上可以在空气中形成典型菌落、革兰氏染色阴性和不生芽孢的特性来进行的。在此阶段，可先将上一试验产酸产气的菌种移植于品红亚硫酸钠培养基（远藤氏培养基）或伊红美蓝培养基表面。这一步可以阻止厌氧芽孢杆菌的生长，上述培养基所含染料物质也有抑制许多其他细菌生长繁殖的作用。经过培养，如果出现典型的大肠菌群菌落，则可认为有此类细菌存在。但为了作进一步的肯定，应进行革兰氏染色检验。由于芽孢杆菌经革兰氏染色后一般呈阳性，所以根据染色结果，又可将大肠菌群与好氧芽孢杆菌区别开来。如果革兰氏染色检验发现有阴性无芽孢杆菌存在，则为了更进一步的验证，可作复发酵试验。

3. 复发酵试验

本试验是将可疑的菌落再移植于糖类培养基中，观察其是否产酸产气，以便最后确认有无大肠菌群存在。

采用发酵法进行大肠菌群定量计数，常采取多管发酵法，如用10个小发酵管

(10mL) 和 2 个大发酵管（或发酵瓶，100mL）。根据肯定有大肠菌群存在的发酵试验中发酵管或发酵瓶数目及试验所用的水样量，即可利用数理统计原理，算出每升水样中大肠菌群的最可能数目（MPN），下面是计算的近似公式：

$$MPN(\text{个}/\text{L}) = \frac{1000 \times \text{得阳性结果的发酵管(瓶)的数目}}{\sqrt{(\text{得阴性结果的水样体积,mL})(\text{全部水样体积,mL})}}$$

【例题】 今用 300mL 水样进行初步发酵试验，其中 100mL 的水样两份，10mL 的水样十份。试验结果肯定在这一阶段试验中，100mL 的两份水样中都没有大肠菌群存在，在 10mL 的水样中有三份存在大肠菌群。计算大肠菌群的最可能数。

【解】

$$MPN = \frac{1000 \times 3}{\sqrt{270 \times 300}} = 10.6\ \text{个}/\text{L} \approx 11\ \text{个}/\text{L}$$

上列计算结果有专用图表可以查阅，见第九章实验。

6.3.2.2 滤膜法

用发酵法完成全部检验需 72h。为了缩短检验时间，可以采用滤膜法。用这种方法检验大肠菌群，有可能在 24h 左右完成。

滤膜法中用的滤膜通常是一种多孔性硝化纤维薄膜。圆形滤膜直径一般为 35mm，厚 0.1mm，滤膜中小孔的直径平均为 0.2μm。

滤膜法的主要步骤如下：

(1) 将滤膜装在滤器上（如图 6.4 所示），用抽滤法过滤定量水样，将细菌截留在滤膜表面。

(2) 将此滤膜的没有细菌的一面贴在品红亚硫酸钠培养基或伊红美蓝固体培养基上，以培育和获得单个菌落。根据典型菌落特性即可测得大肠菌群数。

(3) 为进一步确证，可将滤膜上符合大肠菌群菌落特征的菌落进行革兰氏染色、镜检。

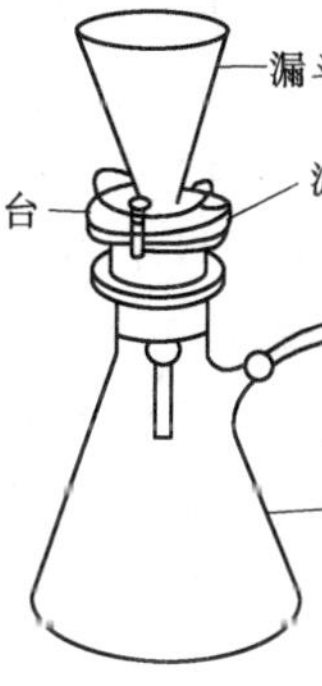

图 6.4 滤器

(4) 将革兰氏染色阴性无芽孢杆菌的菌落，接种到含糖培养基中，根据产气与否来判断有无大肠菌群存在。

(5) 根据滤膜上生长的大肠菌群菌落数和过滤的水样体积，即可算出每升水样中的大肠菌群数。

滤膜上生长的总大肠菌群菌落数的计算公式如下：

$$\text{总大肠菌群菌落数(cfu/100mL)} = \frac{\text{数出的总大肠菌群菌落数} \times 100}{\text{过滤的水样体积(mL)}}$$

滤膜法比发酵法的检验时间短，但仍不能及时指导生产。当发现水质有问题时，这种不符合标准的水已进入管网一段时间了。此外，当水样中悬浮物较多时，悬浮物会沉积在滤膜上，影响细菌的发育，使测定结果不准确。

为了保证给水水质符合卫生标准，有必要研究快速而准确的检验大肠菌群的方法，国外曾研究用示踪原子法，例如用同位素 C^{14} 的乳糖做培养基。可在 1h 内初步确定水中有无大肠杆菌。国外大型水厂还有使用电子显微镜直接观察大肠杆菌的。

目前以大肠菌群作为检验指标，只间接反映出生活饮用水被肠道病原菌污染的情况，而不能反映出水中是否有传染性病毒以及除肠道病原菌外的其他病原菌（如炭疽杆菌）。因此必须加强检验水中病原微生物的研究工作。

6.4 水中的病毒及检验

6.4.1 水中的病毒

由饮水传染的病毒性疾病现在已知的主要有脊髓灰质炎（小儿麻痹症）和病毒性肝炎。此外，柯萨奇病毒（Coxsackie virus）和埃可病毒（ECHO）也是肠道病毒。

6.4.1.1 脊髓灰质炎病毒（Polionelitis virus）

这种病毒是一种圆形的微小病毒，直径为8～30nm，属肠道病毒。脊髓灰质炎是一种急性传染病。染病后常发热和肢体疼痛，主要病变在神经系统，尤以脊髓灰质损害显著，部分病人可发生麻痹，严重者可留有瘫痪后遗症。此病多见于小儿，故又名小儿麻痹症。

感染者的鼻咽分泌物及粪便内均可排出此病毒。食物和水有可能被粪便污染，所以经口摄入是主要的传播途径。如水源被污染了，可促成较大的流行。此病毒在人体外生活力很强，可在水中及粪便中存活数月，低温下可长期保存，但对高温及干燥较敏感。加热至60℃经紫外线照射均可在0.5～1h内灭活。各种氧化剂、2%碘酒、甲醛、升汞等都有一定的消毒作用。用0.3～0.5mg/L的余氯进行消毒，接触1h，可灭活此病毒。

6.4.1.2 肝炎病毒（Hepatitis virus）

病毒性肝炎一般可分为甲型肝炎（传染性肝炎或短潜伏期肝炎）和乙型肝炎（血清性肝炎或长潜伏期肝炎），两者病理变化和临床表现基本相同。主要临床症状有食欲减退、恶心、上腹（肝区）部不适、乏力等，部分病人有黄疸和发热，多数肝脏肿大，伴有肝功能损害。甲型肝炎病毒主要从粪便中排出体外，经口传染。水源或食物被污染后，可能引起爆发性流行。

肝炎病毒对一般化学消毒剂的抵抗力强，在干燥或冰冻环境下能生存数月至数年。用紫外线照射1h或煮沸30min以上可灭活。加氯消毒有一定的灭活作用。

6.4.1.3 其他肠道病毒

除脊髓灰质炎病毒和肝炎病毒外，肠道病毒还有柯萨奇病毒和埃可病毒。后两种病毒在世界上传播也极广，主要侵犯小儿。一般夏秋季易流行。两者都具有暂时寄居人类肠道的特点。病毒都较小，一般直径小于30nm，抵抗力较强，能抗乙醚、70%乙醇和5%煤酚皂液，但对氧化剂很敏感。

这两种病毒引起的临床表现复杂多变，同型病毒可引起不同的症候，而不同型的病毒又可引起相似的临床表现。一般症状有以下几种：无菌性脑膜炎、脑炎；急性心肌炎和心包炎；流行性胸痛；疱疹性咽峡炎；出疹性疾病；呼吸道感染；小儿腹泻等。

6.4.2 水中病毒的检验

使人致病的病毒都是动物性病毒，具有很强专性寄生性。检验这类病毒可采用组织培养法。所选择的组织细胞必须适宜于这类病毒的分离、生长和检验。目前在水质检验中使用的方法是"蚀斑检验法"。

蚀斑法大致的步骤如下：将猴子肾脏表皮剁碎，用 pH 值为 7.4～8.0 的胰蛋白酶溶液处理。胰蛋白酶能使肾表皮组织的胞间质发生解聚作用，因而使细胞彼此分离。用营养培养基洗这些分散悬浮的细胞。将细胞沉积在 40mm×110mm 的平边瓶（鲁氏瓶）的平面上，并形成一层连续的膜。将水样接种到这层膜上，再用营养琼脂覆盖。

水样中若有肠道病毒，病毒就会破坏组织细胞，增殖的病毒紧接着破坏邻近的细胞。在 24～48h 内，这种效果就可以用肉眼看清。病毒群体形成的斑点称为蚀斑。实验表明，蚀斑数和水样中病毒浓度间具有线性关系。根据接种的水样数，可求出病毒的浓度。

每升水中病毒蚀斑形成单位（Plaque-forming unit 简称 PFU）小于 1，饮用才安全。

6.5 水中微生物的去除

水中微生物的种类很多。影响人体健康的主要是病原微生物。影响天然水物理、化学性质的主要是藻类。要提供合格的生产和生活用水，必须去除水中微生物。

6.5.1 病原微生物的去除

通常把水中病原微生物的去除称为水的消毒。饮用水的消毒方法很多。把水煮沸就是家庭中常用的消毒方法。集中供水不能使用这种方法。自来水厂常用的消毒方法有：①加氯消毒；②臭氧消毒；③紫外线消毒；④超声波消毒。

6.5.1.1 加氯消毒

氯消毒经济有效，使用方便，应用历史悠久。但自 20 世纪 70 年代发现受污染水源经氯消毒后往往会产生一些有害健康的副产物后，人们便开始重视其他消毒剂或消毒方法的研究，例如，近年来对二氧化氯消毒的日益重视。但不能就此认为氯消毒会被淘汰。一方面，对于不受有机物污染的水源或在消毒前通过前处理把形成氯消毒副产物的前期物（如腐殖酸和富里酸等）预先除去，氯消毒仍然是安全、经济、有效的消毒方法；另一方面，除氯以外其他各种消毒剂的副产物以及残留于水中的消毒剂本身对人体健康的影响，仍需进行全面、深入的研究。所以，就目前情况而言，氯消毒仍是应用最广泛的一种消毒方法。

1. 氯消毒的原理

氯对微生物的作用效能，在很大程度上与氯的初始剂量、氯在水中的持续时间及水的 pH 值有关。氯主要用来氧化有机杂质和无机杂质。未澄清的水氯化时，可观察到氯的过量消耗。悬浮物把氯吸附在自己身上，而位于絮凝体中或悬浮物小块中的微生物不受氯的作用。在用氯消毒时，水中有机杂质被破坏，例如，腐殖质矿化、二价铁被氧化为三价铁、二价锰被氧化为四价锰、稳定的悬浮物由于保护胶体的被破坏而转化为不稳定的悬浮物等。有时氯化作用产生动植物有机体分解时所形成的强烈臭味的卤素衍生物。在氯化含酚和其他芳香族化合物废水所污染的水时，产生的气味特别稳定和令人不愉快。在含有酚的水中经过 1 ∶ 10000000 的稀释，仍然有气味存在。在加热时随着时间的延长气味不消失，且越来越浓。有时为破坏芳香族化合物，需增加氯的投放量。

氯化作用在水净化去除细小悬浮物中也起着重大的作用，从而有助于降低水的色度并为澄清和过滤创造了有利的条件。

加氯消毒可使用液氯，也可以使用漂白粉。水中加氯后，生成次氯酸（HClO）和次氯酸根（OCl^-）。

$$Cl_2 + H_2O \rightleftharpoons HClO + H^+ + Cl^- \tag{6.1}$$

$$HClO \rightleftharpoons H^+ + OCl^- \tag{6.2}$$

次氯酸是很弱的酸。它的离解作用与介质的活性反应有关。氯消毒作用的实质是氯和氯的化合物与微生物细胞有机物的相互作用所进行的氧化-还原过程。许多人认为，次氯酸和微生物酶起反应，从而破坏微生物细胞中的物质交换。在所有的含氯化合物中较为有效的药剂是次氯酸。

水中的 HClO 在不同的 pH 值下的离解作用（在 20℃情况下）如表 6.2 所示。

表 6.2　　pH 值对离解 HClO 的影响

pH 值	4	5	6	7	8	9	10	11
OCl^-/%	0.05	0.5	2.5	21.0	75.0	97.0	99.5	99.9
HClO/%	99.95	99.5	97.5	79.0	25.0	3.0	0.5	0.1

可见，pH 值越低，次氯酸含量越高。所以，用氯和含氯物质消毒水时，应在加入碱性药剂之前进行。

在往水中加入含氯物质时，含氯物质水解并形成次氯酸，例如：

$$2CaCl_2 + 2H_2O = CaCl_2 + Ca(OH)_2 + 2HClO$$

$$NaOCl + H_2CO_3 = NaHCO_3 + HClO$$

或

$$NaOCl + H_2O = NaOH + HClO$$

$$Ca(OCl)_2 + 2H_2O = Ca(OH)_2 + 2HClO$$

含氯盐比游离氯的水解速率慢，生成 HClO 的过程也较慢。

2. 二氧化氯消毒

二氧化氯消毒与氯消毒相比，具有一定的优越性。如在用二氧化氯处理含酚的水时，不出现氯酚味，因为 ClO_2 可直接氧化酚至醌和顺丁烯二酸。

二氧化氯可以用不同的方法得到，例如，盐酸和亚氯酸钠按以下流程作用，即

$$5NaClO_2 + 4HCl = 5NaCl + 4ClO_2 + 2H_2O$$

3. 氯胺消毒

氯化含酚杂质的河水时，为避免形成氯酚味和土腥味，采用氨化和氯化同时进行的方法。氨化是通过往水中加入氨或铵盐来实现的。在水中，氯和氨以以下方式形成氯胺：

$$NH_3 + Cl_2 = NH_2Cl + HCl$$

氯胺在水中逐渐分解并按下式形成 $NH_3 \cdot H_2O$ 和 HClO。

$$NH_2Cl + 2H_2O = NH_3 \cdot H_2O + HClO$$

氯胺的慢性水解导致 HClO 逐渐进入水中，保证了有效的杀菌效果。

在氯胺消毒时，先加入氨后加入氯，氯的剂量按 30min 后在水中的剩余氯不低于 0.3mg/L 和不高于 0.5mg/L 加入。具体剂量由试验确定。

理论上为了得到单氯胺，1mg 氨需要 5.07mg 的氯。实际上用 5～6mg 氯。

氯胺消毒过程的速度比游离氯低，所以水和氯胺接触的持续时间不得低于 2h。氯胺消毒时，氯的耗量与单一的氯消毒相同。但是，在消毒含有大量有机物的水时应该用氯胺，因为这时氯耗量会大大降低。

消毒水体所投加的氯量一般都以有效氯计算。有效氯是指氯化物中具有氧化能力的氯。氯化物中氯的化合价高于－1 价的氯化物都具有氧化能力，如 NaCl 中的 Cl 是－1 价，不能再接受电子，所以没有氧化能力，不具有有效氯。

漂白粉中的有效氯最多仅 35%左右。

氯消毒时，氯加入水中后，一部分被杂质消耗掉．剩余的部分称为余氯。我国生活饮用水卫生标准规定，加氯接触 30min 后，游离性余氯不应低于 0.3mg/L，集中式给水除水厂的出厂水应符合上述要求外，管网末梢水的游离性余氯不应低于 0.05mg/L。保留一定数量余氯的目的是为了保证自来水出厂后还具有持续的杀菌能力。0.05mg/L 余氯这个数字大致相当于 5 万个细菌重量的 1000 倍，所以即使每升水重新繁殖出 5 万个细菌，0.05mg/L 的余氯还足以杀死它们。上述规定只能保证杀死肠道传染病菌，即伤寒、霍乱和细菌性痢疾等几种病菌。一般说，当水的 pH 值为 7 左右时，杀死病毒所需的游离性余氯的量约为杀死一般细菌的 2～20 倍，其用量随病毒的种类而异，并与水温成反比。杀死赤痢阿米巴需游离性余氯 3～10mg/L 左右，接触时间 30min，而杀死炭疽杆菌可能需投加的氯更多，赤痢阿米巴的个体较大（可长达 10～50μm），一般不能通过砂滤池的砂层，故可在过滤中除去。

6.5.1.2 臭氧氧化消毒

臭氧是氧的同素异形体，通常是浅蓝色气态物质，液态时是暗蓝色，固态时几乎呈黑色。臭氧在任何聚集状态下受到冲击都会发生爆炸。在水中的溶解度比氧高。

利用臭氧对水进行消毒起始于 20 世纪初期，当时世界上最大的臭氧装置是 1911 年俄国圣彼得堡臭氧过滤站投产的，该装置每天可处理 50000m^3 的饮用水。目前在法国、美国、瑞士、意大利、加拿大以及其他许多国家，为了净化饮用水而建立了多处臭氧处理装置。我国的昆明、大庆、上海、杭州等地的自来水厂也开始使用这种技术，臭氧氧化的高工艺指标，使臭氧用于给水消毒具有广阔的前景。

1. *臭氧的消毒机理*

臭氧的杀菌作用与它的高氧化电位及容易通过微生物细胞膜扩散有关。臭氧氧化微生物细胞的有机物而使细胞致死。

由于高的氧化电位（2.067V），臭氧比氯（1.3V）具有更强的杀菌作用。臭氧对细胞的作用比氯快，它的消耗量也明显少。例如，在 0.45mg/L 臭氧作用下经过 2min 脊髓灰质炎病毒即死亡，如用氯剂量为 2mg/L 时，要经过 3h 才死亡。经研究确定，在 1mL 原水中含 274～325 个大肠杆菌，臭氧剂量为 1mg/L 时则可使大肠菌群数减少 86%，而剂量为 2mg/L 时则可完全消灭大肠杆菌。能形成孢子的细菌比不形成孢子的细菌对臭氧更为稳定。这些微生物对氯也是稳定的。对于水藻，0.5～1.0mg/L 足以使其死亡。臭氧剂量在 0.9～1.0mg/L 时软体动物门蚀贝科幼虫死亡 90%，在 3.0mg/L 时完全死亡。水蛭对臭氧是很敏感的，剂量为 1mg/L 时死亡。完全杀死水蚤、寡毛虫和轮虫所需要臭氧的剂量为2mg/L。对臭氧特别稳定的是摇蚊虫、水虱，他们在4mg/L的臭氧剂量下还不死。这些有机体对氯也是稳定的。

对于水的消毒，臭氧的剂量与水的污染程度有关，通常处于0.5～4.0mg/L之间。水的浊度越大，臭氧的消耗量越高。由于污染质的氧化和矿化，用臭氧消毒的同时使水的气味消失、色度降低和味道改善，例如，臭氧破坏腐殖质，变为二氧化碳和水。

水的臭氧氧化与氯化相比有一系列优点：

(1) 臭氧改善水的感官效能，不使水受附加的化学物的污染。

(2) 臭氧氧化不需要从已净化的水中去除过剩杀菌剂的附加工序，如在用氯时的脱氯作用，这样就允许采用偏大剂量的臭氧。

(3) 臭氧可就地制造，获得臭氧仅需要电能，且仅采用硅胶作为吸潮剂（为了干燥空气）。

2. 臭氧的获取和特点

氧气可按以下方式形成臭氧：

$$3O_2 \rightleftharpoons 2O_3 - 69\text{kcal}\ (288\text{kJ})$$

由上式可知臭氧的形成是吸热过程。因此，臭氧分子是不稳定的，可自发地分解。这些性质恰恰说明臭氧分子比氧分子有较高的活性。

在自然界打雷放电以及某些有机物氧化时生成臭氧。针叶树林中木焦油的氧化，被击岸的浪抛到海边的水藻的氧化，都可使空气中臭氧含量增加。

工业上，可在臭氧发生器中获得臭氧。空气经过净化和干燥，并通入到臭氧发生器中，在稳定压力下，受静放电的作用（无火花放电），形成的臭氧—空气混合物与水在专门的混合器中混合。在现代的装置中采用鼓泡或在喷射泵中混合。

但是，与大量消耗高频和高压电能相联系的制取臭氧的复杂性，妨碍了臭氧氧化法的广泛使用，而且，由于臭氧的高锈蚀活性也产生了许多问题。臭氧和其水溶液会破坏钢、铁、铜、橡胶和硬质橡胶。所以臭氧装置的所有零件和输送臭氧水溶液的水管，应由不锈钢和玻璃等制造。

含量高于10%的臭氧—空气混合物或臭氧—氧混合物有爆炸的危险。但是低浓度臭氧的同样混合物在几个大气压下，在加热时，在冲击下和在与微量有机污染物的反应中是稳定的。纯臭氧稳定性较差，即使受到很小的冲击，也会产生很大的爆炸力。随着温度的升高，臭氧分解加速。在干燥的空气中臭氧分解较慢，但在水中较快，在强碱液中最快，而在酸性介质中它是足够稳定的。试验研究表明，在1L蒸馏水中溶解2.5mg臭氧，经过45min能分解1.5mg。

臭氧在水中的溶解度，与所有气体一样与其在水面上的分压、水的温度有关。实践中，测定臭氧的溶解度常用同一温度下臭氧在空气相和液相间的分配系数（Rt）进行计算，计算如下。

$Rt=$（在t℃时溶解在1L水中O_3量）/（在t℃时空气中O_3量）。

知道分配系数，可以计算在平衡开始时臭氧在水中可能的溶解度。分配系数随温度而变化。

臭氧的溶解度和介质的酸碱度有关，酸性环境中，臭氧的溶解度增大，而碱性环境下臭氧的溶解度降低。因此，臭氧消毒时，应考虑介质的酸碱性，反应应在接近中性的条件下进行。

6.5.1.3　紫外线消毒

紫外线对细菌的繁殖体、孢子、原生动物以及病毒都具有致死作用。波长为 200～295nm 的射线（紫外线的这个区域称为杀菌区），对细菌具有很强的杀灭作用。紫外线的杀菌作用被解释为紫外线影响微生物细胞酶和原生质，从而导致细胞死亡。

1. 细菌对紫外线作用的抗性

采用紫外线消毒时，细菌对紫外线作用的抗性具有重要意义，不同种类的细菌对紫外线的抗性是不一样的。能终止细菌的生命活动，达到规定的消毒程度所必须的杀菌剂量，是抗性的基准。

在所有被照射的热—伤寒类的细菌中，大肠杆菌具有最大的抗性。在 5s 照射下，大肠杆菌都不能全部死亡。因此，大肠杆菌可以作为被不形成孢子病菌污染的水的处理效果指标。当对含有稳定的孢子形成菌（例如炭疽杆菌）的水进行消毒时，对紫外线照射最不敏感的孢子形成菌的抗性是确定照射剂量的标准。

杀菌程度以单位体积中最终的细菌数 N 与初始的细菌数 N_0 之比来计算。

照射后残存的细菌数量（个/mL），可按下式计算。

$$N = N_0 \times 10^{-Et/D}$$

式中　N_0——杀菌前的细菌数；

E——杀菌紫外线的照度，W/m^2；

t——照射时间，s；

D——把细菌减少到 1/10，单位面积所需杀菌线的能量，J/m。

微生物对紫外线的反应随微生物的种类、环境条件的不同而不同，一般用 D 值表示。在表 6.3 中列出了几种有代表性的微生物的 D 值。一般真菌的 D 值比细菌的大（对真菌，杀菌线要强些），即使细菌相同，水中的 D 值也要比干燥状态下的大。

表 6.3　　**各种微生物的 D 值**

微生物名称	D 值（J/m^2）	微生物名称	D 值（J/m^2）
病毒（空气中）	7.5	结核菌	100
肠伤寒菌	21.4	杆菌属（芽孢杆菌属）	403
大肠杆菌（培养基上）	36.0	青菌	130～440
大肠杆菌（水中）*	60.0	酵母菌	440～1320
破伤风菌	49.0	藻类	3600～6000

注　条件：20℃，RH（相对湿度）=35%（*除外）。

2. 紫外线的杀菌剂量

从生理学的观点分析，紫外线分为三种剂量：①不导致细菌死亡的剂量；②导致该种类细菌大部分致死的最小杀菌剂量；③导致该种类细菌全部致死的全剂量。

紫外线的最小杀菌剂量，刺激一些在无类似照射下处于静止状态的细菌个体的生长和繁殖，更长时间的照射使细菌死亡。例如，在研究热—伤寒类的菌种时发现，紫外线照射

0.017～0.17s，可引起菌落数的增加，（$N/N_0>1$），在个别情况下达到1.6倍。当照射持续0.25～0.83s时，相对的菌落数减少（$N/N_0<1$），在某些情况下减少至原来到20%～30%。对消毒对象进行5s照射，某些种类的细菌完全死亡。由石英和透紫外线玻璃制成的水银灯可作为紫外线的照射源。电流作用下，水银发出含紫外线丰富的淡绿—白光。同样，也可采用高压（532～1064kPa）水银石英灯和低压氩—水银灯（4～5.3kPa）。高压灯的杀菌效果相对较小，但其功率较大（1000W），低压灯杀菌效果较大，比高压灯约大1倍，但其功率不超过30W，只能用于较小的装置。

地表水源水采用紫外线消毒时，既不会改变水的物理性质，也不改变其化学性质。其主要的不足之处是价格高，并且无持续杀菌能力，水源水可能受到污染。

6.5.1.4 超声波消毒

振动频率大于20kHz以上的，超出了人耳听觉的上限（20000Hz）的声波叫做超声波。

1. 超声波的获得

目前主要利用压电效应产生超声波。

某些固体物质，在压力（或拉力）的作用下产生变形，从而使物质本身极化，在物体相对的表面出现正、负束缚电荷，这一效应称为压电效应。

现用的超声波发生器大都是根据压电效应的原理制造的，即将压电晶体（如石英）置于交变的电场中，并使电场方向和晶体的压电轴方向一致，压电晶体此时就沿一定的方向发生强烈的压缩和拉伸，这种振动加于弹性介质时，后者发生交替的压缩与伸张，从而产生纵波。如果外加的交变电场频率在20kHz以上，则这种纵波就是超声波。

2. 超声波的消毒原理

超声波的杀菌作用与超声产生穴蚀作用有关。由于超声波在水中处理对象的周围形成由极小的气泡组成的空穴，这种空穴使处理对象与周围介质隔离，并产生相当于几千个大气压的压力，液体的物理状态和超声波频率一起发生激烈变化，从而对超声场内的物质起破坏作用。在超声波作用下，可以引起原生动物和微生物死亡。破坏的效果取决于超声波的强度和处理对象的生理特性。

人们推测，细菌的死亡是在超声造成环境改变后，细胞在机械破坏下死亡的，主要是由于引起原生质蛋白物质的分解而使细胞功能的破坏。水蛭、纤毛虫、剑水蚤、吸虫和其他有机体对超声波特别敏感。事实证明，超声波很容易杀死那些能够给饮用水和工业用水带来极大危害的大型有机体，如用肉眼可见到的昆虫（毛翅类、摇蚊、蜉蝣）的幼虫、寡毛虫、某些线虫、海绵、苔藓动物，软体动物的饰贝、水蛭等。这些有机体中的许多种类栖息在给水站的净化构筑物中，在有利条件下繁殖和占据很大空间。同时，在超声波作用下，也能使海洋水生物区系的动、植物死亡。

试验结果表明，在薄水层中用超声波灭菌，1～2min内就可使95%的大肠杆菌死亡。同时，超声波对痢疾杆菌、斑疹伤寒菌、病毒及其他微生物也有良好作用，而且，已应用到牛奶灭菌中。

6.5.1.5 饮用水的加热消毒

把水煮开是最古老的消毒法。这种方法仅限于净化小量的水，如用于食堂、医疗、行政机关等饮用水的消毒。加热法通过一次煮沸，并不能从水中去除微生物的孢子，因此，从可疑水源来的水一般不能用煮沸的方法进行消毒。

6.5.2 藻类的去除

除病原微生物之外，其他微生物对于水质的影响主要表现在物理性质方面。当它们大量繁殖时会使水发生浑浊、呈现颜色或发出不良气味，因而影响工业和生活上的应用。这类微生物包括藻类、原生动物等，其中以藻类更为重要，这是因为一般天然水所含有机物较少，往往不适于异养微生物的繁殖，但却含有足量的无机养料，可供自养型的藻类很好地利用。一般说，当藻类或较高等的植物生长较好，能提供足够的有机养料时，异养型的生物才能比较旺盛地繁殖起来。因此，对于天然水来说，病原微生物以外的各种微生物的控制主要是消除藻类。

藻类问题主要发生于水库、湖泊中，因为在这些水体中的水速小，有利于藻类的繁殖。杀藻常用的药剂有硫酸铜和漂白粉（氯）。对水库、湖泊投加时，可把药剂放在布袋中，系在船尾上，浸泡在水里，然后在水中按一定路线航行。投加的药量随藻类的种类和数量以及其他有关条件而定，表 6.4 及表 6.5 所列数字可以参考。一般说，硫酸铜效果好，药效长，每升水中投加 0.3～0.5mg，在几天之内就能杀死大多数产生气味的藻类植物，但往往不能消除死藻放出的致臭物质。漂白粉或者氯能去除这种致臭物质，但投药量要多些，如 0.5～1mg。应当注意，加氯不应过多，否则反而又会增加水的气味。药剂的正确用量可由试验确定。硫酸铜和氯也被用来防止水管和取水构筑物内某些较大生物如饰贝等软体动物的孳生。

表 6.4　　几种致臭微生物和杀藻（虫）剂用量

微生物		臭味	杀藻（虫）剂用量（mg/L）	
			硫酸铜	氯
蓝藻	鱼腥藻（Anabaena）	鱼腥、霉、草、猪圈	0.12～0.5	0.5～1.0
	颤藻（Aphanizomenon）	草、猪圈	0.12～0.5	0.5～1.0
	腔球藻（Coeeosphaerium）	甜草香	0.2～0.33	0.5～1.0
	囊胞藻（Clathrocystis）	草、猪圈	0.1～0.25	0.5～1.0
绿藻	空球藻（Eudorina）	鱼腥	2.0～10.0	
	实球藻（Pandorina）	鱼腥	2.0～10.0	
	团藻（Vol）	鱼腥	0.25	0.3～1.0
	网球藻	草、鱼腥	—	0.5～1.0
硅藻	旋腥硅藻	芳香、天竺葵、鱼腥	0.12～0.2	0.5～1.0
	隔板硅藻	芳香、天竺葵、鱼腥	0.12～0.5	0.5～1.0
	扇形硅藻	芳香	—	—
	斜杆硅藻	土香	0.36～0.5	1.0
	小环硅藻	微香	—	1.0
金藻	黄群藻	南瓜、甜瓜、鱼腥（有苦味）	0.12～0.25	0.3～1.0
	辐尾藻	鱼腥（有鱼肝油味）	0.05～0.20	0.3～1.0

续表

微 生 物		臭 味	杀藻（虫）剂用量（mg/L）	
			硫酸铜	氯
原生动物	隐滴虫	紫罗兰	0.5	—
	刺滴虫	芳香、紫罗兰、鱼腥	0.5	—
	袋形虫	沼泽、鱼腥	—	—
其他	铁细菌	药香（加氯后）	—	0.5
	球衣细菌		0.33～0.5	0.5

表 6.5　藻种和藻量与杀藻剂用量和效果的关系

藻类	数量（标准面积单位/mL）	氯（mg/L）		功 效	
		用量	余量	杀藻	去臭
黄群藻	125	0.3	0.05～0.1	成功	成功
	50～100	0.5～0.7	0.2	成功	成功
	200	0.7～0.9	0.3	成功	成功
辐尾藻	2000	0.5	0.1	成功	成功
	6000	0.5	0.1	成功	失败
钟罩藻	500	0.5	0.1	成功	成功
星杆藻	1350	0.7	0.2	50%	失败
颤藻	1500	0.7～0.8	0.2～0.25	50%	失败

如水源水中存在着由于死藻而产生的致臭物质，则可在水厂的一级泵房投加一定量（如 1～2mg/L）的氯，以消除臭味。

对于鱼类，硫酸铜也有毒性，其致命剂量随鱼的种类而异，约为 0.15～2.0mg/L（见表 6.6）。这个数字在灭藻所需剂量范围的附近，但由于计算加药量时一般是根据水库、湖泊上层水（距水面 1.5～3mg 的深度范围）容积计算的而非总容积。因此，鱼类可以在施加药剂时躲藏到药量不太多的水体部分。有时在灭藻以后，也会发现水中鱼类大量死亡，这往往是由于死藻的分解，耗尽了水中的溶解氧所致。对于用水者来说，水中硫酸铜高达 12mg/L 时，尚不致发生铜中毒。

表 6.6　对鱼类安全的硫酸铜用量　　单位：mg/L

鱼 类	安 全 量	鱼 类	安 全 量
鳟鱼	0.14	金鱼	0.50
鲤鱼	0.33	鲈鱼	0.67
鲫鱼	0.33	翻车鱼	1.35
鲶鱼	0.40	石膏鱼	2.00
梭子鱼	0.40		

6.6 饮用水生物预处理技术简介

由于水源污染的加剧，常规水处理技术很难生产出合格的饮用水，其他物理化学方法又存在这样那样的局限性，所以近年来，生物预处理技术的应用越来越受到人们的关注。

生物预处理是指在常规净水工艺之前增设生物处理工艺，利用废水生物处理方法中的生物膜法，借助于微生物群体的新陈代谢活动，对水中的有机污染物，氨氮、亚硝酸盐及铁、镉等无机污染物进行初步去除，这样既改善了水的混凝沉淀性能，使后续的常规处理更好的发挥作用，也减轻了常规处理和后续深度处理过程的负荷，延长过滤或活性炭吸附等物化处理工艺的使用周期和使用容量，最大可能的发挥水处理工艺整体作用，降低水处理费用。

目前饮用水生物预处理技术在欧洲较普及，美国和日本等国家也开展了相关研究，并取得了一定的成果。

生物膜法是使细菌等微生物和原生动物、后生动物等微型动物附着在滤料或某些载体上生长繁殖，并在其上形成膜状——生物膜，水与生物膜接触，水中的有机污染物作为营养物质被微生物摄取，水得到净化，微生物自身得到繁殖。

水处理中各种生物膜工艺可分为下列几种类型：生物过滤反应器、生物转盘反应器、生物流化床及在水源地通过堤岸、沙丘等渗透的土地处理系统。

6.6.1 生物过滤反应器

6.6.1.1 滴滤池

滴滤池是生物滤池早期的类型，由池体、滤床、布水装置和排水装置4个部分组成（如图6.5所示）。

普通生物滤池大多呈方形或矩形，滤床采用碎石、卵石等滤料，生物膜生长在这些滤料上。进水通过布水装置均匀的洒在滤床上，经滤床处理过的水汇集在滤床底部，通过二沉池排出。滴滤池具有运行费用低、处理效果稳定、易于管理、节约能源、受外界环境变化的影响较小的特点，出水在有机物、嗅味、氨氮、铁、锰、细菌、浊度等方面均有不同程度的降低，使后续常规工艺的混凝剂耗量与消毒用耗氯量减少。由于受到支撑排水系统所能承受的重力限制，滴滤池的滤层高度一般为1～2m，滤料的比表面积（物体的表面积与体积之比称为比表面积）约为$40m^{-1}$。

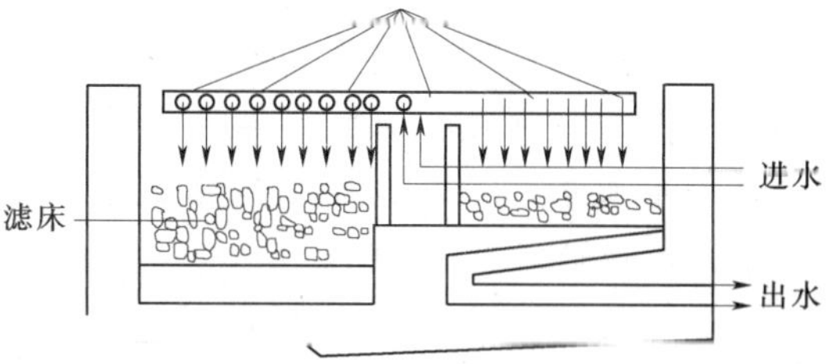

图6.5 普通生物滤池的基本结构

6.6.1.2 塔式生物滤池

20世纪70年代末，在新的设计中开始用塑料滤料取代砾石滤料。塑料滤料的密度很小，因此滤层高度可以增高到12m。塑料滤料还具有很大的空隙率（为95%，而砾石为40%）和比表面积（$200m^{-1}$）。这种滤池一般称为塔式生物滤池（见图6.6）。塔式滤池的主要优点是负荷高、产水量大、占地面积小、对水量水质突然变化的适应性强，其主要缺

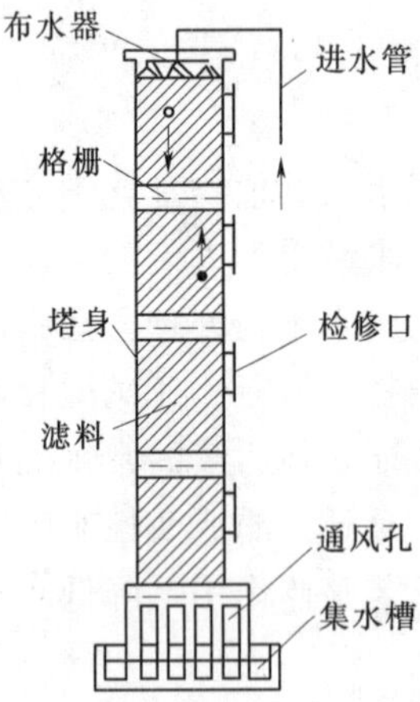

图 6.6　塔式生物滤池的构造

点是动力消耗大，运行管理较为不便。

上海自来水公司和同济大学用生物塔滤作预处理，结合常规净水工艺，对黄埔江水进行生产性规模的处理研究，塔滤池面积 3.6m×3.6m，滤料高度为 6m，所选用滤料为立波——Ⅲ型波纹板，处理规模 3700m^3/d，研究结果表明生物塔滤对 TOC 的去除效果为 22%～36%，对 COD_{Mn} 的去除效果为 5%～20%，对三卤甲烷、四氯化碳的去除率分别达到 55%～78%和 85%～96%，铁和锰的去除效果达到 36%～58%和 33%～64%。去除氨氮的效果为 40%～80%，且受温度影响较大，水温较高时（23～24℃），氨氮去除达 80%以上，但当水温为 5～6.5℃时，仅有 40%～60%的处理效果。生物塔滤对浊度和色度的控制并不理想，只有 25%～30%和 8%～10%的去除效果。研究者认为生物塔滤作为污染水源的预处理工艺，40%～80%能有效地降解去除大部分污染物，但要得到安全水质，还必须有合适的后续处理。针对黄埔江水源，推荐的最佳工艺流程为：原水→生物塔滤→混凝沉淀→过滤→活性炭吸附→氯化消毒。

6.6.2　生物转盘反应器

生物转盘由固定在一根轴上的许多间距很小的圆盘或多角形盘片组成。盘片可用聚氯乙烯、聚乙烯、玻璃钢等材料制成（见图 6.7）。盘片上附着有生物膜，盘片在水槽中不停的旋转，导致液体在槽中不停的循环和充氧曝气。更重要的是当转盘转到水面上时，生物膜和它附着的水层暴露于有氧的环境中，直接从空气中吸收氧，并将其传递到液体中，使水中的溶解氧含量达到一定的浓度，甚至饱和。生物转盘在污水处理中早被广泛采用，目前在给水处理中尤其是水源水污染较为严重的水处理过程中逐渐被研究者所采用。

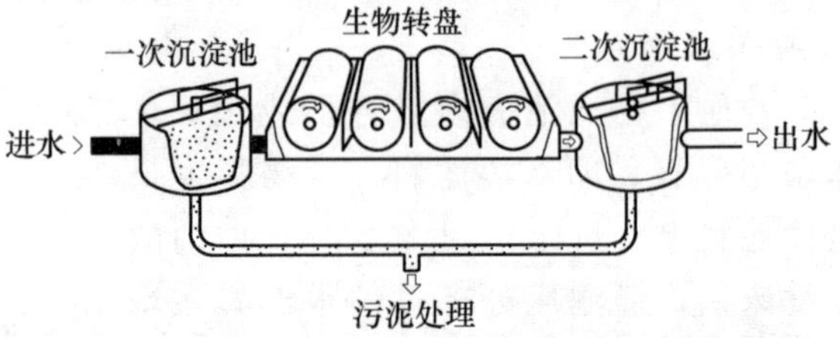

图 6.7　生物转盘工艺流程

生物转盘的优点是微生物能直接从大气中吸收氧气，使生化过程更有利的进行；不会出现生物滤池中滤料堵塞的情况；运转费用较低。不足之处是构筑物建筑面积较大，塑料盘片的价格较贵。

我国台湾省曹飞等人用生物转盘预处理法改善受污染水水质，研究结果表明在适宜水质负荷下对氨氮、BOD_5、COD_{Cr}，及浊度的去除率分别为 89%、68.5%、80.6%和 61.7%，水力负荷增加，则去除率下降。

6.6.3　生物流化床反应器

流化床是在反应器内装入砂、无烟煤或活性炭作为载体，水流以一定的速度自下而上流动，使载体处于悬浮流动状态。载体表面生长着一层生物膜。载体粒径较小，当粒径小于 1mm 时，其比表面积较普通生物滤池填料的比表面积大 50 倍。

流化床反应器的最普通形式为两相系统［见图 6.8（*a*）］。出水回流有两个目的：首先，控制上流速度，保证适当的流化程度，使其不受进水流速的影响，因进水流速有可能变化，若太低则不利于流化。其次，氧通过回流路线上的充氧设备传递进入反应系统。

流化床反应器的替代形式是三相系统，如图 6.8（*b*）所示。三相流系统中，通常通过出水回流来控制床层的膨胀，氧由直接在流化床内曝气供给。在流化床内，气、液、固三相混合，空气起到扬水器的作用，混合液上升，三相混合物充分接触。生物流化床的应用，解决了固定填料床中常出现的堵塞问题，但是保持流化状态消耗的动力费用较高，并且维护管理较复杂。

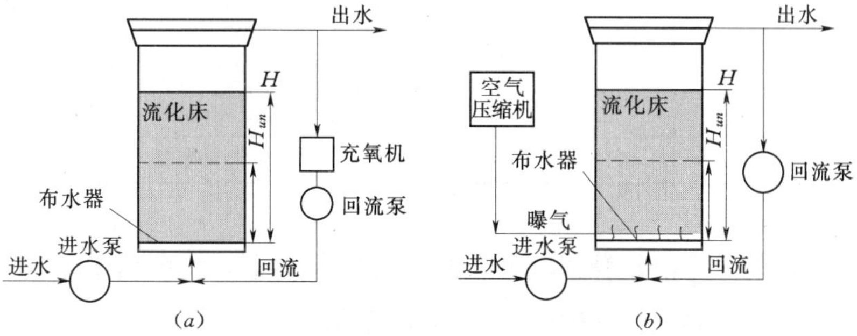

图 6.8 生物流化床反应器

（*a*）两相流系统；（*b*）三相流系统

表 6.7 是国内外利用流化床生物预处理水源水的结果。

表 6.7 生物流化床预处理效果

试验规模	地点	进水污染物浓度（mg/L）	去除率（%）
中试	Medmenham（英国）	TOC3.7	5.4
中试	Medmenham（英国）	BOD52.8	29
中试	Colwick（英国）	TOC10	10
中试	（中国）	BOD55～10	27～48
		COD_{Cr}20～40	24～31
		COD_{Mn}10～20	10～28
		TOC20～30	12～22
中试	Medmenham（英国）	氨氮≤2.0～2.5	≈100
中试	Tewkesbury（英国）	氨氮≤0.83	100
中试	Mulheim（德国）	氨氮 1～2	80
中试	（中国）	TKN2～4	19～80

6.6.4 土地处理系统

利用堤岸过滤或沙丘渗透等系统进行预处理已有 70 多年历史，土壤中生长的大量微生物对水质的污染控制具有良好的作用。经验证明，土地生物处理系统对有机化合物尤其是有机氯及氨氮具有较好的去除效果。表 6.8 是国外土地处理系统对水质的处理效果。

表 6.8　　土地处理系统对水质的处理效果

工　艺	试验地点	进水污染物浓度	去除率（%）
土壤渗透（生产性）	Garonne（法国）	TOC2.3～2.9mg/L	60～70
臭氧—土壤渗透（生产性）	Karlsrhe（德国）	COD2.5～4.5mg/L	40～65
臭氧—堤岸过滤（生产性）	Rhine（德国）	TOC5～7mg/L	75
沙丘渗透（生产性）	Castricum（荷兰）	COD13～17ug/L	84～87
沙丘渗透（生产性）	Amsterdam（荷兰）	有机氮 19ug/L	92～94
堤岸过滤（生产性）	Rhine（德国）	TVOCL41ug/L	55
		TNVOCL113ug/L	70
土壤渗透（生产性）	Garonne（法国）	氨氮 1.45mg/L	100
堤岸过滤（生产性）	Rhine（德国）	氨氮 0.34mg/L	89

6.7 固定化生物活性炭技术在饮用水深度处理中的应用简介

深度处理通常是指在常规水处理工艺后，采用适当的处理方法，将常规处理工艺不能有效去除的污染物或消毒副产物进行去除，保证饮用水水质。应用比较广泛的深度处理技术有：活性炭吸附、臭氧氧化、生物活性炭、膜技术等，本节主要介绍的是生物活性炭技术。

微生物固定化技术是指通过化学或物理方法，将微生物限定在一定的空间内，保证一定的催化活性，使之可以反复连续使用的一项生物工程技术。

目前常用的微生物固定化方法有：吸附法、包埋法、交联法和截留法。

常用的固定化载体有各种无机吸附材料和有机高分子材料。无机吸附材料有：玻璃、陶瓷、含水的金属氧化物及硅藻土等。有机吸附材料包括聚多糖如纤维素、琼脂糖；蛋白质如明胶；碳材料如无烟煤等天然载体和活性炭、塑料等合成载体。

6.7.1 活性炭吸附

活性炭是用含碳物作原料经高温脱水炭化和活化而制成的多孔的疏水性吸附剂，其比表面积大，吸附能力强，吸附容量大。

普通活性炭的有效吸附范围是分子大小为 10～100nm 的有机物。低分子化合物及腐殖质难以吸附。若有机物分子大小相同，则芳香族化合物比脂肪族化合物易于吸附，支链化合物比直链化合物易于吸附。活性炭能有效吸附的有机物包括：①芳香族化合物（苯、甲苯、二甲苯）；②多环芳香族化合物（奈、联苯）；③氯化芳香族化合物（氯苯、艾氏剂、DOT）；④酚类化合物（氯酚、甲酚、间苯二酚）；⑤脂肪胺类（苯胺、甲苯二胺）；⑥酮、酯、醚、醇类；⑦表面活性剂（ABS、LAS）；⑧有机染料（甲基蓝）；⑨燃油（汽油、石油、煤）；⑩脂肪酸类和芳香族类（焦油、苯酸）。

6.7.2 生物活性炭技术

活性炭对污染物的吸附效果良好，但是其使用寿命有限，限制了活性炭的应用。解决这个问题的有效措施是活性炭的再生。生物活性炭（Biological Activated Carbon BAC）技术可以很好的解决这一问题。生物活性炭是指在活性炭吸附的基础上，利用活性炭层中微生物对有机物的分解作用，使活性炭具有持久吸附功能的方式。在生物活性炭上，微生物的降解作用使活性炭吸附的有机物被降解，该部分吸附位重新空置，从而长时间保持了活性炭的吸附能力。

6.7.3 固定化生物活性炭

在水中，微生物可以自然挂膜，但是自然形成的生物活性炭上的生物膜易将活性炭表面的细孔堵塞，内部的细孔不能被利用，影响了活性炭对有机污染物的物理吸附作用，活性炭只起到载体的作用。

固定化生物活性炭（Immobile Biological Activated CarbonI BAC）是通过人为控制使细菌在活性炭上不连续分布，活性炭表面不被堵塞，通过活性炭的物理吸附和工程菌的生物降解作用去除水中的有机物。这里的工程菌是经过针对性筛选和驯化的、高活性的微生物。

使活性炭形成固定化生物活性炭的关键是活性炭与工程菌的结合，通过研究，采用循环物理吸附法，充分发挥活性炭的物理吸附作用，将水中的微生物与活性炭结合到一起。

形成固定化生物活性炭，可以选择在含菌水循环流动的过程中使工程菌固定于活性炭上的固定方法。用扩大培养后的工程菌液以活性炭作为载体，采用间歇式循环物理吸附法进行工程菌的固定，即菌液投入活性炭柱后，循环 2h，停止 2h，然后重复这一过程。两天后，将菌液放空，这时的活性炭经人工固定化已形成固定化生物活性炭。间歇式循环物理吸附法如图 6.9 所示。

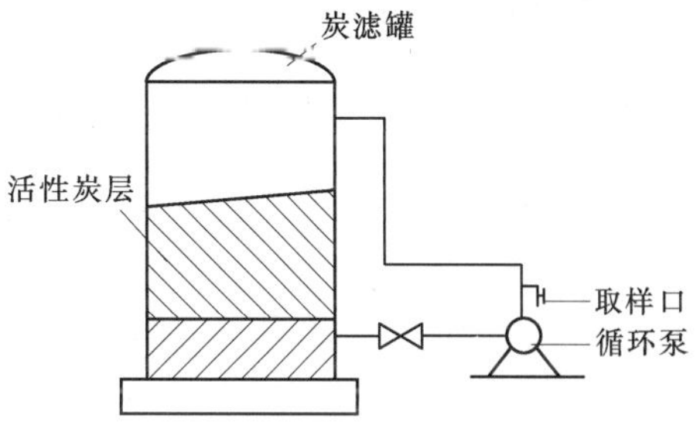

图 6.9 间歇式循环物理吸附法

表 6.9 是哈尔滨某高层建筑饮用水固定化生物活性炭循环过程中高锰酸盐指数和 DO 的变化情况。

表 6.9 固定化生物活性炭循环过程中高锰酸盐指数和 DO 的变化

次数	高锰酸盐指数 (mg/L)	DO (mg/L)	次数	高锰酸盐指数 (mg/L)	DO (mg/L)
1	2.70	12.45	3	0.90	5.20
2	1.30	6.90	4	0.32	4.82

由上表可知，在循环固定化过程中，水中的高锰酸盐指数逐渐降低，DO 也呈现同样的变化规律。由此可见，高锰酸盐指数的变化，是由于活性炭的物理吸附和工程菌的生物降解同时作用的结果。

复 习 思 考 题

1. 常见的水传染病细菌有哪几种？它们有什么特性？主要的肠道病毒有哪几种？一

般的氯消毒能灭活病毒吗？

2. 为什么大肠菌群可作为水受粪便污染的指标？用大肠菌群作为肠道病菌的指示微生物有什么缺点？

3. 大肠菌群包括哪些种类的细菌？它们的习性如何？

4. 大肠菌群的发酵检验法是根据怎样的原理来进行的，这种检验法有什么缺点？滤膜检验法有什么优点，有什么缺点？

5. 我国饮用水水质标准所规定的大肠菌群数是每升多少？

6. 测定水中细菌总数的意义如何？营养琼脂固体培养基上的菌落数目是否能代表水样中实际存在的细菌数目？

7. 常用的消毒方法有哪些？各有什么优缺点？

第 7 章　废水生物处理中的微生物及水体污染的指示生物

学习目标：

通过本章内容的学习，应掌握废水中的污染物质（包括含氮有机物质、不含氮有机物质等）在微生物作用下的降解与转化过程及废水生物处理中的各类微生物；了解水体污染的指示生物与监测方法。

7.1　水体污染的指示生物及监测方法

7.1.1　水质生物监测的意义与方法

为了保护水环境，需要进行水质监测。监测的方法有物理方法、化学方法和生物方法等。化学监测可测出毒物浓度，但无法测定毒物的毒性强度。由于污染物种类极多，若全部进行监测，不但技术上有困难，在经济上也很难实现。另外，多种污染物共存时的各种复杂反应以及各种污染物与环境因子间的相互作用，会使生态毒理效应发生各种变化。这就使理化监测在一定程度上具有局限性。生物监测与理化监测同时进行，可弥补理化监测的不足，因为当水体被污染后，会影响生物个体、种群、群落及整个生态系统，会使得生态系统发生变化，这些变化代表水污染（包括理化监测项目及未知因素）对生态系统的综合影响。

生物监测是指系统地根据生物反应而评价环境的质量。在进行水环境生物监测时，首先遇到的问题是对哪些生物进行重点监测。我国的监测部门最初用的试验生物是鱼类。后来逐渐认识到用微型生物或大型无脊椎动物进行监测更为合理。微型生物群落包括细菌、真菌、藻类、原生动物、后生动物等。利用微型生物进行水体生物监测是科学的、合理的，而且具有许多优点的原因是，微型生物类群是组成水生态系统生物生产力的主要部分；微型生物容易获得；可在合成培养基中生存；可多次重复试验；大多数微型生物在世界上分布很广泛，在不同国家有相同的种类，易于对比等。另外，用微型生物进行生物监测还具有研究周期短、试验方便、成本低等优点。图 7.1 表示在水污染监测中，按种类数统计的各种常用指示生物被采用的百分数。

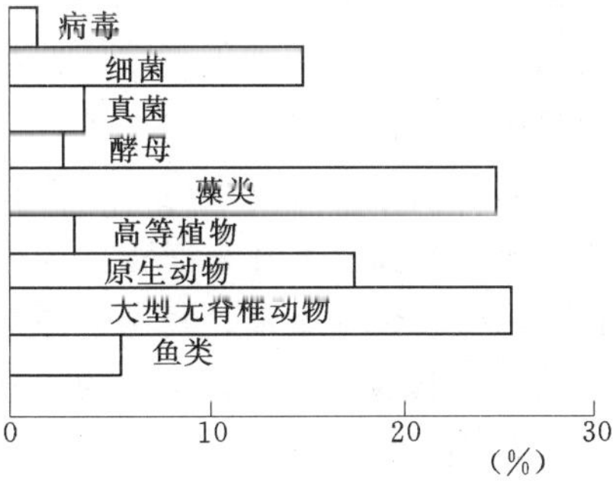

图 7.1　各种指示生物在水处理中采用的百分数

由图 7.1 可见，藻类约占 25%，原生动物约占 17%。在水生物监测中一般采用藻类和原生动物作为指示生物的较多。

7.1.1.1　以藻类作为指示生物的原因

(1) 在水体自净或某些水处理过程中，藻类的光合作用可放出 O_2，并利用 CO_2 作为碳源，与细菌形成共生关系。所以藻类也是监测水净化过程中的一个重要指标。

(2) 藻类与水污染的关系比较密切，进入水体的 N、P 负荷增多，会引起某些藻类的过量繁殖，导致水体“富营养化”。所以，监测水体富营养化趋势时，应该需要监测藻类。

(3) 藻类对水体中毒物的忍耐力不同。因毒物的种类及浓度不同，会引起藻类在种类、形态、生理、数量方面的变化，所以监测藻类的变化，可在某种程度上反映出水质的变化。在利用藻类进行水质监测时采用多种指标和标准，例如：指示生物或指示种类；优势种群；藻类污染种指数；藻类多样性等。其中指示生物是过去广泛采用的生物监测方法，这种评价标准和方法已在国内外被广泛采用。

7.1.1.2　以原生动物作为指示生物的原因

除了原生动物具有微型生物进行监测的一般优势外，还因为原生动物对环境的变化十分敏感，而且原生动物本身就是一个群落。它具有群落级的结构和功能特点，非常适用于做监测生物。

用水中微型生物进行水污染监测有一个从初级向高级逐步发展的过程。20 世纪初开始以指示生物的种类去评价水质；约 60 年以后，开始将水中微型生物视为群落，所以逐渐发展为用水中微型生物的群落结构来评价水质；最近又逐渐发展为以水中微型生物的群落结构和群落功能来评价水质。水中微型生物的群落结构可反映出不同种类及其数量的差别，而水中微型生物的群落功能则可反映出微型生物生命活动的特点。将结构与功能结合起来分析，能更全面地了解水质污染的状况和变化趋势。

水生生物的生物监测方法很多。下面将简单介绍“污化指示生物”法。

7.1.2　污化指示生物及污化系统

在水体中能否找到一些可用于指示水体污染程度的水生生物？以这些指示生物去预测水体的污染，在实用上具有一定的价值。国内外对此工作进行了大量的研究，已提出几种关于污化指示生物的分类系统，但还没有建立一种完善的、普遍采用的系统。目前，采用观测污化指示生物并配合化学分析的方法，可以比较全面地评价或预测水体的污染程度。

一种叫做污化系统的分类法在欧洲大陆得到比较广泛的应用，而在美国、英国等国家应用得不很普遍，可能是因为这种系统在观测时比较繁琐。污化系统（又称有机污染系统）一般根据以下原理进行分区：当有机污染物质排入河流后，在其下游的河段中发生正常的自净过程，在自净中形成了一系列连续的“带”。因为不同的水生生物需要不同的生存条件（如物理、化学环境，营养物的种类和数量等），对各种有毒物质也具有不同的忍耐力。所以，随着水体自净程度的变化，各个“带”中都可找到一些有代表性的动植物。污化指示生物包括细菌、真菌、藻类、原生动物、底栖动物、鱼类等。常用来指示污染的底栖动物有颤蚓类、寡毛类、软体动物以及一些水生昆虫。底栖动物个体较大，生命周期较长，在其生存环境中的相对位移较小，有利于缺少专门仪器的非专业人员进行采集和观察，所以在开展群众环保工作中有较大的价值。

污化系统中各个“带”的划分及其特点如下。

7.1.2.1 多污带

这个带在靠近污水出水口的下游，水色一般呈暗灰色，很浑浊，含有大量有机物（如碳水化合物、蛋白质、多肽等），但溶解氧（DO）含量极低，甚至完全没有。在有机物的分解过程中，则产生 SO_2、H_2S 和 CH_4 等具有一定恶臭味的气体。因为环境恶劣，所以多污带水生生物的种类很少，几乎全部是异养性生物，无显花植物，鱼类绝迹。

多污带有代表性的指示生物是细菌。细菌的种类多、数量大，有时 1mL 水中有几亿个细菌。其中有一部分硫磺细菌，能氧化水中的 H_2S。多污带的水底被沉降下来的悬浮物覆盖，在沉积的淤泥中有大量的寡毛类蠕虫。

多污带有代表性的指示生物举例如下：球衣细菌、贝日阿托氏菌、颤蚯蚓、摇蚊幼虫、蜂蝇幼虫（形状可见前面内容）。

7.1.2.2 α-中污带

中污带在多污带下游，可分为两个亚带，α-中污带和β-中污带。前者污染得更严重些。

α-中污带的水仍呈灰色，DO 含量仍然很少，氧化水平较低，为半厌氧状态，有 NH_3 和氨基酸等存在。这里，含硫化合物已开始氧化，但还有部分 H_2S 存在，BOD 已有减少，有时水面上有泡沫和浮泥。

生物种类比多污带稍多。细菌含量仍高，1mL 约几十万个。水中有蓝藻和绿色鞭毛藻，出现了纤毛虫和轮虫，在已经部分被无机化的水底淤泥中，滋生了很多颤蚯蚓。

α-中污带有代表性的指示生物举例如下：天蓝喇叭虫，（见图 7.2）；美观单缩虫；椎尾水轮虫（见图 7.3）；臂尾水轮虫；菱形藻；大颤藻；栉虾（见图 7.4）。

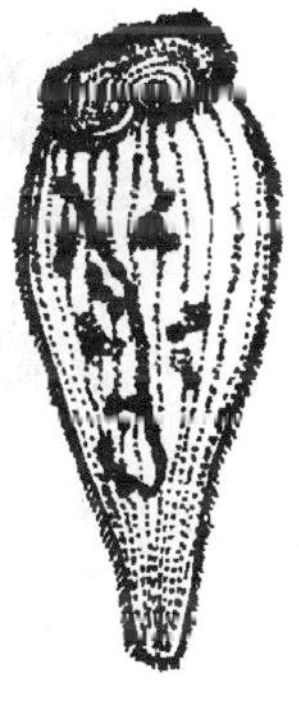

图 7.2 天蓝喇叭虫

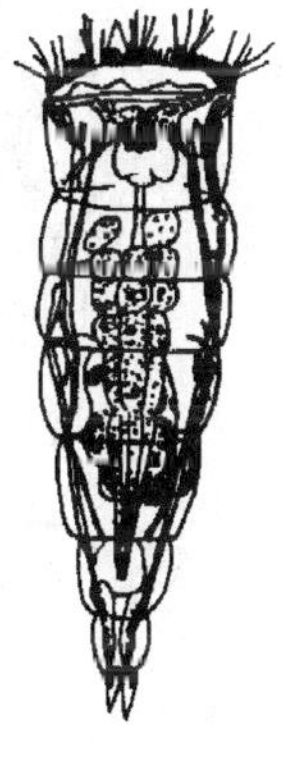

图 7.3 椎尾水轮虫

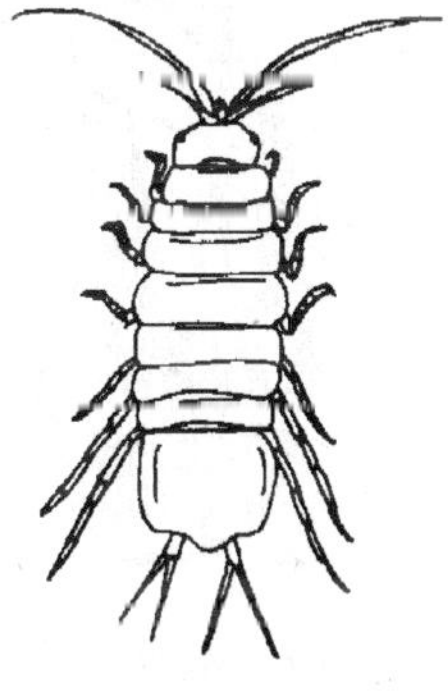

图 7.4 栉虾

7.1.2.3 β-中污带

在β-中污带，绿色植物大量出现，水中的 DO 含量升高，氧化水平较高，有机物质含量已很少，BOD 和悬浮物的含量都较低，蛋白质的分解产物 NH_3 和氨基酸进一步氧化，转变成铵盐、亚硝酸盐和硝酸盐，水中 CO_2 和 H_2S 的含量很少。

这里，生物种类变得多种多样。由于环境不利于细菌的生长，故细菌的数量明显减少，1mL 水中只有几万个，藻类大量繁殖，轮虫、甲壳动物和昆虫也很多，可发现生根的植物，也可看到鲫鱼、泥鳅和鲤鱼等鱼类。

β-中污带有代表性的生物举例如下：水花束丝藻（见图 7.5）；梭裸藻（见图 7.6）；

变异直链硅藻（见图7.7），短棘盘星藻（见图7.8）；前节晶囊轮虫（见图7.9）；腔轮虫；卵形鞍甲轮虫；蚤状水蚤（见图7.10）；大型水蚤（见图7.11）；绿草履虫；帆口虫；鼻栉毛虫；聚缩虫；卵形龙骨硅藻；隐端舟形硅藻；肿胀珠蚌；静水椎实螺；蚤状钩虾。

图7.7　变异直链硅藻

图7.5　水花束丝藻

图7.6　梭裸藻

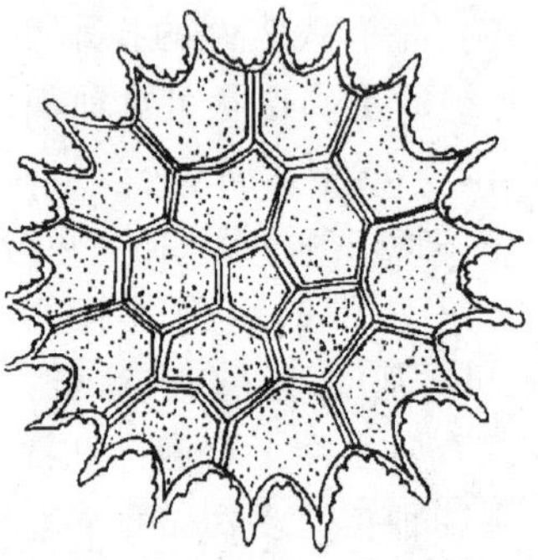

图7.8　短棘盘星藻

图7.9　前节晶囊轮虫

图7.10　蚤状水蚤

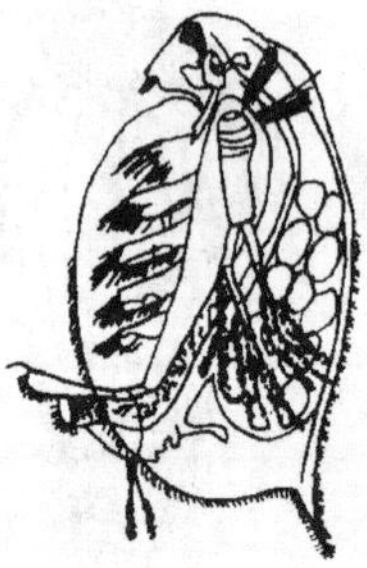

图7.11　大型水蚤

7.1.2.4　寡污带

在寡污带，河流的自净作用已经完成，DO已恢复到正常含量，无机化作用彻底，有机污染物质已被完全分解，CO_2 含量很少，H_2S 几乎消失，蛋白质已分解成硝酸盐类，BOD和悬浮物含量都极低。

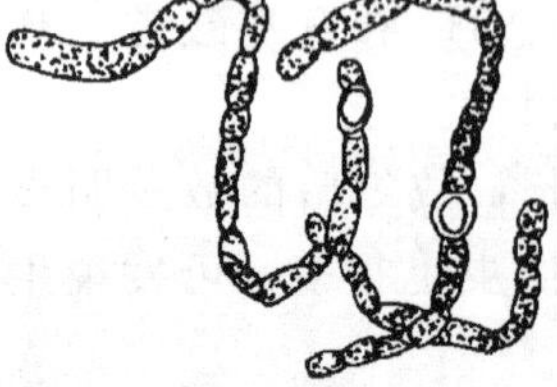

图7.12　水花鱼腥藻

寡污带的生物种类很多，但细菌数量很少，有大量浮游植物，显花植物也大量出现，鱼类种类也很多。

寡污带的代表性指示生物举例如下：水花鱼腥藻（见图7.12）；玫瑰旋轮虫（见图7.13）；平突船卵水蚤；窗格纵隔硅藻；黄团藻；圆钵砂壳；大变形虫。

应当注意，上述的污化系统只能反映有机污染的程度，不能反映有毒工业废水的污染。

这种根据水生生物种类的更迭来评价水体污染程度的方法也缺乏定量的概念。所以一般又根据水生生物的数量求出某种“指数”，并用以评价水体污染程度的研究。

下面介绍一种水污染的生物指数（Biological Index of Water Pollution，*BIP*）。这种指数是根据水中单细胞生物的种类和数量来计算的。

$$BIP = \frac{B}{A+B} \times 100\% \tag{7.1}$$

式中 A——有叶绿素的微生物数；

B——无叶绿素的微生物数。

污染程度可按表7.1进行判断。

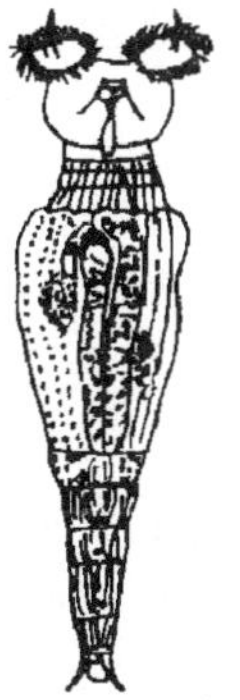

图7.13 玫瑰旋轮虫

表7.1 利用 **BIP** 值判断水体的污染程度

污染程度	清洁水	轻微污染水	中等污染水	严重污染水
BIP 值	0～8	8～20	20～60	60～100

7.2 废水中的污染物在微生物作用下的降解与转化

废水中的有机物质受微生物作用的影响而分解。在有氧情况下进行的分解，叫做好氧分解，是好氧微生物（主要是好氧细菌）活动的结果。在无氧情况下进行的分解，叫厌氧分解，是厌氧微生物（主要是厌氧细菌）活动的结果。

工业废水的成分随工业性质的不同而有很大差异，其中可能存在的有机物有碳水化合物、蛋白质、有机酸、油脂、醇类、醛类、酮类、酚类、胺类、腈、异腈等化合物。生活污水中的有机物则主要是碳水化合物、蛋白质和脂肪。这些有机物主要是由碳、氢、氧、氮、硫、磷等几种元素构成的。它们好氧分解的最终产物是稳定、无臭的物质，包括二氧化碳、水、硝酸盐、硫酸盐、磷酸盐等，其分解反应可以概括地表示如下：

$$C \longrightarrow CO_2 + \text{碳酸盐和重碳酸盐} \tag{7.2}$$

$$N \longrightarrow NH_3 \longrightarrow HNO_2 \longrightarrow HNO_3 \tag{7.3}$$

$$S \longrightarrow H_2SO_4 \tag{7.4}$$

$$P \longrightarrow H_3PO_4 \tag{7.5}$$

式（7.3）、式（7.4）和式（7.5）中的亚硝酸、硝酸、硫酸和磷酸可与水中的碱性物质作用，形成相应的盐类。

有机物厌氧分解的最终产物主要是 CH_4、CO_2、NH_3、H_2S 等。由于散发了 H_2S 等物质，所以废水会产生臭气，又由于硫化氢与铁容易发生反应（废水中往往含有一些铁质）形成硫化铁，所以通过厌氧分解的水呈现黑色。缺氧情况下的氧化还原反应可用下列各式表示：

$$C \longrightarrow RCOOH(\text{有机酸}) \longrightarrow CO_2 + CH_4 \tag{7.6}$$

$$N \longrightarrow RCHNH_2COOH(\text{氨基酸}) \longrightarrow \text{有机酸} + NH_3 \tag{7.7}$$

$$S \longrightarrow H_2S \tag{7.8}$$

$$P \longrightarrow PO_4 \tag{7.9}$$

上面概括地介绍了有机物的好氧分解和厌氧分解过程及其分解产物，下面我们来较详细地分别讨论不含氮和含氮有机物在微生物作用下的分解。

7.3　不含氮有机物的分解

微生物能直接吸收相对分子质量较小的有机物，而相对分子质量较大的有机物必须先行分解为分子质量较小的有机物才能被微生物吸收。

废水中可能含有的不含氮有机物质有酚类、醛类、酮类、醇类及某些有机酸等化合物以及碳水化合物（糖、淀粉、纤维素等）和油脂等。无论在有氧或无氧的情况下，它们在自然界中的分解，都不是一步或两步就可完成的，而是在各种酶的参加下，存在一系列的反应。

7.3.1　纤维素、半纤维素、木质素的转化

7.3.1.1　纤维素的转化

纤维素是葡萄糖的高分子聚合物，隶属于碳水化合物。碳水化合物是由碳、氢和氧 3 种元素所组成，它是动植物能量的主要来源。含有碳水化合物的工业废水主要来自造纸、纺织、食品、医药等工业企业。在生活污水中，碳水化合物是不含氮有机物质的主要成分，其量约占污水中有机物总量的 40%～50%。

碳水化合物可分为 3 类：单糖、二糖和多糖，其通式为 $C_x(H_2O)_y$。单糖是最简单的一类碳水化合物，葡萄糖（$C_6H_{12}O_6$）就是单糖的一种。二糖是水解后能生成两个分子单糖的碳水化合物，属于这一类的糖有乳糖、蔗糖和麦芽糖等，它们的分子式都是 $C_{12}H_{22}O_{11}$。多糖是水解后能生成很多个分子单糖的碳水化合物，淀粉、纤维素等都是属于这一类的糖，它们的分子式可用（$C_6H_{10}O_5$）$_n$ 来表示，其中 n 代表一个很大的数字，例如淀粉的 n 约为 22～28，纤维素的 n 约为 100～200。

在树木、农作物和以这些为原料的工业产生的废水（如棉纺印染废水、造纸废水、人造纤维废水等）及城市垃圾中，都含有大量纤维素。

自然界中，分子结构复杂的有机物质如纤维素必须经微生物（主要是细菌）胞外酶的作用水解成可溶性的较为简单的物质（如葡萄糖）后，才能被菌体吸收。由于水解作用是在微生物体外进行的，产物可被微生物自己吸收，也可以被其他微生物利用。这些物质进入菌体细胞后，除一部分用于形成菌体的成分外，其余部分则在呼吸作用中进行着不同的转化过程，形成不同的产物。

纤维素在微生物（主要是细菌）酶的作用下沿下列途径分解，如图 7.14 所示。

参与分解纤维素的微生物主要有细菌、放线菌和真菌等，其中细菌研究得较多。好氧

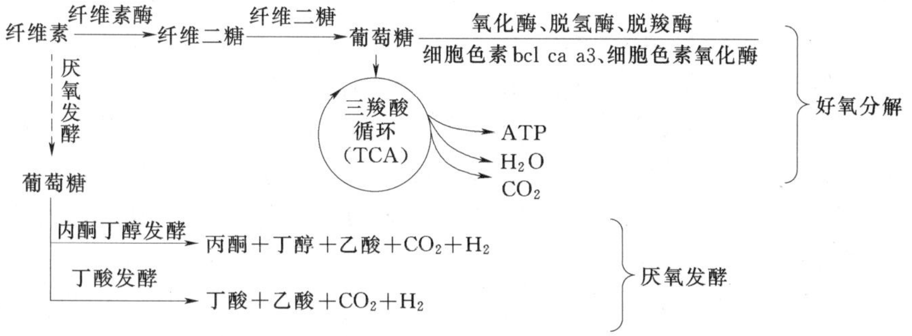

图 7.14 纤维素的分解图主题

的纤维素分解菌中，黏细菌占重要地位，如生孢食纤维菌、食纤维菌、堆囊黏菌等。它们都是革兰阴性菌。好氧纤维素分解菌还有镰状纤维菌和纤维弧菌。黏细菌和弧细菌皆能同化无机氮（主要是硝酸氮），对氨基酸、蛋白质和其他无机氮利用能力较低，有的还能还原硝酸盐为亚硝酸盐。其最适宜的温度为 22～30℃，在 10～15℃便能分解纤维素，其能承受的最高温度为 40℃。最适宜的 pH 值为 7～7.5，pH 值为 4.5～5.0 时不能生长，其承受的 pH 值最高可达 8.5。厌氧分解纤维素菌有产气纤维二糖芽孢梭菌、无芽孢厌氧分解菌及嗜热纤维芽孢梭菌。好热性厌氧分解菌最适宜温度为 55～65℃，最高承受温度为 80℃，最适 pH 值为 7.4～7.6；中温性菌最适 pH 值为 7.0～7.4，在 pH 值为 8.4～9.7 还能生长。它们都为专性厌氧。

分解纤维素的微生物还有青霉、曲霉、镰刀霉、木霉和毛霉等。有好热真菌属和放线菌中的镰霉菌属。它们在 23～65℃生长，最高温度为 50℃。细菌的纤维素酶结合在细胞质膜上，是表面酶。真菌和放线菌的纤维素酶是胞外酶，可分泌到培养基中，通过过滤和离心很容易分离得到。

7.3.1.2 半纤维素的转化

半纤维素存在于植物的细胞壁中，在植物组织中含量很高。其组成含有聚戊糖（木糖和阿拉伯糖）、聚己糖（甘露糖、半乳糖）及聚糖醛酸。除了土壤含有半纤维素外，造纸工业废水、人造纤维工业废水等也含有半纤维素。

半纤维素易被土壤微生物分解，能分解纤维素的微生物大多数能分解半纤维素。许多芽孢杆菌、假单胞菌和放线菌能分解半纤维素。霉菌中的根霉、曲霉、青霉、小克银汉霉及镰刀霉等也能分解半纤维素。其分解过程如图 7.15 所示。

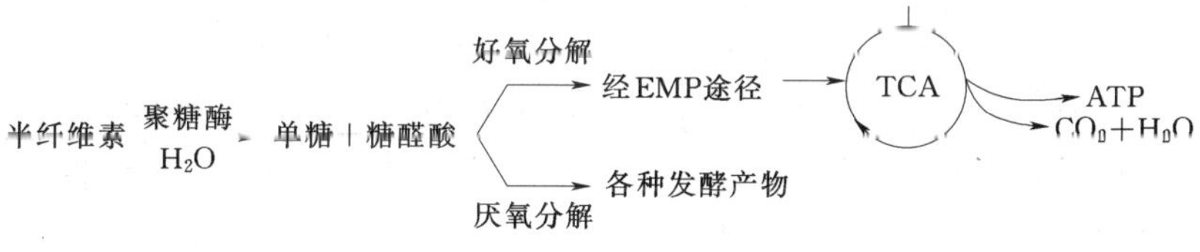

图 7.15 半纤维素的分解

7.3.1.3 木质素的转化

木质素是植物木质化组织的重要成分，在植物性有机废物中含量仅次于纤维素和半纤维素。稻草杆、芦苇、麦秆和木材是造纸工业的原料，木材是人造纤维的原料。因此，造纸和人造纤维废水均含有大量木质素。木质素的化学结构一般认为是以苯环为核心、带有丙烷支链的一种或多种芳香族化合物经氧化缩合而成。

分解木质素的微生物主要是担子菌纲中的干朽菌、多孔菌、伞菌等的一些种，有厚孢毛霉与松栓菌。假单胞菌的个别种也能分解木质素。微生物分解木质素的速率比较缓慢，在好氧条件下分解木质素比在厌氧条件下快，真菌分解木质素比细菌快。

7.3.2　淀粉的转化

淀粉广泛存在于植物（玉米、稻、麦等）的种子及果实中。凡是以上述物质作原料的工业废水，如淀粉厂废水、纺织废水、印染废水、酒厂废水、抗生素发酵废水及生活污水等均含有淀粉。

自然界中的细菌、放线菌、真菌等多种微生物都可以降解淀粉，真菌中的根霉和曲霉等对淀粉的分解能力很强。淀粉在微生物作用下先形成葡萄糖。具体过程：淀粉→糊精→麦芽糖→葡萄糖。然后，葡萄糖的分解，如前所述，则可由另外一些微生物如细菌和酵母菌来完成。

7.3.3　脂类的转化

脂类是生物体生命活动中重要的能源物质，也是合成细胞有机物质的碳源。其主要来源于动植物体，人们通常把来自动物体内的脂类称为脂肪，把来自植物体内的脂类称为油。在洗毛、肉类加工等工业废水和生活污水中都含有油脂。

脂类是比较稳定的有机物质，但也能被某些微生物分解，其中最活跃的有荧光杆菌、灵杆菌和绿脓杆菌等；此外，有些放线菌和分枝杆菌以及真菌中的曲霉、青霉、乳霉等也有分解脂肪的能力。

不论在有氧或缺氧的条件下，脂类分解的第一阶段都是在脂酶的作用下水解为甘油和脂肪酸。甘油和脂肪酸在有氧的环境中最后被分解为 CO_2 和 H_2O 或合成微生物的体细胞；在缺氧的条件下，发酵细菌和产甲烷细菌可以将复杂的脂肪酸分解为简单的酸，所形成的醋酸则通过直接代谢作用被转化成 CO_2 和 CH_4。

7.3.4　烃类物质的转化

烃类物质也能被微生物氧化分解。引起烃类氧化的微生物很有价值。可以利用它们的特殊性质来勘探石油和可燃性气体。引起石油烃类物质转化的有酵母菌和细菌。目前国内外正在大力研究以石油烃类为碳源培养菌体蛋白。

7.3.4.1　烷烃类化合物的降解

烷烃（通式为 C_nH_{2n+2}）可被有关微生物降解。该类微生物有甲烷假单胞菌、分枝杆菌、头孢霉、青霉等。烃类物质除甲烷、乙烷、丙烷外，还有含碳较多的高级烃类。

引起甲烷氧化的有甲烷极毛杆菌。它是一种无芽孢的小杆菌，当空气中含有甲烷和氧时，它们可以在无机培养基上生长，利用空气中的氧使甲烷氧化，从中取得生活所需的能量，并且可以利用甲烷中的碳作为碳源，组成机体的有机物。

$$CH_4 + 2O_2 \longrightarrow CO_2 + 2H_2O + \text{能量} \tag{7.10}$$

7.3.4.2　烯烃化合物的降解

大部分烯烃类化合物比烷烃、芳香烃容易降解。烯烃的代谢产物主要是具有双链的加氧化合物，最终形成饱和或不饱和的脂肪酸，再经氧化进入 TCA 循环，最终被分解成 CO_2 和 H_2O。

7.3.5 芳香族化合物的转化

芳香族化合物也可被微生物分解。芳香族化合物是一类含有苯环或联苯环的化合物，其中酚类化合物比较重要。炼焦、石油、煤气等多种工业的生产废水中都含有酚类化合物。酚对于微生物有一定的毒害作用，但在适当的条件下仍能被微生物分解破坏。目前已经发现，在污水、粪便和土壤中存在着能分解酚类物质的细菌。它们在有氧情况下将酚氧化成 CO_2 和 H_2O，其化学反应大致如下：

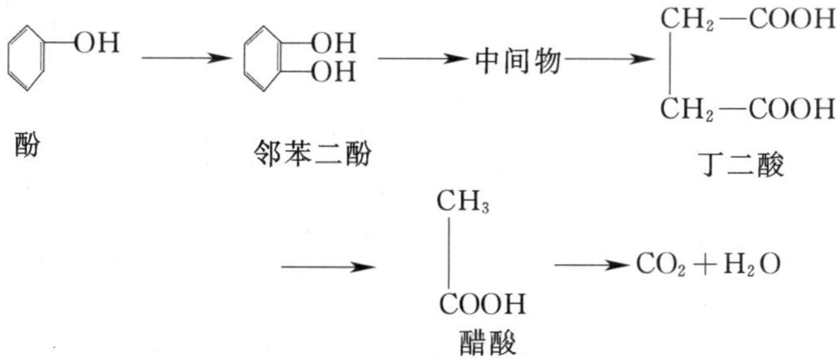

(7.11)

酚对人体、牲畜、水生生物都有毒害作用，所以含酚废水必须经过处理后才可排放。由于微生物能分解酚，因此含酚废水也可利用微生物来处理。目前生物法已被广泛应用于含酚工业废水的处理。

对酚起作用的主要是细菌。武汉微生物研究所曾分离出两种解酚能力强的细菌：食酚假单胞菌和解酚假单胞菌。食酚假单胞菌在 20h 内可以分解 0.1%浓度的酚，解酚假单胞菌稍差。另外，两者都能在 0.2%的酚溶液中生长。

7.3.6 合成洗涤剂的分解

合成洗涤剂是人工合成的高分子聚合物，主要成分是表面活性剂。其组成分子具有亲水性和憎水性两种性质，它们易于在空气—水的界面和油—水的界面上聚集，降低表面张力、促进乳化作用。因此，这类化合物广泛用于生产清洁剂。我国目前生产的洗涤剂属于阴离子型烷基苯磺酸钠，对环境污染比较严重。

合成洗涤剂易于在曝气池和天然水体中形成大量泡沫，阻断了大气向水中复氧。合成洗涤剂的表面活性剂对环境的威胁并不很严重，因为它在低浓度时对动、植物无毒。但是，表面活性剂能被微生物吸附。研究表明，离子型表面活性剂对细菌有毒，并且受环境 pH 值的影响。阳离子型表面活性剂的毒性随 pH 值的升高而增强，当 pH 值为中性时，毒性最强；阴离子型表面活性剂的毒性则随 pH 值的升高而降低。当然，各种表面活性剂杀菌的效力，除受 pH 值的影响外，还与其他因素有关。

合成表面活性剂能很快在环境中消失。1950 年以来，全世界合成表面活性剂的年产量从 3.5 万 t 增加到 900 万 t 以上，但在土壤、天然水体、动植物体内皆无明显的增加。合成表面活性剂的消失主要是由于细菌的降解作用。

虽然合成表面活性剂对环境并不会产生很大的威胁，且易被微生物降解，但合成洗涤剂中的某些非表面活性剂的组分应值得重视，特别是添加用做软水剂的聚磷酸盐，可在天然水体中蓄积，并可能造成藻类大量繁殖，从而引起水体的富营养化。

上面简要地介绍了不含氮有机物在微生物作用下的分解过程，它们进行好氧分解的最终产物是 CO_2 和 H_2O，进行厌氧分解的最终产物是 CO_2 和 CH_4。此外，一般好氧分解所放出的能量要远远超过厌氧分解所放出的能量。

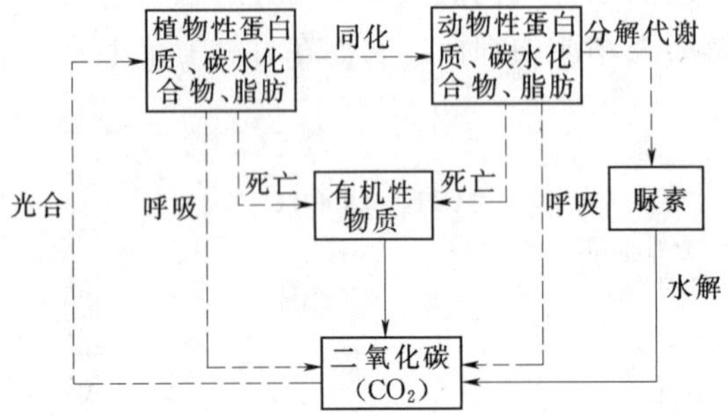

图 7.16　自然界中碳的循环

最后指出，自然界可用来组成生物体物质的碳素并不多，主要储藏在大气中，大约有 6000 亿 t。据估计，地球上的植物每年要用 CO_2 至少 600 亿 t，折合成碳素，大约是 200 亿 t。因此，如果不是细菌等微生物的巨大力量，在改变地球表面的各种碳素状态，并且补充大气中消耗的 CO_2，数十年后大气中的 CO_2 含量将无法维持生物界旺盛发展的需要。图 7.16 表示自然界中碳素转化的过程（碳循环）。从图 7.16 可以看出，有机物中的碳由于微生物的呼吸作用先被氧化分解成 CO_2，然后通过光合作用形成植物性蛋白质、脂肪、碳水化合物等。动物食用了这些植物产生的植物性蛋白质、脂肪、碳水化合物后，其产生的排泄物又分解产生 CO_2。动植物通过呼吸也都产生 CO_2，而它们死亡后的残体又都是有机性物质。这些物质又开始分解，如此进入第二次循环。在自然界中，含碳物质就是这样循环不止。

7.4　含氮有机物的分解

废水中可能存在的含氮有机物质主要有蛋白质、氨基酸、胺类、尿素、硝基化合物、腈化物等。生活污水中所含的氮主要是以 NH_4＋或尿素的形式存在的。此外，在全部化合氮中约有 10％是更为复杂的有机化合物，包括蛋白质和氨基酸。蛋白质不仅存在于生活污水中，也存在于食品加工、制革工业、屠宰场等工业生产废水中，而尿素有时也存在于印染等工业生产废水中。尿素的分解比较简单，易于分解成 NH_3、CO_2 和 H_2O。蛋白质是一类组成极其复杂的化合物，其分解过程也比较复杂。下面将着重讨论它的生物氧化过程。

7.4.1　蛋白质的转化

蛋白质是生物细胞的主要组成部分，是由许多氨基酸分子通过肽键连接形成的生物大分子。氨基酸可用通式 $RCHNH_2COOH$ 表示（R 代表不同的基团）。构成蛋白质的天然氨基酸有 20 多种，在不同的蛋白质中，氨基酸的排列顺序不同。蛋白质的分子量一般高达几万到几百万。蛋白质除含有 C、H、O 和 N 四种元素外，有时还含有 S 等，其中氮的含量平均约为 16％。

蛋白质需要经过酶的水解作用形成氨基酸后，才能被微生物吸收和利用。蛋白质的水解作用过程是：蛋白质→朊→胨→肽→氨基酸。能够水解蛋白质的酶有胃蛋白酶、胰蛋白酶、弹性蛋白酶等。

微生物细胞内的氨基酸，一部分可直接用于合成菌体中新的蛋白质，另一部分则被分解为含氮废物排出体外。氨基酸的分解代谢主要通过脱氨基作用完成。脱氨基作用使氨基酸分解为 NH_3 和一种不含氮的有机化合物，不含氮的有机化合物可以进一步分解或合成细胞物质，NH_3 则可作为微生物的氮素来源。

7.4.1.1 脱氨基作用

有机氮化合物在氨化微生物的作用下产生 NH_3，故又称为氨化作用。脱氨基作用能在有氧条件下进行，也能在缺氧条件下进行。例如：

（1）在有氧条件下

$$RCHNH_2COOH + O_2 \longrightarrow RCOOH + NH_3 + CO_2 \tag{7.12}$$

（2）在缺氧条件下

$$RCHNH_2COOH + H_2 \longrightarrow RCH_2COOH + NH_3 \tag{7.13}$$

从上述两式中可以看出，不论在有氧还是在缺氧情况下，氨基酸的分解结果都产生 NH_3 和一种不含氮的有机物，如 RCOOH 、RCH_2COOH。这些不含氮有机物可再按照上节所讨论的不含氮有机物质的转化规律，或者参与合成作用变成体细胞的碳水化合物、蛋白质或脂类物质的一部分，NH_3 则能作为微生物所需氮的来源。这种由有机氮化物转化为氨态氮的过程，叫做氨化作用。

参与氨化作用的细菌称为氨化细菌。在自然界中，它们的种类很多，主要有好氧性的荧光假单胞菌及灵杆菌、兼性的变形杆菌和厌氧的腐败梭菌等。除细菌外，有些真菌在有氧条件下也能分解蛋白质，但产生 NH_3 的能力则很不一致，有的比较活跃，有的比较缓慢，不过大部分真菌在分解蛋白质过程中只能产生少量的 NH_3。

氨基酸的分解过程，除脱氨基产生 NH_3 外，含硫的氨基酸同时还可以脱去硫，产生有臭气的 H_2S。如果通气不畅，还会有一些硫醇等产生。但是这些化合物的大部分仅在缺氧的条件下才会累积到一定程度而影响环境卫生，在有充分氧气存在时，一般都会被氧化成无臭的物质。这正说明了活性污泥法曝气池中的废水虽然分解得比较快，但并无臭气发生的原因。

7.4.1.2 硝化作用

氨基酸脱下的 NH_3，在有氧的条件下，经亚硝酸细菌和硝酸细菌转化为硝酸，称为硝化作用。在此氧化过程中，硝化细菌获得了生活所需的能量。由 NH_3 转化为硝酸分两步进行：

$$2NH_3 + 3O_2 \longrightarrow 2HNO_2 + 2H_2O + 619.6kJ \tag{7.14}$$

$$2HNO_2 + O_2 \longrightarrow 2HNO_3 + 201kJ \tag{7.15}$$

这种由 NH_3 氧化成硝酸的过程称为硝化作用。硝化作用是由两类不同的硝化细菌分工进行的。亚硝酸细菌负责氧化 NH_3 为亚硝酸，硝酸细菌负责氧化亚硝酸为硝酸。这两类细菌都是革兰氏染色阴性，不生芽孢的球状或短杆状的细菌，有强烈的好氧性，适宜于中性或碱性环境，不能在强酸性条件下生长，生活时不需要有机养料，是自养菌，亚硝酸细菌具有单生鞭毛，硝酸细菌则不生有鞭毛。硝化细菌对有毒物质十分敏感。少量的铁质能促进其生长；但如果是锰质，即使量很少，对它们也会有害。

硝化作用的进行，除必须有 NH_3 和 O_2 的存在外，还要有细菌生活所需营养的磷素和某些碱性物质以中和所产生的亚硝酸和硝酸。

与硝化作用相类似，硫化氢氧化成硫磺和硫酸的过程称为硫化作用。硫化作用的进行也需要氧气。参与硫化作用的细菌主要是硫磺细菌和硫化细菌。它们也都是自养菌，在有氧的条件下能通过代谢作用产生硫酸。

根据上面的讨论可以看出，在有氧的情况下，蛋白质最后被氧化成 CO_2、H_2O、HNO_3、H_2SO_4（如蛋白质中含有硫的话）等产物。所产生的酸与水中的碱性物质发生反应可形成相应的盐。

7.4.1.3 反硝化作用

硝酸盐在缺氧的情况下可被厌氧菌作用而还原成亚硝酸盐和氮气等，这一过程称为反硝化。土壤、水体和污水生物处理构筑物中的硝酸盐在缺氧的条件下，总会发生反硝化作用。

参与反硝化作用的细菌叫反硝化细菌。它的种类很多，多数是异养型或兼性的，如反硝化杆菌、荧光极毛杆菌等。它们在厌氧条件下利用硝酸中的氧来氧化有机物，并获得生活所需的能量，如：

$$C_6H_{12}O_6 + 4NO_3^- \longrightarrow 6CO_2 + 6H_2O + 2N_2 + \text{能量} \quad (7.16)$$

所以，一般说，反硝化作用是在硝酸盐与有机物同时存在，而氧气又不足（溶解氧低于0.5mg/L）的情况下发生的。

但反硝化细菌也有自养型的，如反硝化硫杆菌可以利用硝酸盐中的氧将硫氧化成硫酸，并以从中获得的能量来同化二氧化碳。如：

$$6KNO_3 + 2CaCO_3 + 5S \longrightarrow 2CaSO_4 + 3K_2SO_4 + 2CO_2 + 3N_2 + \text{能量} \quad (7.17)$$

反硝化作用在废水处理过程中也有着重要的意义。在活性污泥法曝气池的出水中含有硝酸盐。如果硝酸盐含量高，则在二次沉淀池的污泥中可以由于反硝化作用产生大量 N_2，气体的上升将促使污泥杂质浮起而影响沉淀效果。此外，还应注意，生物处理的二次沉淀池出水中亚硝酸盐的测定并不能正确反映废水硝化的程度，因为所测得的亚硝酸盐可能是通过反硝化而形成的。

在缺氧情况下，也可能发生反硫化作用，这是硫酸盐经硫酸盐还原菌的作用形成 H_2S 的过程。关于硫化和反硫化作用将于本章第五节内容中再讨论。

7.4.1.4 固氮作用

在固氮微生物的固氮酶催化作用下，把分子氮转化为 NH_3，进而合成有机氮化合物，这一作用称为固氮作用。各类固氮微生物进行的反应式基本相同。

$$N_2 + 6e^- + 6H + nATP \longrightarrow 2NH_3 + nADP + nPi \quad (7.18)$$

固氮微生物有根瘤菌、圆褐固氮菌、黄色固氮菌等，它们都是好氧菌，可利用各种糖、醇、有机酸为碳源，分子氮为氮源。另外，光合细菌的某些属在光照下厌氧生活时也能固氮。

7.4.2 尿素的转化

尿素含氮47%。人、禽畜尿中含有尿素，印染工业的印花浆用尿素做膨化剂和溶剂，故印染工业废水中也含有尿素。

尿素的分解过程很简单，尿素在尿素酶的作用下水解形成碳酸铵，碳酸铵很不稳定，再进一步分解成 NH_3、CO_2 和 H_2O。

$$CO(NH_2)_2 + 2H_2O \longrightarrow (NH_4)_4CO_3 \tag{7.19}$$

$$(NH_4)_4CO_3 \longrightarrow 2NH_3 + CO_2 + H_2O \tag{7.20}$$

能水解尿素的细菌称尿素细菌，尿素细菌可分成球状与杆状两类。一般说，它们都是好氧的，但对氧的需要量不大，并且有若干菌种即使在无氧条件下也能生长。

尿素分解时不放出能量，因而不能作为碳源，只能作为氮源。尿素细菌一般利用单糖、双糖、淀粉及有机酸等作为碳源。

7.4.3 氮的循环

自然界中，蕴藏着大量的氮。首先，在空气中就有 78% 的氮气。其次，一切生物体中也含有氮（以有机氮化物，主要是以蛋白质的形态存在）。这些氮都不能直接被植物吸收、利用。再次，土壤中含有铵盐和硝酸盐等无机氮化物，它们是高等植物所能吸收的有效氮，但是在土壤中的储量不多，不能满足逐年植物营养的需要。然而，在自然界中这三种基本类型的氮由于微生物的作用能不断地进行转化，由一种形态转化为另一种形态，或由一种组合中分解出来参加到另一种组合中去，使有效氮能持续供应。所以，如果没有微生物的作用，植物既不能生长，人和动物也就无法生活。自然界中的氮循环如图 7.17 所示，从该图中可以看出，有机物中的氮在微生物作用下先被转化成 NH_3，NH_3 被氧化成为亚硝酸盐及硝酸盐。NH_3 和硝酸盐可被植物吸收而变成植物性蛋白质。动物吃了植物后，产生动物性蛋白质，而动物的排泄物又能被分解氧化成 NH_3、亚硝酸盐和硝酸盐。动植物死亡后的残体又都是有机性物质。由于反硝化作用硝酸盐又可转化成亚硝酸盐和自由氮，而自由氮在固氮作用下又可产生植物性蛋白质。图中直线给出了废水生物处理过程中氮素的转化情况。

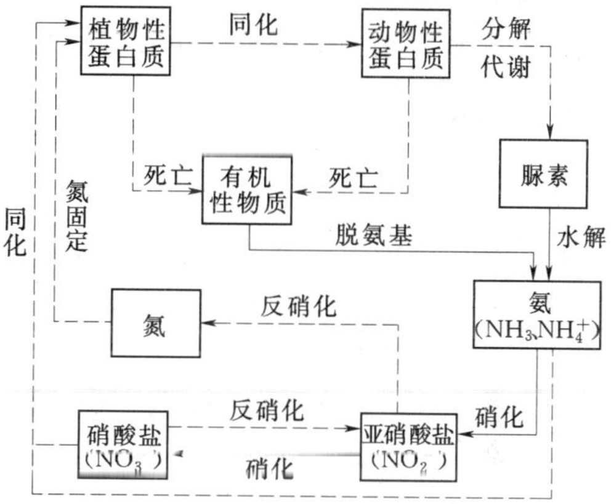

图 7.17 自然界中的氮循环

7.5 无机元素的转化

7.5.1 硫的转化

硫在地球生物圈中是一种相当丰富的元素，并且很少成为微生物生长的一种限制性营养物质。硫是生物体的一种基本成分，因为硫是巯基（SH）氨基酸和各种辅酶的重要成分，含硫有机物是植物和其他大生物硫的来源。

显然知道，H_2S 是一种含有硫的无机物。除上节所提到的含硫氨基酸在微生物作用下会产生 H_2S 气体外，某些化学工业（如石油炼制厂）的生产过程中也会产生 H_2S 气体。H_2S 是有毒物质，对人体有毒害作用，也极易使金属管道腐蚀。

关于 H_2S 被氧化成硫磺和硫酸的过程（硫化作用）和硫酸盐被还原成 H_2S 的过程（反硫化作用）已在上节内容中简单提到。元素硫可以以多种氧化态形式存在于有机物和无机物中，可以催化各种形式的硫进行氧化还原反应，从而组成一个硫循环。现将自然界中硫的循环示于图 7.18 中。在水体污染和废水处理的研究中，硫循环也具有重要的意义。

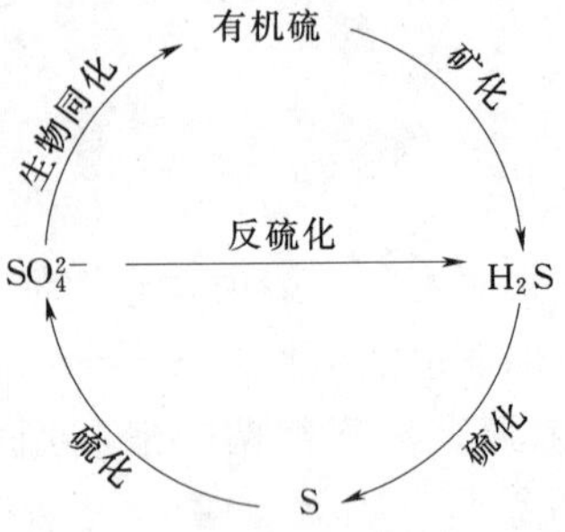

图 7.18　硫循环

7.5.1.1　硫化作用

主要是由硫磺细菌和硫化细菌引起的。硫磺细菌能氧化 H_2S 成硫磺颗粒贮存于细胞内。当环境中缺乏 H_2S 时，则细胞内的硫磺颗粒继续被氧化而成硫酸。

1. 硫磺细菌

根据其有无颜色一般可分为两群：一群是无色的，所谓无色硫磺细菌，如贝日阿托氏菌、发硫菌等；另一群具有菌紫色，称紫色硫磺细菌，如紫硫菌、八叠硫菌等。

无色硫磺菌大多是化能自养菌，从氧化硫化氢和元素硫过程中获得能量。

$$2H_2S + O_2 \longrightarrow S_2 + 2H_2O + \text{能量} \tag{7.21}$$

$$S_2 + 3O_2 + 2H_2O \longrightarrow 2H_2SO_4 + \text{能量} \tag{7.22}$$

$$CO_2 + H_2O + \text{能量} \longrightarrow 【CH_2O】+ O_2 \tag{7.23}$$

所产生的硫酸，排出菌体后可与环境中的盐或碱类作用，形成硫酸盐。

紫色硫磺细菌细胞内也含有硫磺粒，它们有两种方式进行有机碳化物的合成作用，光合作用和化学合成作用：

$$CO_2 + H_2O \longrightarrow 【CH_2O】+ O_2 \text{(光合作用)} \tag{7.24}$$

$$4H_2S + O_2 \longrightarrow 2S_2 + 2H_2O + 4H + \text{能量（硫化作用）} \tag{7.25}$$

$$CO_2 + 4H \longrightarrow 【CH_2O】+ H_2O \text{（化学合成作用）} \tag{7.26}$$

2. 硫化细菌

主要有排硫杆菌、氧化硫杆菌和脱氮硫杆菌。它们除脱氮硫杆菌外都是好氧性的。

排硫杆菌能氧化 H_2S 或硫代硫酸盐为硫酸，同时形成硫，积累于细胞体外，这同硫磺细菌有显著的差别。

$$5Na_2S_2O_3 + H_2O + 4O_2 \longrightarrow 5Na_2SO_4 + H_2SO_4 + 4S + \text{能量} \tag{7.27}$$

$$Na_2S_4O_3 + O_2 \longrightarrow Na_2SO_4 + H_2SO_4 + 2S + \text{能量} \tag{7.28}$$

氧化硫杆菌氧化硫或硫代硫酸盐为硫酸。

$$S_2 + 3O_2 + 2H_2O \longrightarrow 2H_2SO_4 + \text{能量} \tag{7.29}$$

$$Na_2S_2O_3 + H_2O + 2O_2 \longrightarrow Na_2SO_4 + H_2SO_4 + \text{能量} \tag{7.30}$$

脱氮硫杆菌在缺氧情况下能利用还原硝酸时获得的氧化硫或硫代硫酸盐成硫酸，如式(7.31）所示。

$$5Na_2S_2O_3 + 8KNO_3 + 2NaHCO_3 \longrightarrow 6Na_2SO_4 + 4KSO_4 + 2CO_2 + 4N_2 + H_2O \tag{7.31}$$

上述细菌氧化硫时都产生相当量的硫酸，但是氧化硫杆菌可以抵抗强酸，5%的硫酸对它们的生命活动没有什么影响，适宜的 pH 值约为 2～4。

7.5.1.2 反硫化作用

主要是由于硫酸盐还原菌的存在，常见的有去硫弧菌。在氧气缺乏、有机物存在的情况下，它们能将硫酸盐转化成 H_2S。

$$CH_3COOH + Na_2SO_4 \longrightarrow Na_2CO_3 + CO_2 + H_2S + H_2O \tag{7.32}$$

在混凝土及钢筋混凝土沟渠中，硫酸盐还原所形成的 H_2S，被硫磺细菌等氧化成硫酸后，容易使混凝土由于腐蚀而受到损坏。但是，废水中硫酸盐还原菌一般是不多的，并且它们比较容易集中在沟渠的沉淀物中。因此，为了减少沟渠中可能产生的 H_2S，要求沟渠设计和施工时应有适当的坡度，同时应加强渠道的维护管理工作。

7.5.2 磷的转化

在生物圈中，磷不是很丰富的元素。在生物体中，磷是一种生命物质的基本元素，如作为核酸、ATP、ADP、磷脂的一种成分。

磷的转化比较简单，一般由微生物参与的磷循环不会改变磷的氧化状态，因为由微生物引起的大多磷循环是磷酸基团从无机物上转移到有机物上，或从一种不溶性化合物转移到另一种可溶性化合物。如：不溶性无机磷酸盐可借微生物分解有机物时所产生的有机酸和二氧化碳或由于硝化细菌及硫化细菌所形成的硝酸和硫酸的作用转化成可溶性磷酸盐。

$$Ca_3(PO_4)_2 + 2CO_2 + 2H_2O \longrightarrow 2CaHPO_4 + Ca(HCO_3)_2 \tag{7.33}$$

$$Ca_3(PO_4)_2 + 2HNO_3 \longrightarrow 2CaHPO_4 + Ca(NO_3)_2 \tag{7.34}$$

$$Ca_3(PO_4)_2 + H_2SO_4 \longrightarrow 2CaHPO_4 + CaSO_4 \tag{7.35}$$

可溶性磷酸盐能被微生物或植物吸收，组成有机化合物中的含磷有机物，如卵磷脂、核酸及各种糖的磷酸脂等。微生物体内的含磷量相比其他生物为高，以 P_2O_5 计，约为干重的 40%～50%，其中 80%的磷存在于核酸中。

有机磷化物在有氧条件下也可被蜡质芽孢杆菌、解磷大芽孢杆菌、霉状芽孢杆菌等许多微生物，分解产生磷酸，从而形成磷酸盐。

在缺氧的条件下，磷酸盐可因梭状大肠杆菌、芽孢杆菌等微生物的作用而被还原，并且与硝酸还原（反硝化）和硫酸还原（反硫化）类似：

$$H_3PO_4 \longrightarrow H_3PO_3 \longrightarrow H_3PO_2 \longrightarrow PH_3 \tag{7.36}$$

近年来，随着含磷洗涤剂的广泛采用，污水中磷的含量增加了。湖泊水体中如有大量 N、P 排入，将促使藻类等植物十分旺盛地生长繁殖，形成所谓的富营养化污染，影响原水水质和环境卫生。

7.5.3 铁的转化

微生物对铁的转化方式，有氧化、还原以及有机铁的溶解或铁的沉淀等几个方面的作用。一般说，在碱性环境中溶解于水中的铁量很少，而在酸性环境中则有较多游离的铁。

7.5.3.1 含铁化合物的氧化和沉淀

在适当的条件下，低价的铁能被微生物氧化成高价铁，呈 Fe（$OH)_3$ 的状态被排出并沉淀下来。引起这种作用的微生物，统称为铁细菌，它们一般生活在溶解氧含量少，但溶有较多铁质和 CO_2 的水体中。它们能从氧化低价铁（Fe^{2+}）为高价铁（Fe^{3+}）的反应中获得能量，其反应如下：

$$4FeCO_3 + O_2 + 6H_2O \longrightarrow 4Fe(OH)_3 + 4CO_2 + 167.5kJ \qquad (7.37)$$

在含有低价铁的工业废水中，如铁被沉淀下来，则废水就得到了净化，这是有利的一面。但由于反应产生的能量很少，铁细菌为了满足对能量的需求，必然氧化大量的 Fe^{2+} 为 Fe^{3+}，从而形成大量的 $Fe(OH)_3$。如果铁细菌在输水管道中大量生存，其代谢作用生成的 $Fe(OH)_3$ 沉淀，会降低管道的输水能力，使水生色、浑浊，影响水质。并且，铁细菌对 Fe^{2+} 的吸收，将促使更多的管道铁质向水中溶解，从而加速了铁质管道的腐蚀。

7.5.3.2　含铁化合物的还原与溶解

沉淀的 $Fe(OH)_3$ 可由于微生物在生命活动中所产生的碳酸等无机酸及各种有机酸而溶解；另外，还可由于微生物分解有机物的过程中，降低了环境中氧化还原电位势，使高价铁化物（Fe^{3+}）还原成亚铁化合物（Fe^{2+}）而溶解，这种现象特别是在氧不足的情况下容易发生。

7.5.3.3　有机含铁化合物的形成与溶解

溶解性的铁可以被动植物及微生物吸收、利用，形成有机结合的状态；或与有机酸结合成有机酸铁盐。这种有机态结合铁又能被微生物分解而无机化，再形成溶解性的铁又被微生物等利用。应当指出，在自然界中，各种元素的循环彼此有关，并非单独进行，而且是通过各种微生物的作用进行的。

7.6　废水生物处理中的微生物

从前面的内容可以看出，自然界中很多微生物具有氧化分解有机物的能力。生产实践表明，利用微生物氧化分解废水中的有机物是十分有效的。这种利用微生物的代谢作用来处理废水的方法叫做生物处理法。目前生物处理法主要是用来去除废水中溶解状态的和胶体状态的有机污染物质。

由于微生物生活时有的需要氧气，有的不需要氧气。根据微生物在处理废水过程中对氧气的要求不同，废水的生物处理可分为好氧生物处理和厌氧生物处理。

生物处理单元基本上可分为悬浮生长型和附着生长型两类。在好氧生物处理中悬浮生长型所用的反应器，可以活性污泥法中的曝气池为代表，而附着生长型可以生物滤池为代表。

各类废水处理系统中的微生物都是混合培养微生物系统。从“生物处理生态学”角度看，生物处理构筑物中包含一个完整的生态系统。各类生物可构成一个食物网，可以简单画成一个食物金字塔，在这种食物网金字塔中体现不同层次的营养水平。由于反应器的特性不同，悬浮生长反应器系统中的营养水平比附着生长反应器系统的要少。图 7.19 是 1985 年 Wheatley 提出的活性污泥法和生物滤池的食物金字塔的对比。这类人工生态系统完全受运行方式的控制，同时受供氧条件和营养物质（有机负荷）的限制。

7.6.1　废水的好氧生物处理及处理构筑物内的微生物

7.6.1.1　废水的好氧生物处理

好氧生物处理是在有氧的情况下，借好氧微生物（主要是好氧菌）的作用来进行的。在处理过程中，废水中的溶解性有机物质透过细菌的细胞壁和细胞膜而被细菌吸收；固体

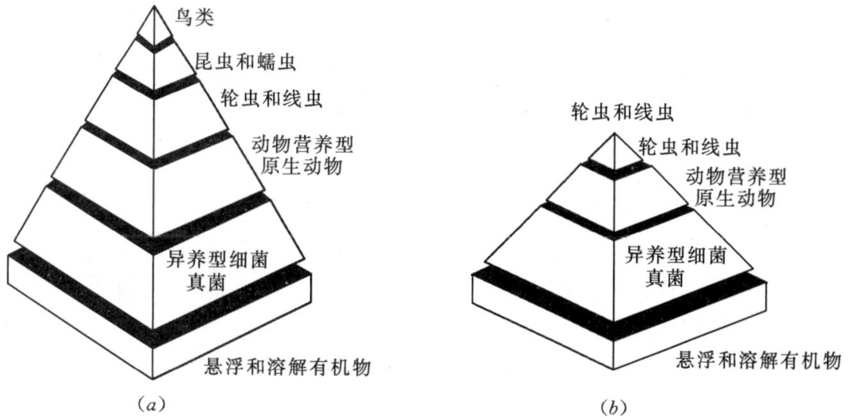

图 7.19 生物滤池和活性污泥法的食物金字塔的对比
(a) 生物滤池；(b) 活性污泥

的和胶体的有机物先附着在细菌体外，由细菌所分泌的胞外酶分解为溶解性物质，再通过细胞膜渗入细胞内部。细菌通过自身的生命活动——氧化、还原、合成等过程，把一部分被吸收的有机物氧化分解成简单的无机物，并放出能量以维持自身正常的生命活动，而把另一部分有机物转化为生物体所必需的营养物质，组成新的体细胞，于是细菌不断地生长繁殖、形成更多的细菌。其他微生物摄取营养后，在它们体内也发生与细菌相似的生物化学反应。图 7.20 可以简单地说明这个过程。

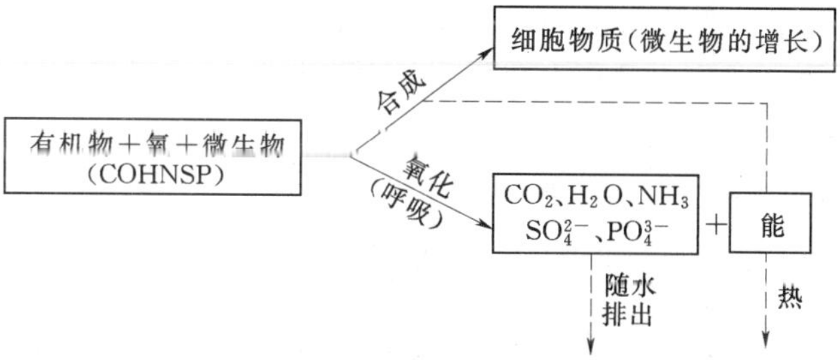

图 7.20 有机物的好氧分解

应当指出，在细菌的生长过程中，除了吸收到体内的一部分有机物被氧化分解并释放能量外，还有一部分细菌本身的细胞物质也在进行氧化分解，同时释放出能量。这种细胞物质的氧化称为内源呼吸。当有机物（养料）充足时，细胞质大量合成，内源呼吸是不显著的，所以在图 7.20 中未表示细胞质的氧化分解过程。但当有机物几乎耗尽时，内源呼吸则会成为提供能量的主要方式，最后细菌由于缺乏能量而死亡。

下列方程式表示有机物（$C_xH_yO_z$）的氧化和合成的过程：

(1) 有机物的氧化：

$$C_xH_yO_z + (x + 0.25y - 0.5z)O_2 \longrightarrow xCO_2 + 0.5yH_2O + \text{能量} \quad (7.38)$$

(2) 细胞物质的合成（包括有机物的氧化，并以 NH_3 作氮源）：

$$n(C_xH_yO_z)+NH_3+(nx+0.25ny-0.5nz-5)O_2 \longrightarrow C_5H_7NO_2 + (nx-5)CO_2+0.5(ny-4)H_2O+能量 \quad (7.39)$$

反应式中的 $C_5H_7NO_2$ 为细菌的细胞物质（在正常情况下，各类微生物细胞的成分是相当稳定的，一般可用下列化学式表示：细菌——$C_5H_7NO_2$；真菌——$C_{16}H_{17}NO_6$；藻类——$C_5H_8NO_2$；原生动物——$C_7H_{14}NO_3$）。

（3）细胞物质的氧化：

$$C_5H_7NO_2+5O_2 \longrightarrow 5CO_2+NH_3+2H_2O+能量 \quad (7.40)$$

如果在式（7.38）中的有机物含有 N、S 或 P，则 N、S 或 P 将分别被氧化并与水中碱性物质作用而形成相应的盐类。式（7.39）中的 NH_3 可以是细菌所吸入的含 N 有机物的分解产物或吸入的 NH_4^+ 盐。如果没有含 N 物质的参与，则不可能有细胞物质的合成。

1. 新生长细胞物质的计算

生物处理构筑物内，在微生物的代谢作用下，废水中的有机污染物质会得到一定的降解、去除。但是，废水中所含各种有机物氧化或合成的比例随有机物的性质、微生物的种类等而有所不同。一般情况下，生物处理构筑物内新生长的细胞物质（微生物的净增殖）等于所合成的细胞物质减去内源呼吸而消耗的细胞物质，可用下式计算：

$$\Delta S = aLr - bSa \quad (7.41)$$

式中 ΔS——新生长的细胞物质，即生物处理构筑物中微生物的净增殖量，kg/d；

Lr——所利用的食料，即在微生物作用下，污水中被降解、去除的有机污染物质（BOD_5）量，kg/d；

Sa——生物处理构筑物中原有的细胞物质，kg；

a——合成系数，即合成的细胞物质/去除的 BOD_5；

b——微生物（细胞物质）内源代谢的自身氧化率，1/d。

a 和 b 的值可通过试验确定如下：

将式（7.41）两边同除以 Sa，得：

$$\frac{\Delta S}{Sa} = a\frac{Lr}{Sa} - b \quad (7.42)$$

以 $\Delta S/Sa$ 为纵坐标，Lr/Sa 为横坐标作图，可得斜率为 a，纵轴上的截距为 b 的一条直线。

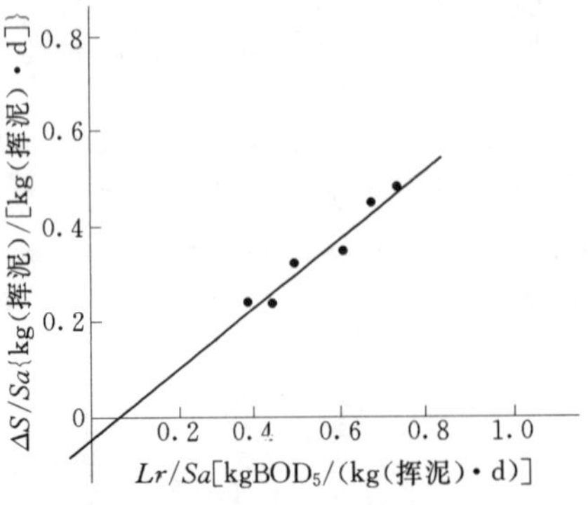

图 7.21　漂染废水 $\frac{\Delta S}{Sa}$ 与 $\frac{Lr}{Sa}$ 的关系

就活性污泥法来说，可用其挥发性部分代表微生物，曝气池（活性污泥法的主要处理构筑物）内挥发性污泥量可作为 Sa 代入式（7.43）中；此外，曝气池内所增加的微生物细胞的量（ΔS）可假定大约等于所排放的剩余污泥挥发性部分的量。

图 7.21 是某漂染厂废水活性污泥法处理试验求 a 和 b 值的实例。

对于生活污水和性质与之相近的工业废水，a 一般可取 0.5～0.7，b 可取 0.05～0.1；污泥龄（微生物固体在曝气池内的平均停留时间）长，a

值可取小，b 值可取大；污泥龄短，a 值可取大，b 值可取小。如表 7.2 所示几种 a、b 废水的值。

表 7.2　　某些污（废）水 a、b 值

污（废）水种类	a	b	污（废）水种类	a	b
炼油废水	0.49～0.62	0.10～0.16	制药废水	0.72～0.77	—
石油化工废水	0.31～0.72	0.05～0.18	含酚废水	0.70	—
酿造废水	0.56	0.10	亚硫酸盐废水	0.55	0.13

2. 有机物生物氧化需氧量的计算

有机物生物氧化所需要的氧量，包括微生物生长活动和自身氧化过程中所需的全部氧量，可用下列关系式表示：

$$O_2 = a'Lr + b'Sa \tag{7.43}$$

式中　O_2——微生物需氧量，kg/d；

Lr——微生物降解、去除的 BOD_5，kg/d；

Sa——微生物重量，即生物处理构筑物中原有的细胞物质，kg；

a'——去除单位 BOD_5 所需的氧量，kg/kg；

b'——微生物自身氧化需氧率，1/d。

就活性污泥法来说，已如上述，可用其挥发性部分代表微生物，曝气池内挥发性污泥量可作为代入式（7.43）中，在选择鼓风系统或曝气装置时，应留有一定的余地。

a' 和 b' 的值可通过试验确定如下：

将式（7.43）两边同除以 Sa，得：

$$\frac{O_2}{Sa} = \frac{a'Lr}{Sa} + b' \tag{7.44}$$

以 $\frac{Lr}{Sa}$ 为横坐标，$\frac{O_2}{Sa}$ 为纵坐标，可得到一条斜率为 a'、纵轴上的截距为 b' 的直线。

对于生活污水和性质与之相近的工业废水，a' 一般可取 0.4～0.55，b' 可取 0.2～0.1。如表 7.3 所示几种工业废水 a' 和 b' 的值。

表 7.3　　几种工业废水的 a'、b' 值

名　称	a'	b'	名　称	a'	b'
生活污水	0.40～0.55	0.1～0.2	含酚废水	0.56	—
纸浆和造纸废水	0.38	0.092	石油化工废水	0.75	0.160
合成纤维废水	0.55	0.142	漂染废水	0.5～0.6	0.065
亚硫酸浆粕废水	0.40	0.185	炼油废水	0.50	0.120
制药废水	0.35	0.354	酿造废水	0.44	—

在进行活性污泥法曝气系统设计时，如果缺乏资料，有机物被生物氧化所需的氧量可按每降解、去除 1kgBOD_5 需要的氧为 1kg，并留一定的余地进行估计。于是可根据氧气

的密度为 $1.43kg/m^3$，空气中含氧的百分率为21%（体积比），算出所需的空气量。

除少数物质外，几乎所有的有机物都能被相应的微生物氧化分解，所以目前生物处理法被广泛地应用于处理各种含有机物的废水。

通过好氧处理，废水中一部分有机物的确无机化了，一部分有机物则被合成为微生物的细胞物质。当废水中的有机物较多时（超过微生物生活所需时），合成部分增大，微生物总量增加较快；当废水中有机物不足时，一部分微生物就会因饥饿而死亡，它们的尸体将成为另一部分微生物的“食料”，微生物的总量将减少。微生物的细胞物质虽然也是有机物质，但微生物是以悬浮状态存在于水中的。一般来说，个体大一点的微生物也比较容易凝聚，可以同废水中的一些其他物质（包括一些被吸附的有机物和某些无机的氧化产物以及菌体的排泄物等）通过凝聚作用在沉淀池中一起沉淀下来。

由此可见，好氧生物处理法特别适用于处理溶解状态的和胶体状态的有机物，因为这部分有机物不能直接利用简单的沉淀法把它们除去，而利用生物处理法可把它们的一部分转化成无机物，另一部分转化成微生物的细胞物质从而与废水分离。但必须注意，沉淀下来的污泥（生物处理法的副产品，也是必然产品，其中含有大量微生物）在缺氧的情况下容易腐化变质、影响环境卫生，在排放前应作适当的处理。

用好氧生物处理法处理废水基本上没有臭气，处理所需的时间也比较短，如果条件适宜，BOD_5的去除率可达80%～90%，有的甚至可达95%以上，可达到污水排入水体的排放标准。

除上面所提到的活性污泥法外，生物膜法、生物塘等也都是废水好氧生物处理的方法。

【例题】　某城市混合废水用活性污泥法处理。其曝气池的有效容积为 $340m^3$，进水流量为 $1500m^3/h$，进水 BOD_5 为200mg/L，出水 BOD_5 为20mg/L，曝气池内污泥浓度为4g/L（其中挥发性部分占75%）。试计算剩余污泥量和需氧量。

【解】

(1) 剩余污泥量的计算。

按式(7.42)

$$\Delta S = aLr - bSa$$

$$Lr = (200-20)\times 150\times\frac{24}{1000} = 648(\text{kg/d})$$

$$Sa = 4\times 75\%\times 340 = 1020(\text{kg})$$

取

$$a = 0.6, b = 0.075$$

所以

$$\Delta S = 0.6\times 648 - 0.075\times 1020 = 312.3(\text{kg/d})$$

所以剩余污泥量为：

$$\Delta S' = \frac{\Delta S}{75\%} = \frac{312.8}{75\%} = 416(\text{kg/d})$$

如果剩余污泥的含水率（P）为99.2%，则剩余污泥的体积为：

$$\Delta S'' = \left(1\times\frac{100-0}{100-P}\right)\times\frac{1}{1000}\times\Delta S'$$

$$= \frac{100}{100-99.2} \times \frac{1}{1000} \times 416 = 52(m^3/d)$$

(2) 需氧量的计算。

按式 (7.44)

$$O_2 = a'Lr + b'Sa$$

取 $a' = 0.5, b' = 0.15$

所以 $Lr = 648, Sa = 1020$

所以需氧量为：

$$O_2 = 0.5 \times 648 + 0.15 \times 1020 = 477(kg/d)$$

7.6.1.2 好氧生物处理构筑物

1. *活性污泥法中的微生物*

(1) 活性污泥生态学及常见微生物。栖息在活性污泥上的微生物以好氧细菌为主，同时也生活着真菌、放线菌、酵母菌以及原生动物和微型后生动物等，这些微生物群体在活性污泥上组成了一个相对稳定的微小生态系。

与所有生物处理过程一样，活性污泥系统具有混合培养、主要起氧化分解有机物作用的细菌和其他较高级的水生生物，形成了一个具有不同营养水平的完整的生态系统。由于不断的人工充氧和污泥回流，使曝气池不适于某些水生生物生存，特别是那些比轮虫和线虫更大型的种群和那些长生命周期的微生物。活性污泥反应器（曝气池）中主要生物种群是细菌、原生动物和线虫。其他种群如剑水蚤属，甚至某些双翅目的幼虫也偶尔可见。在混合液中也可见藻类，但很难生长。传统活性污泥法过程的食物金字塔如图 7.22 所示。

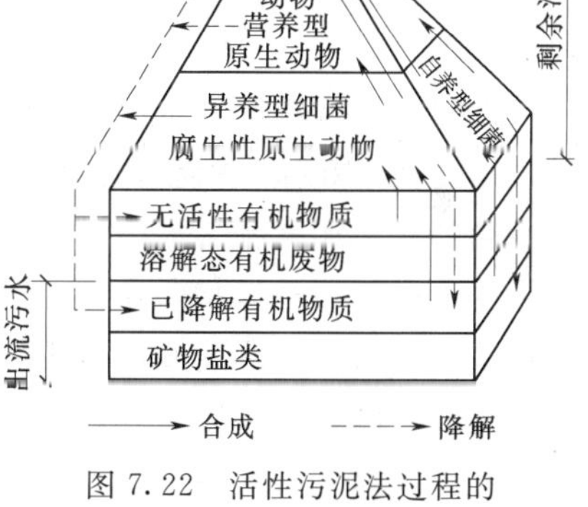

图 7.22 活性污泥法过程的食物金字塔

曝气池中的异养型细菌构成了活性污泥絮状体（生物絮状体）的主体，它们具有很强的吸附、氧化分解有机物的能力，是个体细菌的凝聚或者由于丝状菌促使它们聚集在一起。絮体的生物条件决定了基质的去除率，其物理结构又决定了它们在二沉池中的沉降效果。

原生动物是活性污泥的经常组成部分，其个数可达 5000 个/L，可占混合液干重的 5%～12%。完全混合活性污泥反应器（曝气池）内的原生动物的种类在空间上观察不到什么差别（但在生物膜法反应器——生物滤池中纵向是有差别的）。随着活性污泥的逐渐成熟，混合液中的原生动物的优势种类也会有顺序变化，从肉足类、鞭毛类开始，依次出现游动型纤毛虫、爬行型纤毛虫、附着型纤毛虫。爬行型纤毛虫和附着型纤毛虫与活性污泥絮状体紧密结合，一旦达到一定密度时，就会随着二沉池中沉淀的回流污泥返回到曝气池。当活性污泥达到成熟期，其原生动物发展到一定数量后，出水水质则会得到明显的改善。

新运行的或运行得不好的曝气池，池中主要含有鞭毛类原生动物和根足虫类。只有少量纤毛虫；相反地，出水水质好的曝气池混合液中，主要含纤毛虫，只有少量鞭毛型原生动物和变形虫。

这种污泥状态、出水水质和微生物种类的连带关系导致了用原生动物去指示活性污泥法污水处理厂的出水水质。如学者 Curds 和 Cockburn 根据大量实测数据，找出了原生动物种类与出水水质的相互关系。他们根据出水 BOD_5 判定水质优劣，将出水水质分为 4 类：优（BOD_5 为 0～10mg/L）、良（BOD_5 为 11～20mg/L）、中（BOD_5 为 21～30mg/L）、差（BOD_5 大于 30mg/L）。

（2）活性污泥法运行中微生物造成的问题。活性污泥在运行中最常见的故障是在二沉池中泥水分离的问题。造成污泥沉降问题的原因是：污泥膨胀、微小絮体、不絮凝、起泡沫和反硝化等。这只是从效果上分类，实际上不是很精确，而且有些重叠。所有的活性污泥沉降性问题，基本上都是污泥絮体结构的不正常造成的。

絮体结构一般被分为两类：微观结构与宏观结构。微观结构是球形、较密实、相对的较容易破裂的较小絮体（直径 $d<75\mu m$）。此类絮体多由“絮体形成菌”组成。它们在曝气池紊流条件下易被剪切成小颗粒。这种絮体虽然能很快沉淀，但从大絮凝体被剪切下来的小颗粒的沉淀需较长的时间，可能随沉淀池出水排出，使最终出水的 BOD_5 上升，同时使得浊度也大幅度上升。当丝状微生物出现时，即出现宏观结构絮体，微生物凝聚在丝状微生物的周围，形成较大的不规则絮体，这种絮体具有较强的抗剪切强度。

下面将重点说明污泥膨胀的形成原因及对策，并简要说明其他造成污泥沉降问题的原因：

1）丝状菌污泥膨胀。正常的活性污泥沉降性能良好，含水率在99%左右。当污泥变质时，结构松散和体积膨胀，含水率上升，澄清液稀少，不易沉淀，且颜色也有异变。这就是所谓的“污泥膨胀”。

污泥膨胀是一种丝状菌在絮体中大量生长以致影响沉降的现象。开始时，尽管膨胀污泥比正常活性污泥的沉速慢，但出水水质仍然很好。即使污泥膨胀已比较严重，仍能有清澈的上清液，因为延伸的丝状菌会过滤形成浊度很小的细小颗粒。只有当沉降性能很差，泥面上升，以致大的絮体也溢出沉淀池，最终导致出水中的 SS（悬浮固体）和 BOD 升高。主要原因是污泥膨胀使得污泥压缩性能变差，其结构是很多稀薄污泥回流到曝气池，使曝气池中的 MLSS（混合液悬浮固体）下降，进而造成出水水质满足不了要求而使曝气池的运行失败。

从污泥结构角度看，膨胀是由于絮体具有坚固的宏观结构，以致丝状微生物的数量猛增。理想的絮体沉降性能好，最终出水中的 SS（悬浮固体）和浊度极低，丝状菌与絮体形成菌保持平衡，丝状菌都留在絮体中，从而使絮体强度增加并保护固定的结构。即使有少量丝状菌伸出污泥絮体，它们皆能使长度缩得非常短小而不会影响污泥沉降。与此相反，膨胀污泥有大量丝状菌伸出絮体。可辨别的膨胀污泥絮体有两种类型：第一类是具有长丝状菌从絮体伸出，此类丝状菌将各个絮体连接（或称架桥），形成丝状菌和絮体网；第二类是具有更开放的结构，由细菌沿丝状菌凝聚，形成相当长的絮体。

根据研究结果，大约有25种丝状菌可造成活性污泥膨胀，尚未发现在活性污泥中藻类能造成污泥膨胀。

造成膨胀的主要原因是低浓度的溶解氧（DO）、低污泥负荷率、曝气池进水含较多的化粪池出水、营养不足和低 pH 值（<6.5）。

即使已知丝状微生物的种属，目前也找不到控制优势种属的实用方法。因此，污水处理操作人员一般需根据指示性丝状微生物的出现，采用控制运行条件来运转曝气池，直至问题的解决。主要的方法如下：

A. 控制污泥负荷率。污水处理厂的一般处理系统的正常负荷是（0.2～0.45）kg-BOD_5/（kgMLSS·d），如果污泥负荷率超出此范围，就有可能发生污泥膨胀。为了防止污泥膨胀，应经常将污泥负荷率控制在正常负荷的范围以内。

B. 控制溶解氧（DO）浓度。为防止丝状微生物的猛增，一般应将池中溶解氧（DO）浓度控制在大于 2.0mg/L。因为防止污泥膨胀的最低溶解氧浓度是污泥负荷（F/M）的函数，因此当 F/M 增加时，应相应地增加最低溶解氧浓度。如图 7.23 所示。

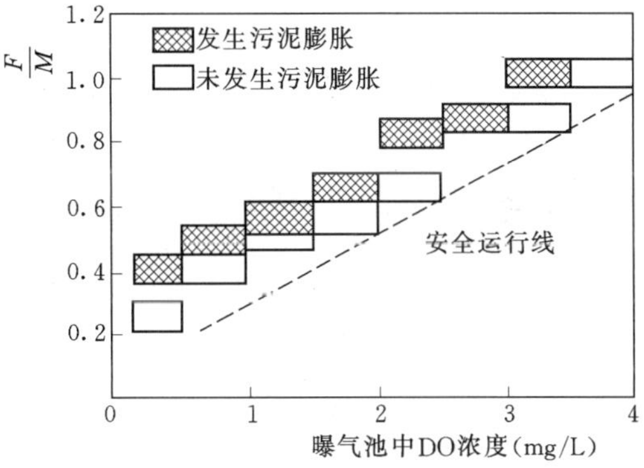

图 7.23　控制活性污泥膨胀的最低 DO 浓度与 F/M 的关系

C. 控制营养比例。一般曝气池正常的营养比例为 BOD∶N∶P＝100∶5∶1。当 BOD∶P 偏高时，丝状微生物能将多余部分储存在体内。当营养浓度不足时，丝状微生物仍有储存，这就增强了丝状微生物对絮体形成菌的竞争性。

D. 投加混凝剂。可投加三氯化铁、石灰或高分子絮凝剂以改善污泥的絮凝结构，同时也能增加絮体的强度。

E. 加氯（Cl_2）、臭氧（O_3）或过氧化氢（H_2O_2），这些化学药剂的目的用于有选择地控制丝状微生物的过量增长。

2）非丝状菌引起的污泥膨胀。有时在不出现丝状微生物的条件下也会出现污泥膨胀。这种膨胀与散凝作用有关，当游离细菌产生菌胶团基质时就会导致污泥膨胀，人们称这种膨胀为菌胶团或粘性膨胀。这种失败是由于絮体微结构中产生了大量胞外多聚物，它具有糊状或果冻样的外观，可以用印度墨水反染色法进行与正常絮体的区分。正常絮体染色后，墨水会深深贯入絮体，而具有胞外多聚物的絮体则能抗拒墨水的贯穿。

3）不凝聚。不凝聚是一种微结构絮体造成的现象。这是因为微絮体变得不稳定而容易破碎，或者因为过度曝气形成的紊流将絮体剪切成碎块而造成的运行问题。也可能是细菌不能凝聚成絮体，微生物成为游离个体或非常小的丛生块，它们在沉淀池中呈悬浮状态，并随出水连续流出。一般认为不凝聚是由于溶解氧（DO）浓度低、或冲击式的污泥负荷、或 pH 值低。一般地，污泥负荷应大于 0.4 kgBOD_5/（kgMLSS·d），否则将产生不凝聚问题。若污泥为微型结构，则高污泥负荷时可能出现不凝聚。

4）微小絮体。含微小絮体的污泥不会在出水中形成高浓度，因为其颗粒比不凝聚污泥要大得多。微小絮体一般由于长污泥龄（大于5～6d）和低污泥负荷率［小于$0.2kgBOD_5/(kgMLSS \cdot d)$］而形成的。因此这种问题往往发生在延时曝气系统。

5）起泡沫。自从使用了难以降解的合成洗涤剂以来，常常在曝气池中出现很厚的白色泡沫。而微生物造成的泡沫是另外一种很密实的、棕色的泡沫，有时在曝气池中出现。此类型的泡沫是由于某些丝状微生物（如诺卡氏菌属）的超量生长，曝气系统的气泡又进入其群体而形成的。这种泡沫以一种密实稳定的泡沫或一层较厚的浮渣浮在池面上。

气泡附着于诺卡氏菌属的机理是相当复杂的。在有些情况下，虽然这种丝状微生物在混合液中的种群密度也很高，但不会造成污泥沉降的质量问题。其原因是诺卡氏菌属易产生许多分枝，使絮体成为很坚固的宏观结构，生成一种大而牢固、且容易沉降的絮体。

6）反硝化。气泡使污泥上浮还可能是反硝化造成的。污泥在二沉池呈块状上浮的现象，并不是由于腐败所造成的，而是由于在曝气池内污泥龄过长，硝化进程较高（一般硝酸铵达5mg/L），在沉淀池底部产生反硝化，硝酸盐的氧被利用，氮即呈气体脱出附于污泥上，从而使污泥比重降低，整块上浮。所谓反硝化，是指硝酸盐被反硝化菌还原成氨和氮的作用。反硝化作用一般在溶解氧（DO）浓度低于0.5mg/L时发生，并在实验室静沉30～90min后发生。所以为了防止这一异常现象发生，应增加污泥流量或及时排除剩余污泥，在脱氮之前就将污泥排除；或降低混合液污泥浓度，缩短污泥龄或降低溶解氧浓度等，使之不进行到消化阶段。

2. 生物膜法中的微生物

污水的生物膜处理法是与活性污泥法并列的一种污水好氧生物处理技术。这种处理法的实质是使细菌和菌类一类的微生物和原生动物、后生动物一类的微型动物附在滤料或某些载体上生长发育，并在其上形成生物污泥——生物膜。污水与生物膜接触，污水中的有机污染物作为营养物质，为生物膜上的微生物所摄取，污水得到了净化，同时微生物自身也得到繁衍增殖。

生物膜处理法的各种工艺，都具有适于微生物生长栖息、繁衍的安静稳定环境，生物膜上的微生物勿需像活性污泥那样承受强烈的搅拌冲击，易于生长繁殖。

生物滤池为附着型或固定膜型反应器。在这种反应器内微生物形成了生物膜附着在滤料上，用以处理废水。早期的生物滤池的处理负荷低，即所谓低负荷生物滤池。后来提高了负荷就称为高负荷生物滤池，也简称生物滤池。近年来又发展了若干改进型固定膜反应器，例如生物转盘、生物流化床等。各种固定膜反应器在微生物的种类及作用方面有类似之处。下面以生物滤池为代表，说明各种微生物的作用及生物滤池的生态学。

(1）生物滤池中的微生物及其作用。生物滤池建成后，就开始进水，不需要接种，因为污水中含有滤池生物膜需要的各种微生物。在夏天约3～4周就可在滤料上生长成正常的生物膜；在冬天约需2个月就可长成正常的生物膜。生物膜上生长着一个含有多种微生物的复杂生物群体。

一般说，生长在生物滤池中的细菌大多是革兰氏阴性菌，例如黄杆菌、无色杆菌、极毛杆菌、产碱杆菌等。其中很多都能形成菌胶团。真菌有镰刀霉、青霉、毛霉、地霉、分枝孢属等以及多种酵母菌。丝状细菌则有球衣细菌、贝氏硫细菌等。在生物滤池下层，主要是硝化细菌。藻类仅生长在滤池表面（有日光照射的地方），主要有小球藻、蓝藻、绿藻等。原生动物最常见的有钟虫、等枝虫、盖纤虫、草履虫等纤毛类原生动物。此外，还有其他生物如轮虫、蠕虫、昆虫的幼虫，甚至灰蝇等小动物也会在滤池（特别是低负荷滤池）内生长繁殖。总之，在生物膜上生长发育的生物类型广泛、种属繁多，食物链长且较为复杂。

废水中的有机物主要被好氧的异养微生物所降解。生物膜的结构似海绵状，很像活性污泥的絮体，生物膜被生长在膜内的驯养动物连续不停地挖洞，使膜变得更加多孔（见图7.27）。废水可穿过膜表面直至相当的深度，其能穿透的限度取决于膜厚和滤池的水力负荷。

图 7.24 中左侧为滤料，右侧为生物膜。生物膜由两部分组成：接触滤料的附着生物体和最右侧吸附在生物体上的液膜，最外侧是空气。外部空气中的氧气一般可以穿过液膜传递给生物体部分。生物膜成熟后，由于微生物的不断繁殖增长，生物膜的厚度不断增加，在增厚到一定程度后，在氧不能透入的内侧深部即转变为厌氧状态。这样，生物膜便由好氧层和厌氧层两层组成。生物膜的表面与污水直接接触，由于吸收营养和溶解氧比较容易，微生物生长繁殖迅速，形成了由好氧微生物和兼性微生物组成的好氧层；其内部和载体接触的部分，由于营养物质和溶解氧的不足，微生物生长繁殖受到限制，从而形成了由厌氧微生物和兼性微生物组成的厌氧层。厌氧层在生物膜达到一定厚度时才出现，随着生物膜的增厚和外伸，厌氧层也随着增厚。但有机物的降解主要是在好氧层内进行。

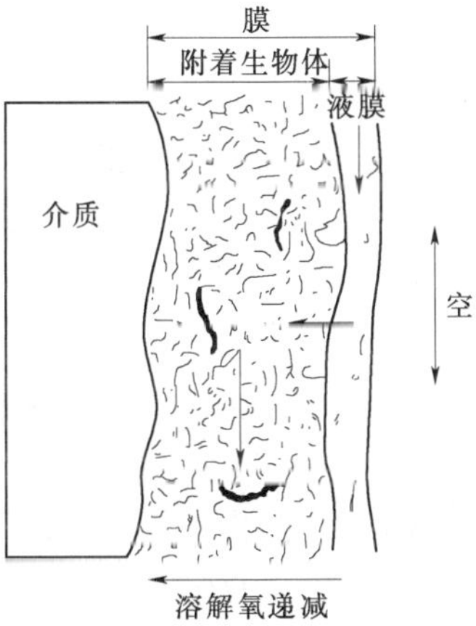

图 7.24　膜结构示意图

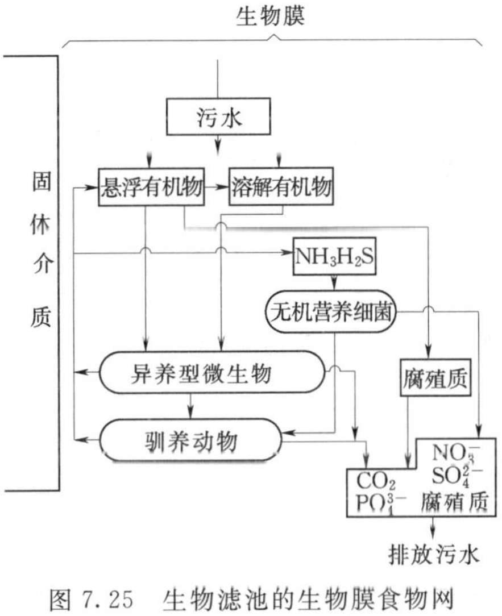

图 7.25　生物滤池的生物膜食物网

（2）生物滤池微生物的生态学。活性污泥提供了纯水生生物的生长环境，而生物滤池中的生物环境既适宜于水生生物也适宜于陆生生物。生物滤池的食物链比活性污泥的生物链在营养水平上多好几种。水质净化的最基本部分是异养性生物膜，它将水中溶解的和悬浮的有机物转化成细菌和菌类生物膜，动物性原生动物主要栖息在生物膜上，有的与游离细菌在一起，还有一些靠捕食其他原生动物或腐生植物生存。其他生活在生物膜上的还有线虫和轮虫。驯养动物主要是真蝇类幼虫和寡毛纲蠕虫。它们的关系如图 7.25 所示。

7.6.2　废水的厌氧生物处理及处理构筑物中的微生物

7.6.2.1　废水的厌氧生物处理

世界各国尤其是第三世界国家，已日益感到为了解决环境问题所需付出大量能耗的沉重负担。厌氧生物处理法是一种既节能又产能的废水处理工艺，近几十年来得到有力、迅速的发展，新开发的现代废水厌氧生物处理反应器不仅是高效能的，并可在常温下进行，不仅可以处理污泥和高浓度的有机废水，而且可以处理中低浓度的有机废水，在世界范围内得到了广泛的应用。

厌氧生物处理（或称厌气生物处理）是在无氧的条件下，借厌氧微生物（包括兼性微生物），主要是厌氧菌（包括兼性菌）的作用来进行的。

图 7.26 简单地说明了有机物的厌氧分解过程。从图中可以看出，当有机物进行厌氧分解时，有机废水或污泥的分解一般是分阶段进行的，早期将厌氧分解分为酸性发酵阶段和碱性阶段或产甲烷阶段两个阶段。在第一阶段，复杂的有机物，如糖类、脂类、蛋白质等在产酸菌（厌氧菌和兼性厌氧菌）的作用下被分解为低分子的中间产物，主要是一些低分子有机酸和醇类，如乙酸、丙酸、丁酸、乙醇等，并有 H_2、CO_2、NH_4^+ 和 H_2S 等产生。因为该阶段中有大量的脂肪酸产生，使发酵液的 pH 值降低，因此该阶段被称为酸性发酵阶段或产酸阶段。在第二阶段，专性厌氧菌——产甲烷菌将第一阶段产生的中间产物继续分解为 CH_4、CO_2 和 H_2O 等。在这一阶段，第一阶段产生的有机酸不断地被转化分解，生成最终产物 CH_4 和 CO_2 等，同时反应系统中有 NH_4^+ 的存在，使发酵液的 pH 值不断升高。所以，此阶段称为碱性发酵阶段或产甲烷阶段。

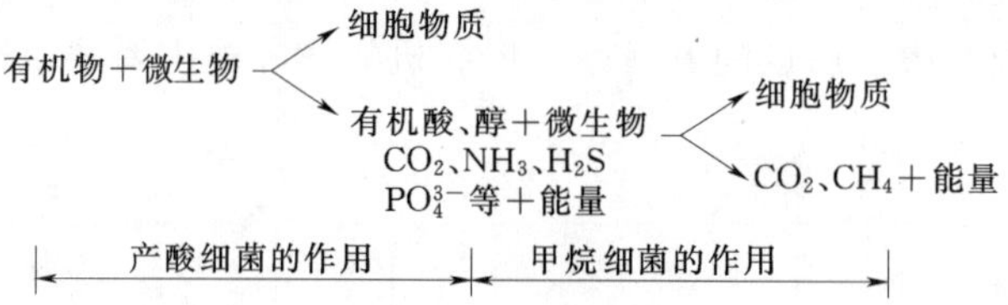

图 7.26　有机物的厌氧分解

随着厌氧微生物学研究的不断进展，人们对厌氧消化的生物学过程和生化过程认识不断深化，厌氧消化理论得到不断进展。1979 年，M. P. Bryant 根据对产甲烷菌和产氢产乙酸菌的研究结果认识到：产甲烷菌不能利用除乙酸、甲醇等以外的有机酸和醇类，长链脂肪酸和醇类必须经过产氢产乙酸菌转化为乙酸、氢气、二氧化碳等后才能被产甲烷菌利用，并由此提出三阶段理论。三阶段理论如图 7.27 所示。第一阶段为水解发酵阶段，在该阶段复杂的有机物在厌氧菌胞外酶的作用下，首先分解为简单的有机物，如纤维素经水解转化为较简单的糖类、蛋白质转化为较为简单的氨基酸、脂类转化脂肪酸

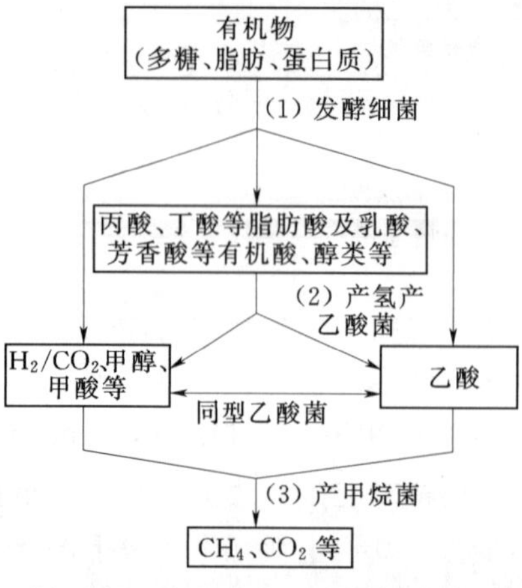

图 7.27　厌氧消化三阶段学说示意

和甘油等。继而这些简单的有机物在产酸菌的作用下，经过厌氧发酵和氧化转化为乙酸、丙酸、丁酸等脂肪酸和醇类等。参与这个阶段的水解发酵菌主要是厌氧菌和兼性厌氧菌。第二阶段为产氢产乙酸阶段，在该阶段产氢产乙酸菌把除乙酸、甲酸、甲醇以外的第一阶段产生的中间产物，如丙酸、丁酸等脂肪酸和醇类都转化为乙酸和 H_2，并有 CO_2 产生。第三阶段为产甲烷阶段，在该阶段产甲烷菌把第一阶段和第二阶段产生的乙酸等转化为 CH_4。

厌氧消化所产生的气体中，CH_4 约占 50%～75%，CO_2 约占 20%～30%，其余的是 NH_3、H_2S、H_2 等气体。这种气体的发热量高，是一种很好的燃料。

应当指出，对于不溶性有机物，先要通过胞外酶的作用，成为溶解性有机物后，才能被细菌吸收。而胞外酶的水解作用是比较缓慢的，因此固体物质在进行厌氧处理之前应尽量使其粉碎或打成小块。

发酵性细菌有兼性的，也有厌氧的，在自然界中数量较多，而产甲烷菌则是严格的厌氧菌，具有很强的专一性。

产甲烷细菌对于温度和酸碱度的反应都相当敏感。微小的温度变化（几度）或环境中的 pH 值稍超过适宜的范围时，就会在很大程度上影响有机物的分解。

一般的产甲烷菌都是中温的，最适宜的温度范围是 25～40℃，高温性产甲烷菌适宜的温度范围是 50～60℃。在废水厌氧分解处理构筑物内，如果要保持较高的温度，则需增加燃料费用，且高温细菌对温度的变化更为敏感，故经常采用 30～35℃的发酵温度，但完成发酵所需的时间较短，杀菌效果也较好。

产甲烷菌生长时最适宜 pH 值的范围约是 6.8～7.2。如 pH 值高于 8 或低于 6，其生长繁殖将受到较大影响。产酸菌对酸碱度不及产甲烷菌敏感，其适宜 pH 值的范围也较广，一般在 4.5～8.0 之间。所以在用厌氧法处理废水时，由于有机物的酸性发酵和碱性发酵在同一构筑物内进行，故为了维持产生的酸和形成的甲烷之间的平衡，避免产生过多的有机酸，经常保持处理构筑物内的 pH 值范围在 6.5～7.5（最好在 6.8～7.2）。在实际运转时，有机酸的控制更为重要，因当酸量积累至足以降低 pH 值时，厌氧处理的效果已经显著下降，甚至停止产气。有机酸本身不毒害产甲烷菌，而 pH 值的下降则会抑制产甲烷菌的生长。

好氧法处理有机物所需的时间一般比用厌氧法的短，且基本上无臭气，但需要有氧的供应和比较复杂的处理设备，并且当废水中有机物浓度太高时，一般不可能供应好氧分解所需的充足的氧气。用厌氧法处理废水，所产生的 CH_4 气体，因热能高可以利用；但由于 H_2S 气体的产生，导致臭气大；还有由于存在硫化铁等黑色物质使处理后的废水颜色深，并且出水中所含有机物也较多，如果要使有机物完全稳定，需时间比较长，当废水量大时，所需设备的容量也将很大。因此，处理废水时一般采用好氧法，处理污泥时则用厌氧法。如处理高浓度的有机废水（如屠宰场废水、发酵工业废水、羊毛洗涤废水等），则往往先采用厌氧生物处理，将有机污染物质降至一定浓度后，再采用好氧法处理至达到污水排放标准。厌氧处理还有可能使难以好氧生物降解的有机物转化为较易好氧分解的物质。

7.6.2.2 参与厌氧生物处理的微生物

厌氧生物处理过程是一个连续的微生物过程，参与厌氧消化的微生物类群总体上可分为两大类，既包括发酵细菌群、产氢产乙酸菌群以及同型产乙酸菌群在内的不产甲烷微生物和产甲烷微生物。

1. 不产甲烷微生物（又称产酸微生物）

包括厌氧菌和兼性厌氧菌，其种类很多，具体种类及数量随发酵原料和发酵工艺而定。此外，还有真菌和原生动物等。细菌除了厌氧菌和兼性厌氧菌之外，在厌氧设备中还存在一定数量的好氧细菌。好氧菌在厌氧发酵过程中的作用，目前还研究得不够。

（1）发酵细菌群。发酵细菌种类很多，如梭菌属、枝杆菌属、乳杆菌属等。它们主要参与复杂有机物的水解，并通过丁酸发酵、丙酸发酵、混合液发酵、乳酸发酵和乙醇发酵等将水解产物转化为乙酸、丙酸、丁酸、戊酸、乳酸等挥发性有机酸及乙醇、CO_2、H_2 等。

（2）产氢产乙酸菌群。大多为发酵细菌，也有专性产氢产乙酸菌。这类细菌有脱硫弧菌、沃尔非互营单胞菌、沃林互营杆菌等。它们可将发酵细菌产生的挥发性酸和醇转化为乙酸、H_2/CO_2 等。

（3）同型产乙酸细菌群。种类也较多，如乙酸梭菌、甲酸乙酸化梭菌、乌氏梭菌、伍迪乙酸梭菌等。它们可将或通过还原过程转化为乙酸。

此外，在厌氧发酵中能经常见到原生动物，但数量不多。

2. 产甲烷细菌

产甲烷细菌具有特殊的产能代谢功能，可利用 H_2 还原 CO_2 合成 CH_4，亦可利用含碳有机化合物作为底物。产甲烷细菌与甲烷氧化细菌的区别在于：产甲烷细菌利用有机或无机物作为底物，在厌氧条件下转化形成甲烷；而甲烷氧化细菌则以甲烷为碳源和能源，将甲烷氧化分解成 CO_2 和 H_2O。在沼气发酵中，产甲烷细菌是沼气发酵微生物的核心，其他发酵细菌为产甲烷细菌提供底物。产甲烷细菌也是自然界碳素物质循环中，厌氧生物链的最后一组成员，在自然界碳素循环的动态平衡中具有重要的作用。

（1）产甲烷细菌的生理特征。

1）产甲烷细菌是严格专性厌氧菌。产甲烷细菌都是生活在没有氧气的厌氧环境中，对氧气非常敏感，遇到氧气后会立即受到抑制，不能生长繁殖，最终导致死亡。

2）产甲烷细菌对环境影响非常敏感。产甲烷细菌对生态因子的要求非常苛刻，例如，对温度、pH 值、氧化还原电位及有毒物质等均很敏感，适应范围非常有限。

3）产甲烷细菌生长特别缓慢。产甲烷细菌在自然界中生长特别缓慢，即使在人工培养条件下，也要经过 18d 甚至几十天才能长出菌落。

4）产甲烷细菌分离培养比较困难。由于产甲烷细菌是严格的厌氧菌，受技术手段的限制，培养分离产甲烷细菌很困难。目前，全世界报道的产甲烷细菌约有 40 多种。

（2）产甲烷细菌的营养特征。不同的产甲烷细菌生长过程中所需要的碳源是不一样的。研究学者 Smith 指出，在纯种培养条件下，几乎所有的产甲烷细菌都能利用 H_2 和 CO_2 生成甲烷。在厌氧生物处理中，绝大多数产甲烷细菌都能利用甲醇、甲胺、乙酸，因此，在厌氧生物处理反应设备中最为常见。产甲烷细菌不能直接利用除乙酸外的二碳以上的有机物质。

一般将产甲烷细菌分为三个种群：氧化氢产甲烷菌、氧化氢利用乙酸产甲烷菌和非氧化氢利用乙酸产甲烷菌。尽管这一分类并不严格，但在厌氧反应器中，以上种群分别能出现在不同的生活环境中，构成优势种，对实际工程的运行具有重要意义。

所有的产甲烷细菌都能利用 NH_4^+，有的产甲烷菌需酪蛋白的胰消化物，它可刺激产甲烷细菌生长，因此，分离产甲烷细菌时，培养基中要加入胰酶解酪蛋白。产甲烷细菌在生活中需要某些维生素，尤其是 B 族维生素。酵母汁 B 族维生素能刺激产甲烷细菌的生长。另外，瘤胃液也能刺激产甲烷细菌的生长，它可提供辅酶 M 等多种生长因子。产甲烷细菌在生活中还需要某些微量元素，如镍（Ni）$<0.1\mu mol/L$，钴（Co）$<0.01\mu mol/L$，钼（Mo）$<0.01\mu mol/L$ 等。

（3）产甲烷细菌的种类及形态特征。产甲烷细菌是一个很特殊的微生物类群，属于古细菌，与其他细菌相比，种类较少，但它们在形态上仍有明显的差异，常见的有杆状、丝状、球状、螺旋状和八叠球状等（见图 7.28）。

产甲烷细菌均不形成芽孢，革兰染色不定，有的具有鞭毛。球形菌呈圆形或椭圆形，直径一般为 0.3 ～5.0μm，有的成对或成链状排列。杆菌为短杆状，两端钝圆。八叠球菌革兰染色呈阳性，这种细菌在沼气池中大量存在。

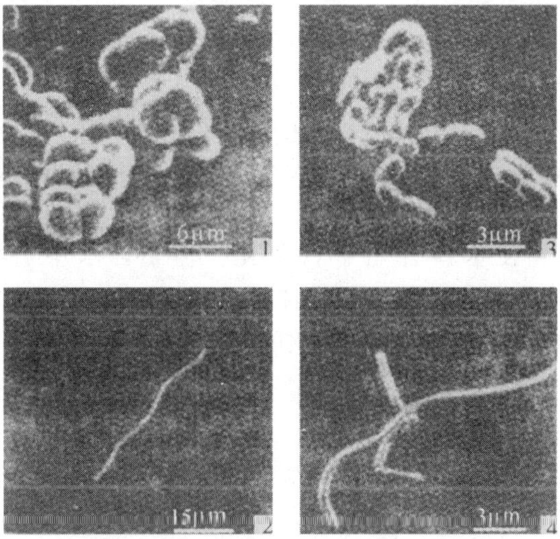

图 7.28　产甲烷细菌的形态
1—巴氏产甲烷八叠球菌；2—反刍产甲烷短杆菌；3—亨氏产甲烷螺菌；4—嗜树木产甲烷短杆菌 A2 菌株

常见的产甲烷细菌主要有：①甲烷杆菌属，如反刍甲烷杆菌、甲酸甲烷杆菌、热自氧甲烷杆菌、索氏甲烷杆菌、运动甲烷杆菌等；②甲烷八叠球菌属，如巴氏甲烷八叠球菌等；③甲烷球菌属，如万尼甲烷球菌属等；④甲烷螺旋菌属，如洪氏甲烷螺旋菌等。

7.6.2.3　厌氧处理的各种处理构筑物

厌氧处理有多种不同的过程，虽然各种过程的处理构筑物中的微生物种群在总体上是相同的，但由于运行条件的不同，各类微生物在数量上会有所不同。处理构筑物如不是完全混合式的，构筑物中的微生物在垂直方向上的生态分布也会不同。

目前应用得最普遍的厌氧处理构筑物是"消化池"。消化池从运行温度上一般分为中温消化（30～35℃）和高温消化（55℃）两种；消化池可以是单级的，也有两级的（第一级设置搅拌装置，第二级不设搅拌装置）；还有一种两阶段厌氧消化池（也称两相厌氧消化池），第一阶段是酸性阶段，第二阶段是产甲烷阶段。

近年来新型厌氧处理构筑物（反应器）不断出现，如具有污泥回流的厌氧生物滤池、接触消化池、厌氧流化床和升流式厌氧污泥层（UASB）反应器等。在这些新型反应器中从微生物角度值得特别说明的是 UASB 反应器，运行良好的 UASB 反应器中的污泥是

"颗粒污泥"，这种颗粒污泥有较好的产甲烷活性和良好的沉降性能。它是一种团粒结构，由许多种类的细菌组成。这些细菌之间存在互营共生关系，大部分细菌是专性厌氧细菌，只有小部分发酵细菌是兼性厌氧菌。各类细菌在颗粒污泥中的分布是有规律的，分布在颗粒内层的主要是乙酸营养型产甲烷细菌及产氢产乙酸细菌，外层则主要是发酵细菌和氢营养型产甲烷细菌。

7.6.3　生物脱氮除磷中的微生物

7.6.3.1　水体的富营养化

水体富营养化是指大量溶解性盐类（主要是硝酸盐和磷酸盐）进入水体，使水中藻类等浮游生物大量生长繁殖，而后引起异养微生物旺盛代谢活动，耗尽了水体中的溶解氧，水质变差，导致其他水生生物死亡，破坏水体生态平衡的现象。

水体的富营养化，实质上是生态系统受到了污染造成的，主要受排放的生活污水和含 N、P 较高的工业废水和农田冲刷水的污染。任何天然水体都不是与周围环境隔绝的封闭系统，地表污染，尤其是因耕作施肥，形成的径流有可能污染地表水；二级生化处理厂的出水中无机氮和无机磷（硝酸盐和磷酸盐）超标也会污染地表水，导致湖泊河流甚至海湾的富营养化。水体中的磷只要超过 0.01mg/L 或氮超过 0.2～0.3mg/L 时就可使水体开始富营养化。但是，水中可溶解性盐类的"本底含量"往往会超过 0.01mg/L，有不少水体的本底含量会达到 0.5mg/L。所以，至少在富营养化的初期阶段，氮也许是富营养化的主要因素（N∶P＝15∶1）。水体中的氮主要以 NH_4^+、NO_3^-、NO_2^- 和有机氮的形式出现。这些养分的相对比例不仅取决于流入水体中的水，也取决于生物转化作用。

水体富营养化的危害很大，可破坏水体自然生态平衡，它不仅给渔业等生产造成重大的经济损失，而且还会危害人类的健康。藻类过度繁殖，死亡后的藻类有机体被异养微生物分解，消耗了水中的大量溶解氧，使水中溶解氧的含量急剧下降，同时，由于水面被藻类覆盖，影响大气的复氧作用，使水中缺氧，甚至造成厌氧状态。此外，水体中藻类大量繁殖，也会阻塞鱼鳃和贝类的进出水孔，使之不能进行呼吸而死亡。这些因素将导致鱼类等水生生物因缺氧而窒息死亡，引起水面鱼尸漂浮；死亡的藻类被微生物分解放出胺类物质，产生严重的尸腐味；使水体处于厌氧状态而产生 H_2S 臭气。

7.6.3.2　富营养化中微生物的作用

水体中原核藻类和真核藻类刚毛藻属能以一定速度消耗 CO_2 而使水体的碱性提高，pH 值大于 8，碱性提高会使蓝绿藻增长。蓝绿藻大量繁殖，不利于其他浮游植物的生长，会导致某些鱼类从生态系统中消失。在藻类大量增长时，食草甲壳纲水蚤属往往可以延缓富营养化过程。当藻类生长达到一定密度时，CO_2 就成为限制性因素，浮游植物迅速死亡，会减少大量的溶解氧（DO），致使鱼类无法生存。在水体富营养化过程中，需氧和兼性厌氧的革兰氏阴性杆菌占优势，其中包括多种菌属，如假单胞菌属、产碱杆菌属、无色杆菌属、产真菌属等。

控制水体富营养化的最根本措施是加强对生态环境的管理，制定法规时，对污水的排放一定要严格控制，一般应达到二级处理排放标准，并应逐渐达到深度（三级或接近三级）处理标准，以减少 N、P 含量。

7.6.3.3 脱氮除磷中的微生物

1. 生物脱氮及参与的微生物

某些工业废水和生活污水中的有机氮经微生物降解为无机的 NH_3。在好氧条件下 NH_3 会被亚硝酸菌和硝酸菌氧化成亚硝酸盐（NO_2^-）和硝酸盐（NO_3^-）。大量硝酸盐（NO_3^-）排入水体就会导致富营养化，也就污染了给水水源。

目前常采用的生物脱氮的流程是首先经过硝化过程，然后利用反硝化细菌进行反硝化，将 NO_2^- 和 NO_3^- 转化为 N_2。N_2 逸入大气，完成脱氮过程，能进行反硝化作用的细菌绝大多数是异养型的厌氧菌，它们需利用有机物作为反硝化过程中的电子供体。

2. 生物除磷及参与的微生物

自然界中有很多细菌，能从外界环境中吸收可溶性的磷酸盐，并在体内转化合成多聚磷酸盐积累起来，作为储存物质。

20 世纪 70 年代末，有些学者，如 Fuks 和 Chen，发现多种有明显除磷能力的细菌，统称除磷菌，如不动杆菌。它们在有氧环境中，能超量摄取磷，按一般细菌的分子式估算，其细胞中含磷量为 2.3%，而除磷菌可摄取约为正常需磷量的 10 倍以上。

实验表明，活性污泥在厌氧、好氧交替条件下运行时，在活性污泥中可产生所谓的"聚磷菌"。聚磷菌在好氧条件下可超出生理需求过量摄取磷，形成多聚磷酸盐作为储存物质，同时在细胞分裂繁殖过程中利用大量磷合成核酸，即

$$ADP + H_3PO_4 + \text{能量} \longrightarrow ATP + H_2O \tag{7.45}$$

使生成的活性污泥在好氧条件下利用磷的量比普通活性污泥（MLSS 中的含磷量为 1%～2%）高 2～3 倍。

在厌氧条件下，活性污泥中聚磷菌为了获得较多的能量，将积累于体内的多聚磷酸盐水解，产生大量能量。

$$ATP + H_2O \longrightarrow ADP + H_3PO_4 + \text{能量} \tag{7.46}$$

同时将磷酸盐释放于环境中。

废水的生物除磷原理就是利用所谓的聚磷菌在好氧条件下可过量吸磷，即水中磷富集于活性污泥中；而在厌氧条件下活性污泥中的磷又可释放，即磷主要存在于上层清液中，从而分别通过聚磷剩余活性污泥的排放和含磷上层清液的排放使得磷脱离处理系统，达到生物除磷的目的。此外，在生物除磷过程中 BOD_5 也得到降解。

7.6.4 用生物法处理废水对水质的要求

为了有效地进行生物处理，在处理过程中，除了应根据所采用的处理是好氧处理还是厌氧处理控制氧气的供应外，对于废水水质也要满足一定的要求。

7.6.4.1 酸碱度

一般地说，对于好氧生物处理，pH 值应在 6～9 之间；对于厌氧生物处理，pH 值应保持在 6.5～7.5 之间。

7.6.4.2 温度

在废水生物处理系统中，不仅影响微生物的活力，而且还影响氧气的转移率和生物悬浮颗粒的沉降性能。温度也是影响微生物生命活动的重要因素。对于大多数细菌来说，适宜的温度范围是 20～40℃，而有些高温细菌可耐较高的温度，它们生长适宜的温度范围

是 50～60℃。在废水处理中，这两类细菌都可以利用。据观察，好氧法处理废水，水温低至 10℃或高于 40℃时，还有相当的处理效果，水温在 20～40℃时，则可获得较好的处理效果。但有些工业废水温度太高，在生物处理前应进行一定的降温处理。同时，高温也会影响废水中的溶解氧（DO）含量。

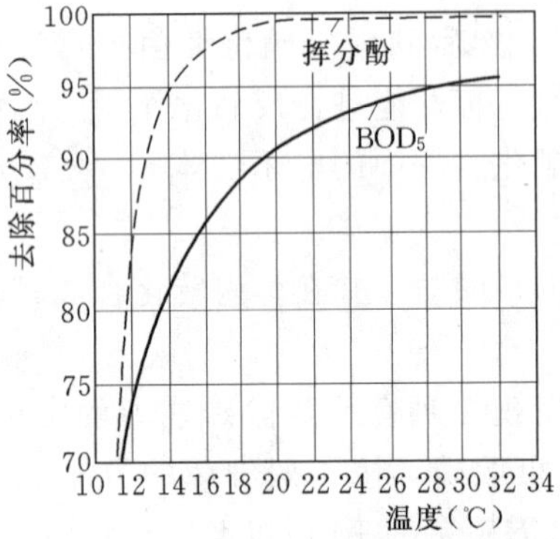

图 7.29　BOD_5、挥发酚的去除率与水温的关系

某研究所曾对焦化厂含酚废水进行了在不同温度下活性污泥生物吸附法处理效果的观察，结果见图 7.29。从图中可以看出，当水温在 20℃左右时，挥发酚和 BOD_5 的去除率可分别达到 99%和 90%以上，但如果水温继续增高，那么去除率提高不多；若水温低于 15℃左右时，去除率便迅速下降。

7.6.4.3　有毒物质

废水中不能含有过多的有毒物质。多数重金属，如 Hg、Ag、Zn、Cu、Cr、Pb 等离子均有毒性。某些非金属物质，如酚、氰化物、甲醛、硫化物等也有毒性，能抑制其他物质的生物氧化作用，并对人或牲畜等带来较大的危害，但它们本身在一定条件下也能被某些微生物氧化分解。另外，废水中也不应含有过多的油类物质。

毒物毒性的强弱一般随废水的溶解氧（DO）、酸碱度、温度和有无其他毒物的存在以及微生物的数量等不同有较大的差异。细菌愈多，单位重量的细胞所吸附的毒素就愈少，细菌受到的毒性也就愈小。毒物的毒性也可由于毒物的沉淀而减弱。在碱性溶液中，Cu^{2+}、ZN^{2+} 容易沉淀，所以细菌在碱性溶液中承受铜和锌的能力比在酸性溶液中的大。当工业废水与生活污水混合时，工业废水中金属离子的毒性也可由于这些离子和污水中的蛋白质形成某些络合物而降低。另外，不同种类的微生物对毒物毒性的承受能力也不同。例如，重金属离子的容许浓度一般规定在几个 mg/L 以下，而据某些报道，废水中 Cu^{2+} 浓度高达 100mg/L 时还没有影响炼油厂含酚废水的生物处理。因此，从已有的资料来看，各种毒物的容许浓度范围较大。但对某一种废水来说，必须根据具体情况作具体的分析，必要时通过试验以确定生物处理对水中毒物的容许浓度。

我们曾经提到：细菌对环境的适应能力比较强，当环境变化时其能慢慢适应新环境。所以在处理废水的过程中，如果逐渐提高环境中的毒物浓度，则在一定程度上有可能让微生物慢慢适应这种环境而能有效地完成处理废水的任务。例如，用生物法处理含酚废水时，进水中酚的容许浓度可以从几十至 100mg/L 逐渐提高到 500～600mg/L，甚至提高到 1000mg/L；又如重金属离子的容许浓度可以从几个 mg/L 提高到 70～80mg/L。表 7.4 所列数字仅供参考。

此外，用好氧法处理废水，20℃时，生物处理构筑物进水的 BOD_5 一般不宜超过 500～1000mg/L（随处理设备而异），因为进水的 BOD_5 浓度太高了，将增加生化反应所需的氧气量，但废水的吸氧量是有限的，并且目前的空气设备也不够理想，因而容易造成缺氧状态，影响生化处理的效果；而且当进水 BOD_5 浓度太高时，相对地说，出水的浓度也将增高；另外，还可能产生其他方面的影响，如生物滤池容易产生堵塞等情况。但是，进水

表 7.4 废水中抑制生物处理的有毒物质的容许浓度 单位：mg/L

有毒物质	容许浓度	有毒物质	容许浓度	有毒物质	容许浓度	有毒物质	容许浓度
锑	0.2	拉开粉	100	己内酰胺	100	氰化钾	8～9
铜	1	氯化钠	10000	苯酸	150	醋酸胺	500
锌	5	砷	0.2	丁酸	500	吡啶	400
镍	2	六价铬	2～5	戊酸	3	硬脂酸	300
铅	1	铁	100	甲醇	200	氯苯	10
三硝基甲苯	12	镉	1～5	甲苯	7	间苯二酚	100
硫化物（S2－计）	40	苯胺	100	二甲苯	7	邻苯二酚	100
氰（以 CN－计）	2	苯	100	酚	100	苯二酚	15
石油和焦油	50	甘油	5	甲醛	5		
烷基苯硫酸盐	15	三价铬	10	硫氰酸胺	500		

的 BOD_5 浓度也不是愈低愈好。因为有机物浓度太低，微生物生长所需的养料也就少了，这就有可能影响微生物的生长繁殖，将会降低废水的处理效果。一般地说，20℃时，进水的 BOD_5 不宜低于 50～100mg/L。

7.6.4.4 养料

微生物的生长繁殖必须要有各种养料，其中包括 C、N、P、S，微量的 K、Ca、Mg、Fe 等和维生素。但不同的微生物对每一种营养元素数量的要求是不同的，并且对于这些营养元素之间，要求一定的比例关系。生活污水具有以上所列的全部养料，而有些工业废水（如含酚废水、造纸废水等）则可能缺乏某些养料，特别是 N 和 P，这些废水进行生物处理时，需投加适量的生活污水或一些含有 N、P 的化合物（如硫酸铵、磷酸氢二钠等）。根据研究，为了能够有效地处理废水，废水中的 C（可以 BOD_5 表示）满足一定的比例关系。对于好氧生物处理，下列比值可供参考（N、P 的正确投加量应通过试验确定）：

$$BOD_5 : N : P = 100 : 5 : 1 \tag{7.47}$$

最后还应指出，生物处理主要是借助于微生物的作用完成的，因此废水处理时必须保证有足量的和适宜的微生物。如工业废水中缺少微生物，可用生活污水、粪便或采取其他措施来进行接种培养，投加的活污水或粪便还可以提供微生物生长所需的养料。

以上所讨论的水质要求，主要是对活性污泥法和生物膜法来讲的。如果把废水排入农田，还应考虑废水所含的成分对农作物、土壤以及地下水源的影响；如将废水排入养鱼塘时，还应考虑废水对鱼类和水生生物有无毒害作用。

用生物法处理生活污水已有一套比较完整的经验。近年来，生物法虽也被广泛地用于工业废水，但由于工业废水水质复杂，累积的经验还很有限。因此，为了经济合理地设计处理工艺流程及处理构筑物，除了与生活污水相近的废水可以参考生活污水的有关设计数据外，其他各种废水如无成熟的参考资料，则应通过试验得出比较可靠的设计数据。

复习思考题

1. 废水的好氧处理与厌氧处理有什么区别？为什么废水常用好氧法处理而污泥常用厌氧法处理？

2. 自然界中的碳循环和氮循环有什么重要意义？

3. 试简单说明下列的各个作用：

（1）氨化作用；

（2）硝化作用；

（3）硫化作用；

（4）反硝化作用。

4. 试述生物处理的主要影响因素有哪些？

5. 什么是指示生物？怎样用指示生物来评价水体的污染程度？

第 8 章　微生物的实验室研究

学习目标：

通过本章的学习，要求能在实验室观察微生物的形态和结构；掌握革兰氏染色的原理和方法；了解微生物的培养、纯种分离，以及保藏和复壮方法。

通过前面几章的学习，我们知道在水处理过程中，微生物具有重要的作用，为了更好地在水处理过程中利用微生物，需要有一套研究微生物的方法。

8.1　微生物的形态观察和染色

8.1.1　微生物的观察

因为微生物很小，用肉眼看不到，所以观察微生物要用显微镜。显微镜的类型有普通光学显微镜、电子显微镜等。一般常用普通光学显微镜观察微生物的形态。普通光学显微镜最大能将物体放大 2000 倍左右，观察霉菌和酵母菌时，采用 100～400 倍的放大率，观察细菌时，常需要放大 900～1500 倍左右。

一般病毒小于 0.2μm，普通光学显微镜就无法辨别。这时，就需要用电子显微镜来观察。电子波长很短，仅为可见光波波长的 1/100000，辨别力较强。用普通光学显微镜无法看到的病毒以及细菌内部的微细结构通过电子显微镜可以观察清楚。因为电子显微镜检查的物体须在真空和干燥状态下进行，所以无法进行活菌的观察。

8.1.2　微生物的染色

微生物（尤其是细菌）的机体是无色透明的，在显微镜下，由于光源是自然光，使微生物体与其背景反差小，不易看清微生物的形态和结构，若增加其反差，微生物的形态就可看得清楚。通常用染料将菌体染上颜色以增加反差，便于观察。

微生物细胞是由蛋白质、核酸等两性电解质及其他化合物组成。所以，微生物细胞表现出两性电解质的性质。两性电解质兼有碱性基和酸性基，在酸性溶液中离解出碱性基呈碱性带正电。在碱性溶液中离解出酸性基呈酸性带负电。经测定，细菌等电点在 pH＝2～5 之间，故细菌在中性（pH＝7）、碱性（pH＞7）或偏酸性（pH＝6～7）的溶液中，细菌的等电点均低于上述溶液的 pH 值，所以细菌带负电荷，容易与带正电荷的碱性染料结合，故用碱性染料染色的为多。碱性染料有美蓝、甲基紫、结晶紫、龙胆紫、碱性品红、中性红、孔雀绿和蕃红等。

微生物体内各结构与染料结合力不同，故微生物的各结构可用各种染料分别染色以便观察。

8.1.2.1　简单染色法

简单染色法又叫一般染色法，只用一种染料使细菌染上颜色，如果仅为了在显微镜下看清细菌的形态，用简单染色法即可。

常用碱性染料进行简单染色。因为在中性、碱性或者弱碱性溶液中，细菌细胞通常带负电荷，因此染料发染色部分很容易与细菌结合着色。常用于简单染色的染料有：美蓝、结晶紫、碱性晶红、孔雀绿和蕃红等。

8.1.2.2　革兰氏染色法

用两种或多种染料染细菌，目的是为了鉴别不同性质的细菌，所以又叫鉴别染色法。主要的复染色法有革兰氏染色法和抗酸性染色法。抗酸性染色法多在医学上采用。此处介绍革兰氏染色法。革兰氏染色法是细菌学中很重要的一种鉴别染色法。它可将细菌区别为革兰氏阳性菌和革兰氏阴性菌两大类。之所以有不同的结果是因为细胞壁结构和组成的差异造成的。革兰氏阳性菌的细胞壁中脂类物质含量较高，肽聚糖含量较低。染色时乙醇溶解了脂类物质，使细胞壁通透性增加，结晶紫—碘复合物易被抽出，于是被脱色，复染是染上番红的颜色。革兰氏阳性菌细胞壁中肽聚糖含量较高，脂类物质含量较低，结晶紫—碘复合物被保留在细胞内，细胞不被脱色，保持初染的紫色。

它的染色步骤如下：先用草酸铵结晶紫染色，经碘——碘化钾（媒染剂）处理后用乙醇脱色，最后用蕃红液复染。如果细菌能保持草酸铵结晶紫与碘的复合物而不被乙醇脱色，用蕃红液复染后仍呈紫色者叫革兰氏阳性菌。被乙醇脱色用蕃红液复染后呈红色者为革兰氏阴性菌。

8.1.3　活菌观察

经上述染色法所做成的标本虽然易于观察。但经过一系列染色处理后，微生物早已死亡。要观察活的微生物，可以用以下方法（见图 8.1）。

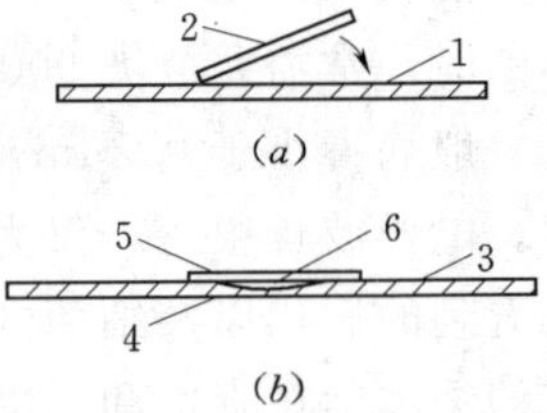

图 8.1　压滴法和悬滴法

(a) 压滴法；(b) 悬滴法

1—载玻片；2—盖玻片；3—凹玻片；4—凹窝；5—盖玻片；6—液滴

1. 压滴法

取一小滴菌液，放在洁净的载玻片中央，用盖破片覆盖后，即可进行观察。观察废水生物处理过程中所产生的生物膜或活性污泥，常采用此法。

2. 悬滴法

取一小滴菌液放在洁净的盖玻片中心，然后把盖玻片翻转放置在凹面玻片的中央，使菌液正好悬在凹窝正中。在凹窝的边缘先涂一层凡士林，这样可使悬滴密封在一个潮湿的小空间中，不致很快地干燥，可在显微镜上直接观察。

8.2　微生物的培养基和培养

显微镜下观察到的微生物各种形态、微细结构和染色的反应，是鉴别不同种类的微生物的重要的指标。但是因为微生物的形态类型比较单纯，微细结构不多，要区别各种不同的菌种，在形态特性之外还必须研究其培养特性。即当微生物在培养基上生长时能观察到的--切特性。

培养基是根据细菌的营养要求，人工配制的，用于培养细菌的基质。配制培养基的主要原料是水、碳源、氮源、无机盐及生长因子等。

8.2.1 培养基的种类

培养基根据其组成物质的不同，可以分为三类：无机培养基、天然培养基和复合培养基。

培养基按物理形态可以分成液体、凝胶和固体三种。

根据培养基的用途把其分为基础培养基、鉴别培养基、选择培养基、加富培养基、发酵培养基和种子培养基六类。

8.2.1.1 基础培养基

在弱碱性条件下，能够为大多数的细菌提供营养供其生长的培养基。主要原料是氯化钠、牛肉膏和蛋白胨。

8.2.1.2 鉴别培养基

能够通过菌落的不同颜色来鉴别和区分不同细菌的培养基。主要的机理是不同的细菌在分解时选择不同的成分；或者根据它们对同一成分的分解能力的不同来鉴别。

8.2.1.3 选择培养基

加入抑制剂抑制非目的细菌的生长，同时满足目的细菌的生长繁殖的培养基。主要机理是根据细菌对各种化学物质敏感程度的差异。它广泛用于菌种筛选工作。

8.2.1.4 加富培养基

加富培养基也叫富集培养基，主要用于一些对营养要求比较苛刻的细菌，需要用特别的物质促使其快速生长而培制的培养基。所选择的特殊物质一般有草的提取液、动物组织提取液、土壤浸出液、血和血清等。

8.2.1.5 种子培养基

种子培养基主要是为了保证细菌在生长中能获得优质的孢子或者营养细胞。在配料上要求氮源、维生素丰富，同时要考虑将 pH 值调至细菌生长的适宜的 pH 值范围。培育出的菌种的质量关系到发酵生产的成败，所以种子培养基的质量非常重要。

8.2.1.6 发酵培养基

主要用于供细菌菌种生长繁殖和积累发酵产品。配料较粗且量大。发酵培养基中要求碳源和氮源含量高。

8.2.2 培养基制备中注意的问题和原则

针对不同的细菌，不同的营养要求可以有不同的培养基。但是它们的配制必须遵循一定的原则。

8.2.2.1 根据细菌的营养类型确定培养基的配料

自养型细菌的结合能力比较强，配料用简单的无机物组成；异养型细菌的结合能力比较弱，配料就要用一种以上的有机物。在实际应用中，还要根据要培养的菌种的特性和培养目的，对配比做相应的调整。对于有特殊需要的细菌，还要添加必需的生长因子。

8.2.2.2 营养物质的浓度和碳、氮、磷比要适当

培养基里的营养物质浓度要适当：如果浓度太低，不能满足细菌生长的需要；浓度太高，反而抑制细菌的生长。

各种细菌对碳、氮、磷比的要求不一样，其中碳、氮比影响更明显，一般的培养基里的碳：氮为 100：1.5，在水处理活性污泥中要求碳、氮、磷比为 100：5：1。在设计营养

物配比时，要考虑营养物质各成分之间的相互作用，如蛋白胨、酵母膏中含有磷酸盐时，会与培养基中的钙或镁离子在加热时发生沉淀反应；在高温下，还原糖与蛋白质或氨基酸也会相互作用产生褐色物质。在培养基配比时，可以添加化学试剂补充所缺元素。就像城市生活污水能满足活性污泥的营养要求，但是工业废水缺某一种营养时，应该供给或者补足。如洗涤剂废水磷过剩，补氮。

8.2.2.3　pH 值要适宜

细菌的适宜 pH 值是 7.0～8.0。在细菌繁殖过程中会产生引起培养基 pH 值改变的代谢产物，尤其是不少细菌有很强的产酸能力，如果不适当的加以调节，就会抑制甚至杀死自身。因此在配制培养基时，一般选择缓冲剂来稳定培养基的 pH 值。常用的有磷酸氢盐和磷酸二氢盐组成的缓冲对。

8.2.2.4　培养基制备原则

在培养基的配料选择上遵循以废代好、以粗代精和环保节约的原则，培养基各成分加入的顺序是缓冲溶剂——无机元素——微量元素——维生素及其他生长因子。加入过程中注意，必须等上一种物质完全溶解了以后才可以加入下一种物质。否则会有生成不溶的沉淀物和热分解现象。

8.2.3　培养基的制备

液体培养基不但可以把少数微生物培养成无数微生物，而且可以借微生物对于培养基中某些物质的化学作用来进行菌种的鉴别。例如，普通大肠杆菌能分解乳糖产生酸和气体，所以可以用含有乳糖的培养基，根据是否产生酸和气体来初步确定大肠杆菌存在与否。

液体培养基培养微生物，操作简便易行。但为了分离和保藏菌种或鉴定微生物，有时需要在液体培养基中加一定量的凝固剂，做成固体培养基。凝固剂可用琼脂（洋菜）明胶或硅胶等。

固体培养基可制成平板和斜面培养基。

平板或平板培养基是指融化的固体培养基（或连同培养物）在培养皿内冷后凝成的平面，其制备方法见图 8.2。平板培养基因平板表面积大，容易进行分离得到纯菌种（怎样分离菌种见后面），适于分离菌种。

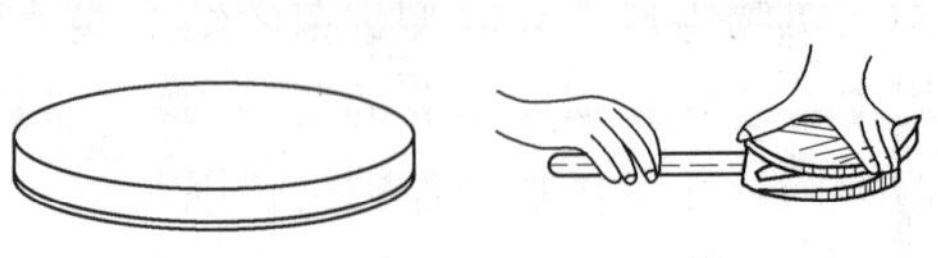

(*a*)　　(*b*)

图 8.2　培养皿（平皿）及平板的制备

(*a*) 培养皿（一股用直径 9cm）；

(*b*) 制备平板

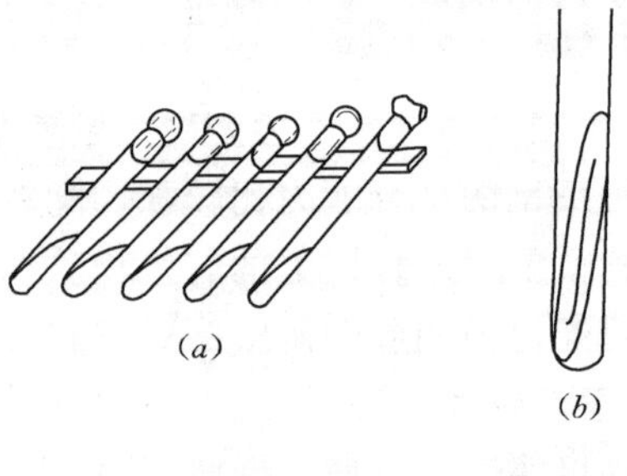

(*a*)　　(*b*)

图 8.3　斜面培养基

(*a*) 斜面培养基的制备（一股用 15×155mm 的试管内盛 3～5mL 培养基）；

(*b*) 斜面培养基上的划线

斜面培养基或斜面的制备如图 8.3 所示，是将溶化的固体培养基倒入试管，冷凝后形成一定斜度的斜面以增加与空气接触的面积。斜面培养基因斜面底部可保存一些冷凝水，微生物不容易死亡，且斜面做在试管内表面积较小，不容易受到污染，适宜于培养和保藏菌种。

8.3 微生物的纯种分离

通过前面的学习，我们知道，在水处理的过程中要对病原微生物进行处理，还需要利用微生物对饮用水和废水进行处理。而微生物很小，看不见，摸不着，在自然界中都是多种混杂生活的。如何取出需要的微生物来观察和研究呢？这就是纯种分离的工作。

进行纯种分离的第一步，是先寻找所需要的微生物的样品。寻找的方法有两种：

（1）从适宜于某类微生物生存的环境中寻找。例如：要筛选分解氰化物能力强的菌种，可以从有含氰废水排出的工厂附近的水沟、土壤中或含氰废水生物处理的污泥杂质里去寻找，因为在这些东西里能分解氰化物的微生物一定比别处多。

（2）从一般土壤里去寻找，因为土壤是微生物的大本营，一克土壤中含有几十万到若干亿微生物，而且种类很多，所以许多微生物的分离筛选工作常从收集土壤样品开始。

收集到样品后，如果样品中含所需微生物较多，可直接进行纯种分离；如果含所需微生物较少，则在分离之前先进行增殖培养，想办法使需要的微生物大量生长，不需要的微生物不生长。例如：在分离分解氰化物的微生物时，如果样品中这类微生物不多，就应把样品加到含有氰化物的培养基中，使它们经过一段时间的培养后大量繁殖，再进行分离。

微生物的纯种分离有两种方法：

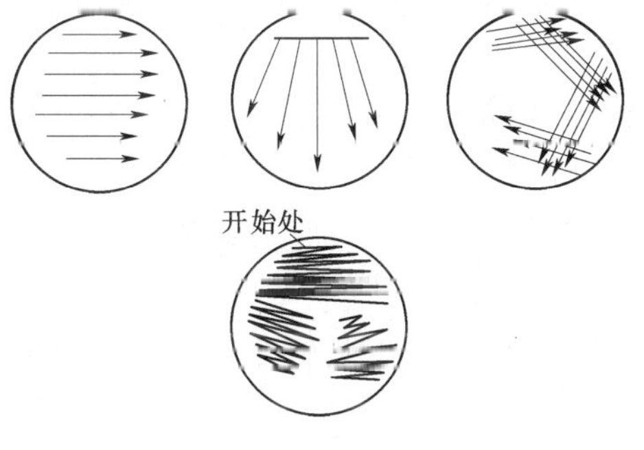

图 8.4 划线

（1）稀释平板法。将样品或经增殖培养后的样品中的微生物用灭菌过的水进行稀释后倒入培养皿，然后再倒入融化的固体培养基溶液，摇动均匀。使菌体分散在培养基内。培养基冷凝成平板时分散的菌体就被固定，经一定时间的培养后，这种被固定的单个菌体便繁殖形成一个个能被肉眼看到的菌落。这种由单个菌体发展成的菌落就是所需要的纯种。这种分离微生物的方法称为稀释平板法。

（2）平板划线法。用接种环蘸取样品稀释液，以图 8.4 的形式轻轻地在平板培养基上顺序划线。由于蘸到接种环上的微生物多，在开始的一些线段上，微生物可能分离不开，但逐渐就可以分离出单个的菌落。这种在平板上划线的方法称为平板划线法。

样品稀释的目的是为了使培养皿上形成的菌落不过于密集，影响菌种的分离。如果样品中含微生物不多，可以不作稀释。接种针或接种环的材料要求烧灼时很快烧红，而离开火焰后又能很快冷却，且不易氧化和没有毒性，一般用白金丝或电热丝制造（见图 8.5）。

通过上述操作获得单个菌落后，就可以挑选单纯的、不同类型的菌落，用接种环接种到斜面培养基，进行再培养，并进行性能测定，以确定符合生产要求的纯种。对于废水处理来说，就是要选出对于某种特定废水具有强大氧化分解能力的菌种，以便有效地处理废水。

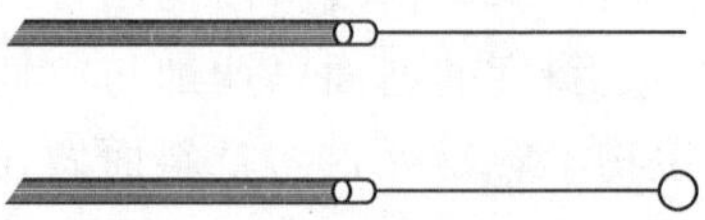
图 8.5　接种针和接种环

表 8.1 是培养、分离微生物常用的培养基。

表 8.1　培养、分离微生物常用的培养基

微生物	培养基	微生物	培养基
异养细菌	肉汁培养基	酵母菌	麦芽汁培养基
放线菌	淀粉培养基	霉菌	麦芽汁培养基、土豆培养基

注　制备固体培养基时，可用琼脂做凝固剂

图 8.6 所表示的是分离菌种的主要步骤。

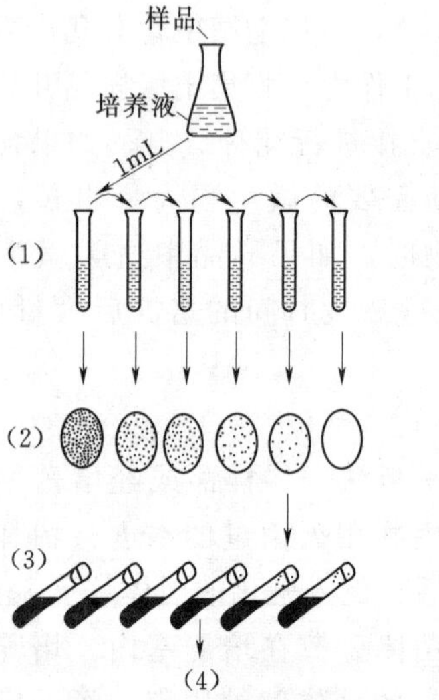

图 8.6　菌种分离的主要步骤

(1) 稀释培养液以使下一步中的平板上能够长出分离良好的单独菌落（每个试管中盛 9mL 无菌水，左面第一试管中加 1mL 培养液经充分摇匀后即稀释 10 倍，再从此试管取 1mL 混合液加到邻近的 1 个试管，此时即稀释 100 倍，余类推，稀释至平板上长出的菌落很稀少为止）。

(2) 一定量（如 0.1mL 或 0.5mL）的菌液接种在平板上培养的菌落。

(3) 从分离良好、菌落数在 10 个左右的培养麋皿上挑选不同菌落接种于斜面上。

(4) 进一步用液体培养基并进行性能测定。

在操作中，所用器皿，培养基等在使用前都需进行灭菌。

培养条件的选择，是筛选中使目标集中的有效措施。根据具体要求，常用的手段主要有以下几种：

(1) 控制温度。温度是最便于控制的培养条件。一般微生物最适于生长的温度在 20～40℃之间，在 50℃以上一般微生物就停止生长。耐高温的微生物的最适温度为 50～60℃。所以要分离耐高温的微生物就要把培养皿放在 50～60 ℃的温度中去培养，一方面有利于这些微生物的生长。另一方面又可以排除其他微生物的干扰。

(2) 控制空气。培养好氧微生物，培养容器内所装液体培养基的深度就应当浅些，让空气比较容易透入下部。如采用固体培养基，可照前面所介绍的那样，把培养基装在培养皿内，凝成较大的平面，制成所谓平板。或把培养基装在试管中，凝成斜面。有条件的还可采用一种能够振荡的摇床，把装有液体培养基和菌种的培养瓶固定在摇床上，利用电动机的带动，不停地振荡，使瓶内的培养基不断搅拌，充分接触空气。摇床室应控制一定的温度。

培养厌氧微生物时，要设法把培养环境中的氧气排除。可以把培养容器放在密闭的器皿内，用真空泵把空气抽出，或利用吸收氧气的某些化学物质，把容器中的氧气除掉。

(3) 控制培养基成分。对于一般依靠有机物生长的

细菌，最常用的培养基是用牛肉膏、蛋白胨等调配而成。酵母和霉菌比较喜爱吃素，像土豆汁、豆芽汁和麦芽汁都是它们嗜好的“素菜”。放线菌可用淀粉进行培养。如果其他条件控制合适，在含有上述物质的培养基上发育起来的同一含菌样品的稀释液中的微生物，绝大部分是该类群的微生物。另外，还可以控制培养基的碳源来分离某些微生物。例如，纤维素和石蜡都是一般微生物所不能利用的碳源，如果筛选时所用培养基只加纤维素作为碳源时，只有能够分解纤维素的细菌方可生长。分离石油脱蜡的微生物时，如果用石蜡作碳源，那别的微生物就不能生长了。于是在这个基础上通过划线等方法进行分离。

(4) 控制培养基的酸碱度（pH）。一般说来，细菌和放线菌在偏碱性的环境中生长的好；而酵母菌和霉菌在偏酸性的环境中生长的好。因此，如果要得到霉菌、酵母菌，把培养基的 pH 调到 7 或 7 以上一些。但这不是绝对的，各种微生物中也有例外。

(5) 使用抑制剂。利用控制 pH 的方法来筛选菌种，效果不一定很好，因为有些霉菌也可在中性环境中生长。有的细菌也可在酸性环境中生长。更有效的办法是在培养基中加入更具有专性作用的抑制剂，抑制霉菌和酵母菌生长的抗菌素，如灰黄霉素，对于细菌和放线菌没有抑制作用；抑制细菌和放线菌生长的抗菌素，如青霉素、链霉素，对于霉菌和酵母菌没有抑制作用。在细菌中革兰氏染色阳性和阴性的细菌对某些抗菌素的反应也不同。例如青霉素在一定浓度时对于革兰氏阳性细菌具有抑制作用，而对于阴性细菌则没有作用。所以按照具体需要，在培养基中加入某些抗菌素等抑制剂，对于筛选工作是很有帮助的。

控制培养条件的方法，除上述这些外，还可能有很多方法可以采用，这需要在实践中再探索和完善。

将纯菌种直接投入生物处理构筑物内以处理废水目前还存在着一些问题。主要是：如果把大量分离出的适宜于分解某些物质的菌种投入，则这一类微生物在短时期内确能在处理构筑物内取得优势地位，从而提高该物质的去除效率，但是，废水中一般不仅仅含有1、2 种杂质，生物处理构筑物内的微生物也是多种多样的，并且随时受到空气和土壤的污染，而自然界中微生物的生长则不但受到环境的影响，同时它们互相之间也发生着影响，所以处理构筑物内的优势菌种会随着条件的改变而发生变化。因此，菌种投入后经一定时间，处理效果有可能下降。更重要的问题是在于如何把分离出的菌种有效地用到生产实践中去。前面介绍的固定化微生物技术是一种较好的生物处理的新方法。

8.4 微生物的保藏与复壮

虽然在选种工作中进行了分离纯化，但由于微生物具有较易变异这一特性，因此在生产和保藏过程中菌种仍会发生变异，引起菌种的衰退。所以，必须在未发现衰退现象之前妥善保藏菌种，在出现衰退现象之后，应设法加以复壮。通过复壮恢复正常生产性能的菌种又会再次衰退，又必须再度复壮。复壮的过程是一个不断解决矛盾的过程，以便使菌种在生产中保持相对的稳定。

8.4.1 菌种的保藏

菌种的保藏首先要注意不至造成死亡绝种，另一方面要尽量使菌种保持优良的生产性能。不论何种保藏方法，原则上就是使微生物的代谢作用相对地处于不活泼状态。一般主要是采用低温、干燥和真空这 3 个方法。

斜面冰箱保藏法是最简便的一种。它是将菌种接种在斜面固体培养基上，待菌充分生长后，放在约 4℃的冰箱中，每隔一定时间转接到新鲜的培养基上以免死亡。一般的菌种均可用此方法。但保存时间较短，一般仅 1～3 个月。关于其他的一些方法，可参阅微生物专著。

8.4.2　菌种的衰退与复壮

菌种衰退的原因主要有两种：①由于变异而引起的衰退；②由于“衰老”而引起的衰退。变异一般是从细胞核开始的。由于每个核的性质不是绝对一样的，所以它们的变异有先有后，当变异的核增加到一定数量后，才会发生质的变化，而使微生物的形态和生理性能改变。例如，丝状的霉菌，其菌丝体内含有许多核，如果有一个核发生变异，整个菌丝体的形态和生理性能发生变化，而当变异的核逐渐增加到一定数量后，它们的形态和生理特性就都改变了。细菌和酵母菌的菌体都是单个细胞，但在多数正常菌体中，也是先开始发生个别菌体的变异，以后，逐渐地变异的菌体增多，最后使整个群体性质改变。由此可见，由变异引起的衰退是逐步发生的。自然“衰老”现象，原因还不很清楚，似乎并不是从核变化开始，而可能是由于营养物质的减少和细胞内所不断排出的一些不利于生长的废物的累积而引起的。所以群体培养越久，越容易发生退化现象。这种“衰老”有时导致菌种不可挽救的死亡，有时也使孢子逐渐减少。

了解了衰退的原出，就可采取有效措施对其复壮。例如，由于变异引起的衰退是逐步发生的，所以用稀释分离的方法，往往就可将尚未变异的个体分离出来，获得原有特性的菌种，但自然“衰老”的菌分离后一般得不到复壮的效果；如果衰退是由于培养条件不适宜，则就应改变条件以适应菌种的生长，而达到复壮的目的。

8.5　灭　　菌

灭菌是用物理、化学因素杀死全部微生物的营养细胞和它们的芽孢。消毒指只杀死一部分微生物，主要是病原微生物。一般消毒剂常用的浓度只能杀死普通的微生物，而不能杀死其芽孢和孢子。所有培养基和微生物工作中的用具在使用前必须经过严格的灭菌，以避免原来生活在这些器材上的微生物干扰工作。

灭菌方法主要有化学灭菌法和物理灭菌法。

化学灭菌法是利用化学药剂使细菌细胞蛋白质凝固变性而杀灭细菌的方法。

物理灭菌法是利用高温、紫外线和超声波等灭菌的方法。

高温灭菌法是微生物实验中常用的灭菌法，其中包括烧灼、干热烘烤和高压蒸汽灭菌等。

湿热穿透力比干热的穿透力大，湿热时微生物吸收了高温水分，较易使菌体蛋白质凝固，湿度越大，杀菌力越强，而在干燥的环境中微生物抵抗高温的能力较强，芽则更强。因此在同一温度下，湿热灭菌法比干热灭菌法的效力大。一般湿热灭菌在 115～120℃左右只需 15～30min，而干热灭菌则需要在 160℃灭菌 2h 才能达到与湿热相同的效果。

表 8.2　高压灭菌器中温度与压力的关系

压力		温度（℃）
lb/ln²	kg/cm²	
0	0	100
5	0.35	108
10	0.7	115
15	1.05	121
20	1.41	126

高压蒸汽灭菌法是湿热灭菌法的一"种"，灭菌效率特高。在常压下将水加热煮沸，只能得到100℃的蒸汽，不能一次把所有的微生物及其芽孢杀死，要反复多次才能达到灭菌的目的，这叫做间歇灭菌。而高压蒸汽灭菌则不同。它是利用密闭的容器蒸煮，所以蒸汽的压力可以高于大气压，蒸汽温度也随着升高，当容器内的蒸汽压达到一个大气压时，水的沸点提高到121℃，在这个温度下只需要很短的时间就可杀死一切微生物的细胞及其芽孢或孢子。表8.2所列是高压灭菌器中温度与压力的关系。

普通培养基、耐热药品、玻璃器皿等都可用高压灭菌器灭菌。一般采用一个大气压121℃持续15～20min。对于容易被高温破坏的物质，如含葡萄糖、乳糖的培养基，则应降低温度至115℃（必要时可适当地延长灭菌时间）。有些则只能用过滤法除菌（如维生素等）。

干热烘烤是在烘箱内利用热空气进行灭菌的方法。一般在160℃温度下烘烤2h。温度不应超过170℃（以避免包装器皿的纸被烧焦。此法适用于金属或玻璃器皿的灭菌）。

烧灼是利用火焰直接把微生物烧死，同烘烤一样，也是一种干热的灭菌法。此法灭菌很彻底、迅速，但使用范围有限。适用于接种针、接种环、载破片、试管口等及不能再用的污染物品的灭菌。

微生物的分离、接种等实验最好在经紫外线灭菌的无菌室或无菌箱内进行，要严格注意无菌操作。在没有无菌室或无菌箱的情况下，实验精确度又要求不高时，则可在一般的实验室内进行，但要特别注意无菌操作。在后面实验四中将举例说明制备染色标本涂片的无菌操作过程。

复习思考题

1. 为什么观察细菌的形态时，常需进行染色处理？

2. 什么叫单染色，什么叫复染色？

3. 什么是革兰氏染色法？这种染色法在细菌的鉴定上有何重要意义？

4. 普通显微镜最大可放大多少倍？在普通显微镜下最小可以看到多大的物体？

5. 什么叫培养基？液体培养基和固体培养基在细菌检验中的应用如何？

6. 固体培养基是怎样配制的？为什么固体培养基上的每一个菌落可以代表原来的一个细菌？

7. 怎样进行菌种的分离？

8. 什么叫灭菌？灭菌和消毒有什么区别？采用高压蒸汽灭菌法时，常用多少压力，多少温度？

第 9 章　微生物学实验

实验一　显微镜的使用及微生物形态的观察

一、实验目的

（1）掌握光学显微镜的结构、原理，学习显微镜的操作方法和保养。

（2）结合生物滤池生物膜及曝气池活性污泥的观察，认识原生动物、菌胶团等微生物的形态，并学习测量微生物的大小。

二、实验器材

（1）生物显微镜、载玻片、盖玻片擦镜纸、香柏油或液体石蜡、二甲苯、目测微尺、物测微尺等。

（2）生物滤池滤料、活性污泥法曝气池混合液。

三、实验内容

（一）显微镜的结构和光学原理

显微镜分机械装置和光学系统两部分（见图 9.1）。

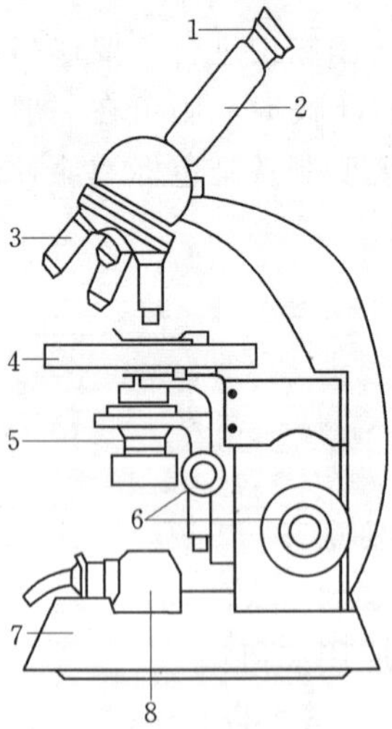

图 9.1　显微镜结构

1—目镜；2—镜筒；3—物镜；4—载物台；5—聚光器；6—调焦轮；7—镜座；8—灯

1. 机械装置

（1）镜筒。镜筒上端装目镜，下端接转换器。镜筒有单筒和双筒两种。单筒有直立式（长度为 160mm）和后倾斜式（倾斜 45°）。双筒全是倾斜式的，其中一个筒有屈光度调节装置，以备两眼视力不同者调节使用。两筒之间可调距离，以适应两眼宽度不同者调节使用。

（2）转换器。转换器装在镜筒的下方，其上有 3 个孔，有的有 4 个或 5 个孔。不同规格的物镜分别安装在各孔上。

（3）载物台。载物台为方形（多数）和圆形的平台，中央有一光孔，孔的两侧各装 1 个夹片，载物台上还有移动器（其上有刻度标尺），可纵向和横向移动，移动器的作用是夹住和移动标本。

（4）镜臂。镜臂支撑镜筒、载物台、聚光器和调节器。镜臂有固定式和活动式（可改变倾斜度）两种。

（5）镜座。镜座为马蹄形，支撑整台显微镜，其上有反光镜。

（6）调节器。调节器包括大、小螺旋调节器（调焦距）各 1 个。可调节物镜和所需观察的物体之间的距离。调节器有装在镜臂上方或下方的 2 种，装在镜臂上方的是通过升降镜臂来调焦距，装在镜臂下方的是通过升降载物台来调焦距，新式显微镜多半装在镜臂的下方。

2. 光学系统及其化学原理

（1）目镜。每台显微镜备有3个不同规格的目镜，例如，5倍（5×）、10倍（10×）和15倍（15×），高级显微镜除了上述3种外，还有20倍（20×）的。

（2）物镜。物镜装在转换器的孔上，物镜有低倍（8×、10×、20×3种）、高倍（40×或45×）及油镜（100X）。物镜的性能由数值孔径（numerical aperture，N. A.）决定，数值孔径$=n\sin(\alpha/2)$，其意为玻片和物镜之间的折射率乘上光线投射到物镜上的最大夹角α的一半的正弦。光线投射到物镜的角度越大，显微镜的效能越大，该角度的大小决定于物镜的直径和焦距。n是影响数值孔径的因素，空气的折射率$n=1$，水的折射率$n=1.33$，香柏油的$\alpha/2$为60°，sin60°=0.87。

从图9.2可知：以空气为介质时，数值孔径N. A.=1×0.87=0.87；以水为介质时，N. A.=1.33×0.87=1.16；以香柏油为介质时，N. A.=1.52×0.87=1.32。用油镜时光学显微镜的性能还依赖于物镜的分辨率，分辨率即能分辨两点之间的最小距离的能力，用δ表示，$\delta=0.61\times\lambda/\mathrm{N.A.}$，分辨率与数值孔径成正比，与波长$\lambda$成反比。增大数值孔径，缩短波长可提高显微镜的分辨率，使目的物的细微结构更清晰可见。事实上可见光的波长（0.38～0.7μm）是不可能缩短的，只有靠增大数值孔径来提高分辨率。

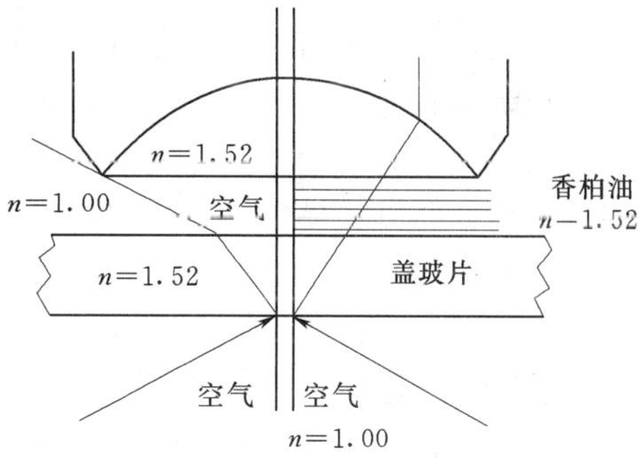

图9.2　油浸的作用

物镜上标有：N. A. 1.25、100×、OI、160/0.17、0.16等字样，其中N. A. 1.25为数值孔径；100×为放大倍数；160/0.17中160表示镜筒长，0.17表示要求盖玻片的厚度；OI表示油镜；0.16为工作距离。显微镜的总放大倍数为物镜放大倍数和目镜放大倍数的乘积。

（3）聚光器。聚光器安装在载物台的下面，反光镜反射来的光线通过聚光器被聚集成光锥照射到标本上，可增强照明度，提高物镜的分辨率。聚光器可上、下调节，它中间装有光圈可调节光亮度，在看高倍镜和油镜时需调节聚光器，合理调节聚光器的高度和光圈的大小，可得到适当的光照和清晰的图像。

（4）反光镜。反光镜装在镜座上，有平、凹两面，光源为自然光时用平面镜，光源为灯光时用凹面镜。它可自由转动方向。反光镜可反射光线到聚光器上。

（5）滤光片。自然光有各种波长的光组成，如只需要某一波长的光线，可选用合适的滤光片，以提高分辨率，增加反差和清晰度。滤光片有紫、青、蓝、绿、黄、橙、红等颜色。根据标本颜色，在聚光器下加相应的滤光片。

（二）显微镜的操作方法

1. 低倍镜的操作

（1）置显微镜于固定的桌上，窗外不宜有障碍视线之物。

（2）旋动转换器，将低倍镜移到镜筒正下方，和镜筒对直。

(3) 转动反光镜向着光源处，同时用眼对准目镜（选用适当放大倍数的目镜）仔细观察，使视野亮度均匀。

(4) 将标本片放在载物台上，使观察的目的物置于圆孔的正中央。

(5) 将粗调节器向下旋转（或载物台向上旋转），眼睛注视物镜，以防物镜和载玻片相碰。当物镜的尖端距载玻片约 0.5cm 处时停止旋转。

(6) 左眼向目镜里观察，将粗调节器向上旋转，如果见到目的物，但不十分清楚，可用细调节器调节至目的物清晰为止。

(7) 如果粗调节器旋得太快，使超过焦点，必须从第（5）步重调，不应在正视目镜情况下调粗调节器，以防没把握的旋转使物镜与载玻片相碰撞坏。

(8) 观察时两眼同时睁开（两眼不感疲劳）。单筒显微镜应习惯用左眼观察，以便于绘图。

2. 高倍镜的操作

(1) 使用高倍镜前，先用低倍镜观察，发现目的物后将它移至视野正中处。

(2) 旋动转换器换高倍镜，如果高倍镜触及载玻片立即停止旋动，说明原来低倍镜就没有调准焦距，目的物并没有找到，要用低倍镜重调。如果调对了，换高倍镜时基本可以看到目的物；若有点模糊，用细调节器即可清晰可见。

3. 油镜的操作

(1) 如果用高倍镜未能看清目的物，可用油镜。先用低倍镜和高倍镜检查标本片，目的物移到视野正中。

(2) 在载玻片上滴 1 滴香柏油（或液体石蜡），将油镜移至正中使油镜头浸没在油中，刚好贴近载玻片。用细调节器微微向上调（切记不可用粗调节器）即可。

(3) 油镜观察完毕，用擦镜纸将镜头上的油揩净，另用擦镜纸醮少许二甲苯揩拭镜头，再用擦镜纸揩干。

(三) 目测微尺、物测微尺及其使用方法

1. 目测微尺

目测微尺是一圆形玻片，其中央刻有 5mm 长的、等分为 50 格（或 100 格）的标尺，每格的长度随使用目镜和物镜的放大倍数及镜筒长度而定。使用前用物测微尺标定，用时放在目镜内。

2. 物测微尺

物测微尺是一厚玻片，中央有一圆形盖玻片，中央刻有 1mm 长的标尺，等分为 100 格，每格为 10μm，用以标定目测微尺在不同放大倍数下每格的实际长度。

3. 目测微尺的标定

将目测微尺装入目镜的隔板上，使刻度朝下；把物测微尺放在载物台上使刻度朝上。用低倍镜找到物测微尺的刻度，移动物测微尺和目测微尺使两者的第 1 条线重合，顺着刻度找出另 1 条重合线。

如图 9.3 中 A（目测微尺）上 5 格对准 B 物测微尺上的 2 格，B 的 1 格为 10μm，2 格的长度为 20μm，所以目测微尺上 1 小格的长度为 4μm，再分别求出高倍镜和油镜下目测微尺每格的长度。

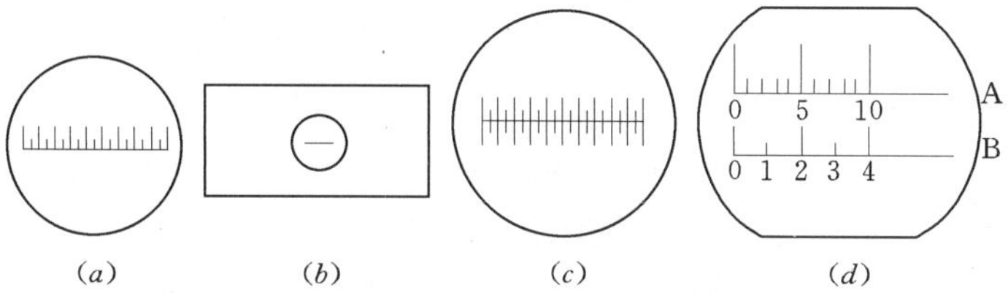

图 9.3　目测微尺和物测微尺

(a) 目测微尺；(b) 物测微尺；(c) 物测微尺的中心放大；

(d) 物测微尺标定目测微尺时两者重叠情景

A—目测微尺；B—物测微尺

4. 菌体大小的测量

将物测微尺取下，换上标本片，选择适当的物镜测量目的物的大小，分别找出菌体的长和宽占目测微尺的格数，再按目测微尺 1 格的长度算出菌体的长度和宽度。

(四) 活性污泥和生物膜的观察

活性污泥法曝气池中的活性污泥和生物膜法构筑物中的生物膜是生物法处理废水的工作主体。它们是由细菌、霉菌、酵母菌、放线菌、原生动物等微生物以及后生动物如轮虫、线虫等与废水中的固体物质所组成。本实验主要是观察活性污泥和生物膜的结构及菌胶团的形状，辨认活性污泥与生物膜的组成之一——原生动物的形态特征和运动方式等。

四、实验步骤

(一) 观察前的准备

(1) 了解显微镜的构造和使用方法。将显微镜置于平稳试验台上，坐的姿势要端正，两眼同时睁开，一般用左眼观察，右眼记录或绘图。

(2) 调解光源。在对光时，要使全视野内为均匀的明亮度，观看染色标本时，光线应强，观察未染色标本时，光线不宜太强。

(二) 低倍镜观察

观察标本时必须先用低倍镜观察，因为低倍镜视野较大，较容易发现目标，将观察标本处于接物镜正下方，使接物镜降至距标本约 0.5cm 处，然后用粗调节器慢慢升起镜筒，至物像出现后再用细调节器调节到物像清楚为止，然后移动标本，移到视野中心，用高倍镜继续观察。

(三) 高倍镜观察

用高倍镜观察时应先调节好光圈，使光线呈适宜的明亮度，用低倍镜的同样方法，调节出清楚物像，找到理想的倍位，移至视野中心观察。

(四) 油镜观察

对染色菌体进行观察时，要使用油镜。在观察前先用高倍镜检查将标本移到中央；然后换成油镜，在油镜下方标本玻镜片上滴一滴镜油，从侧方注视，使镜头尖端和油镜接触，注意不压在玻片上；然后从接目镜观察，用粗调节器将镜筒徐徐上升，视野出现物像时，再用细调节器，调至清晰。油镜用完后，必须用擦镜纸将油镜头的标本玻片所沾的油拭净，必要时要用二甲苯擦拭镜头。

(五) 用低倍镜和高倍镜观察活性污泥和生物膜中各种微生物种类

1. 标本的制备

(1) 活性污泥。

1) 取活性污泥法曝气池混合液一小滴，放在洁净的载玻片的中央（如混合液中污泥较少，可待其沉淀后，取沉淀污泥一小滴加到载玻片上，如混合液中污泥较多，则应稀释后进行观察）。

2) 小心用洗净的盖玻片覆盖，这样就制成了活性污泥的标本。加盖玻片时应使其中央已接触到水滴后才放下，否则会在片内形成气泡，影响观察。

(2) 生物膜。

1) 从生物膜法的构筑物内刮取生物膜一小块，用蒸馏水稀释，制成供显微镜观察用的菌液。对于用石子作滤料的生物滤池，也可取石子一小块，置于冲洗干净的烧杯中，加蒸馏水少许和干净的玻璃珠，摇荡数分钟，使滤料上的生物膜脱落在水中，去掉滤料，再摇荡数分钟，做成菌液（如太浓，不易在显微镜下观察，可进行稀释）。

2) 取菌液一小滴，置于洁净载玻片的中央，用洗净的盖玻片覆盖（注意不要有气泡）；以备显微镜观察之用。

2. 显微镜观察

(1) 低倍镜观察。

1) 在选定的接目镜下，利用低倍镜，确定目测微尺一格的长度（单位以 μm 计）。

2) 观察所制备的微生物标本玻片，画出所见原生动物、菌胶团等微生物的形态草图。选择一个原生动物，量出其尺寸。

3) 记下观察所用接目镜和接物镜的放大倍数和算出显微镜的放大倍数。

(2) 高倍镜观察。

1) 改用高倍镜观察，画出微生物的形态草图，并与用低倍镜看到的比较，注意其不同点。

2) 记下显微镜的放大倍数。

五、实验数据及处理

将观察到的各种原生动物、后生动物及各种菌类的形态、特点认真绘制下来。

六、作业题

(1) 使用显微镜时，哪些地方须特别注意？

(2) 使用低倍镜时，显微镜的放大倍数一般最大可达多少？使用高倍镜时显微镜的放大倍数怎样呢？在什么时候才需要使用油镜？

(3) 使用油镜为什么要先用低倍和高倍镜检查？

实验二 细菌、霉菌、酵母菌、放线菌形态的观察

一、实验目的

(1) 进一步掌握显微镜的使用方法。

(2) 观察几个典型细菌的形态（示范片）。

（3）观察几个典型细菌的构造（示范片）。

（4）观察霉菌、酵母菌、放线菌的形态和构造，以便找出它们之间及与细菌之间的区别点。

二、实验器材

（1）显微镜、擦镜纸、镜油（香柏油），二甲苯等。

（2）示范片。

1）金黄色葡萄球菌，肺炎双球菌、四联球菌、尿八联球菌，链球菌，球衣细菌，大肠杆菌，霍乱弧菌等。

2）枯草杆菌芽孢、假单孢杆菌鞭毛、固氮菌夹膜等。

3）酵母菌、霉菌、放线菌。

三、实验内容和方法

（1）复习显微镜的使用方法，重点放在油镜的使用部分。

（2）严格按照显微镜的使用方法，依次逐个观察细菌的形态、构造及酵母菌、霉菌、线菌的形态。分别绘出其形态、构造图。

实验三　微生物的简单染色法和革兰氏染色法

一、目的

（1）学习微生物涂片、染色的基本操作技术。

（2）认识细菌的形态特征。

（3）掌握细菌的一般染色法和革兰氏染色法。

二、仪器和材料

1. 菌种

培养24h的大肠杆菌或牙垢。

2. 溶液和试剂

石炭酸复红（品红）染液、草酸铵结晶紫染液、路哥式碘液、95%乙醇、番红复染液。

3. 仪器或其他用具

显微镜、香柏油、二甲苯、擦镜纸、吸水纸、接种环、载玻片、酒精灯等。

三、实验方法和步骤

1. 细菌的简单染色步骤

（1）涂片。取干净的载玻片于实验台上，在正面边角作个记号并滴一滴无菌蒸馏水于载玻片的中央，将接种环在火焰上烧红，待冷却后从斜面挑取少量菌种（大肠杆菌或枯草杆菌）与玻片上的水滴混匀后，在载玻片上涂布成一均匀的薄层，涂布面不宜过大。（注：活性污泥染色是用滴管取一滴活性污泥于载玻片上铺成一薄层即可）。牙签取牙缝间的牙垢制涂片，观察其中的螺旋菌。

（2）干燥。在室温下自然干燥，为了加速干燥，可在酒精灯火焰上方烘干。但不宜在高温下长时间烤干，否则急速失水会使菌体变形。

（3）固定。手持载玻片一端，将已干燥的涂片正面向上，在微小的火焰上快速通过2～3次，要求载玻片背面不烫为宜。

固定的目的是加热使细菌的蛋白质凝固而固着在载玻片上；一般死细胞的原生质比活菌体通透性好，容易着色。

（4）染色。在载玻片上滴加染色液（石炭酸复红、草酸铵结晶紫或美蓝任选一种），使染液铺盖涂有细菌的部位作用约1min。

（5）水洗。斜置载玻片，倾去染液，在自来水龙头下用小股水流冲洗多余染料，直至水呈无色为止。

（6）干燥。用吸水纸吸去涂片边缘的水珠（注意勿将细菌擦掉），然后放置于桌子上风干。

（7）镜检。用显微镜观察，并用铅笔绘出细菌形态图。

2. 细菌的革兰氏染色步骤

（1）制片。取大肠杆菌（均以无菌操作）分别做涂片（见图9.4）、干燥、固定。

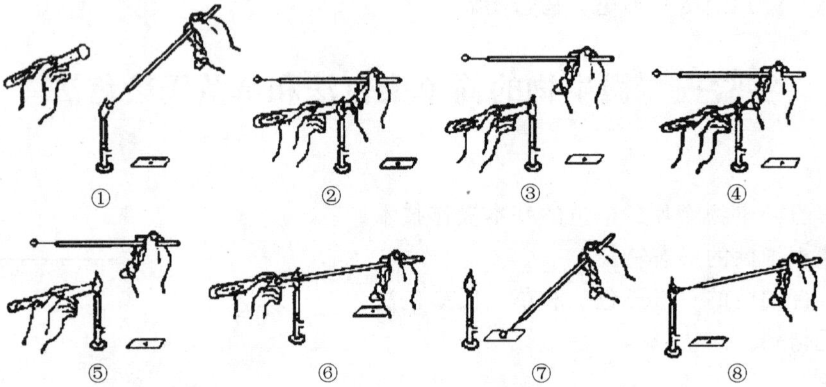

图9.4 无菌操作及做涂片的过程

（2）初染。用草酸铵结晶紫染液染1min，水洗。

（3）媒染。加路哥氏碘液冲去草酸铵结晶紫染液并媒染1min，水洗。

（4）脱色。斜置载玻片，滴加95%乙醇脱色，至流出的乙醇不现紫色即可，随即水洗。

（5）复染。用蕃红染液复染2min，水洗。染色结果见图9.5。

（6）镜检。用吸水纸吸掉水滴，待标本片干后置显微镜下，用低倍镜观察，发现目的物后用油镜观察，注意细菌细胞的颜色。绘出细菌的形态图并说明革兰氏染色的结果。

染色关键：必须严格掌握乙醇脱色程度，如果脱色过度，阳性菌被误染为阴性菌；若脱色不够时，阴性菌被误染为阳性菌。

四、作业题

（1）微生物的染色原理是什么？

（2）说出大肠杆菌的革兰氏染色结果？

（3）操作过程中的注意事项有哪些？

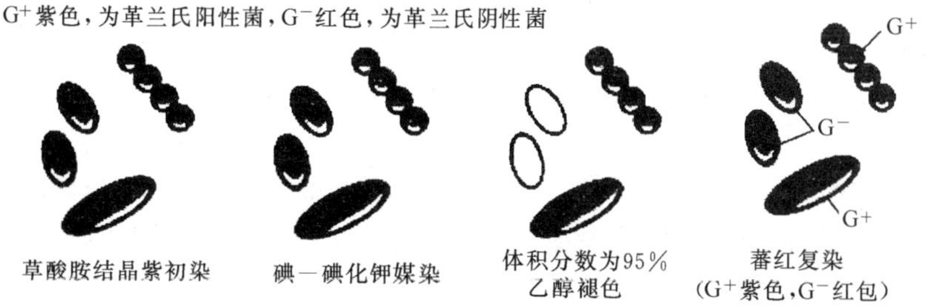

图 9.5　革兰氏染色结果

G^+紫色，为革兰氏阳性菌；G^-红色，为革兰氏阴性菌

(4) 微生物固定以后是活菌体还是死菌体？

(5) 革兰氏染色有什么实践意义？

实验四　培养基的制备和灭菌

一、目的

(1) 熟悉玻璃器皿的洗涤和灭菌前的准备工作。

(2) 掌握培养基和无菌水的制备方法和步骤。

(3) 了解干热灭菌及高压蒸汽灭菌的原理和应用范围。

(4) 掌握高压蒸汽灭菌的操作方法。

二、基本原理

基础培养基里含有一般细菌生长繁殖的所需要的基本的营养物质。培养基里含有碳源、氮源、无机盐、水、生长因子和能源，pH 值适宜。

灭菌有干法灭菌和湿法灭菌两种：

1. 干热灭菌有灼烧法和烘箱热空气法

灼烧法灭菌简单彻底，但是破坏性大，适用范围小；烘箱热空气法灭菌后物品干燥，但是操作时间长，对液体不适用。

2. 湿法灭菌

湿法灭菌有巴斯德消毒法、煮沸消毒法、间歇灭菌法、常规加压灭菌法和连续灭菌法等。湿法灭菌主要利用水蒸气的热量将细菌杀死。

同样温度下，湿法灭菌比干热灭菌更有效。因为水蒸气具有穿透力强、易于传导热量的优点；另外，蒸汽在被灭菌的物体表面凝结，释放出潜热，这种潜热能迅速提高物品的温度，缩短灭菌所需的时间。

三、仪器和材料

培养皿（直径 90mm）10 套、试管（15mm×150mm）5 支、（18mm×180mm）5 支、移液管（10mL）1 支、（1mL）2 支、锥形瓶（250mL）2 个、烧杯（300mL）1 个、玻璃珠 30 粒、纱布、棉花、牛皮纸（或报纸）、精密 pH 试纸 6.4～8.4、10% HCl、10% NaOH、牛肉膏、蛋白胨、氯化钠、琼脂、或市售营养琼脂培养基、蒸馏水、高压蒸汽灭菌锅、烘箱、煤气灯或酒精灯、天平。

四、实验步骤

(一) 玻璃器皿的洗涤和包装

1. 洗涤

玻璃器皿在使用前必须洗涤干净。培养皿、试管、锥形瓶等可用洗衣粉加去污粉洗刷并用自来水冲净。移液管先用洗液浸泡，再用水冲洗干净。洗刷干净的玻璃器皿自然晾干或放入烘箱中烘干、备用。

2. 包装

(1) 移液管的吸端用细铁丝将少许棉花塞入构成1～1.5cm长的棉塞（以防细菌吸入口中，并避免将口中细菌吹入管内）。棉塞要塞得松紧适宜，吸时既能通气，又不致使棉花滑入管内。将塞好棉花的移液管的尖端，放在4～5cm宽的长纸条的一端，移液管与纸条约成30℃夹角，折叠包装纸包住移液管的尖端［见图9.6（*a*）］，用左手将移液管压紧，在桌面上向前搓转，纸条螺旋式地包在移液管外面，余下纸头折叠打结。按实验需要，可单支包装或多支包装，待灭菌。

(2) 用棉塞将试管管口和锥形瓶瓶口部塞住。棉塞的制作：按试管口或锥形瓶口大小估计用棉量，将棉花铺成中心厚，周围逐渐变薄的圆形，对折后卷成卷，一手握粗端，将细端塞入试管或锥形瓶的口内，棉塞不宜过松或过紧，用手提棉塞，以管、瓶不掉下为准。棉塞四周应紧贴管壁和瓶壁，不能有皱褶，以防空气微生物沿棉塞皱褶侵入。棉塞插入2/3，其余留在管口（或瓶口）外，便于拔塞。试管、锥形瓶塞好棉塞后，用牛皮纸包并用细绳或橡皮筋捆扎好［见图9.6（*b*）］放在铁丝或铜丝篓内待灭菌。

(3) 培养皿由一底一盖组成一套，用牛皮纸或报纸将10套培养皿（皿底朝里，皿盖朝外，5套、5套相对）包好，见图9.6（*c*）。

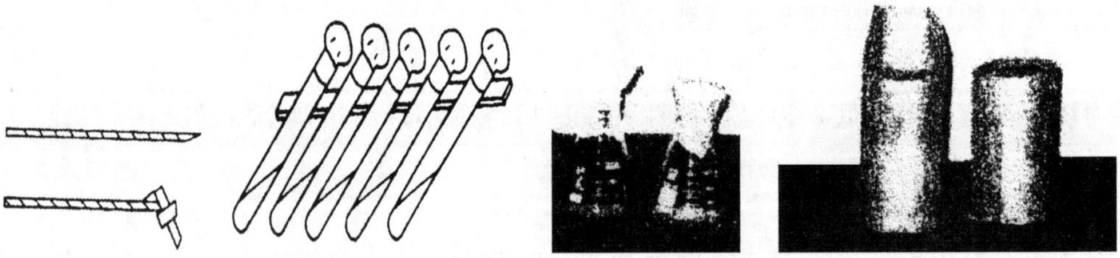

(*a*)　(*b*)　(*c*)　(*d*)

图9.6

（*a*）移液管；（*b*）试管；（*c*）锥形瓶；（*d*）培养皿

(二) 培养基的制备

培养基是微生物的繁殖基地。通常根据微生物生长繁殖所需要的各种营养物配制而成。其中含水分、碳化合物、氮化合物、无机盐等，这些营养物可提供微生物碳源、能源、氮源等，组成细胞及调节代谢活动。按培养目的不同，或培养不同种类微生物可配成各种培养基。通常培养细菌是用肉膏蛋白胨培养基，培养放线菌常用淀粉培养基，用豆芽汁培养霉菌，用麦芽汁培养酵母菌。

培养微生物除了满足它们各自营养物要求外，还要给予适宜的 pH、渗透压和温度等。

根据研究目的的不同，可配制成固体、半固体和液体的培养基。固体培养基的成分与液体相同，仅在液体培养基中加入凝固剂使呈固态。通常加入 15～30g/L 的琼脂为固体培养基；加入 3～5g/L 的琼脂为半固体培养基。有的细菌还需用明胶或硅胶。本实验用固体培养基和液体培养基。培养基的制备过程如下：

1. 配制溶液

取一定容量的烧杯盛入定量无菌水，按培养基配方顺序（牛肉膏 0.75g 蛋白胨 1.5g 氯化钠 0.75g 琼脂 3g 蒸馏水 150mL）逐一称取各种成分，依次加入水中溶解，待每一份成分溶解后方可加入下一成分，否则会生成沉淀物。待最后一种成分溶解后，加水补足因加热蒸发的水量。注意：在制备固体培养基加热融化琼脂时要不断搅拌，避免琼脂糊底烧焦。

2. 调节 pH

用精密 pH 试纸测培养基的 pH，按 pH 的要求用 10％HCl 或 10％NaOH 调整至所需的 pH＝7.6。

3. 过滤

趁热过滤，用纱布或滤纸或棉花均可。如果培养基无特殊要求，可不过滤。

4. 分装

将培养基分装于试管中或锥形瓶中，装入试管的培养基量视试管的大小及需要而定，一般制斜面培养基时，每支试管装的量为试管高度的 1/4，1/3。

5. 斜面培养基的制作

将已灭菌的装有琼脂培养基的试管取出，趁热斜置在木棒（或橡皮管）上，使试管内的培养基斜面长度为试管长度的 1/3～1/2 之间，待培养基凝固后即成斜面。

(三) 灭菌

灭菌是用物理、化学因素杀死全部微生物的营养细胞和它们的芽孢（或孢子）。消毒和灭菌有些不同，它是用物理、化学因素杀死致病微生物或杀死全部微生物的营养细胞及一部分芽孢。

1. 干热灭菌

将包好的待灭菌的物品放入干燥箱，不要接触烘箱内壁的铁板；通电，打开排气孔至箱内温度达到 100℃关闭排气孔；将温度调至 160～170℃后维持 2h；切断电源，把恒温箱的调节旋扭调回零处，待温度降到 50℃左右，才可将物品取出。

请注意：灭菌时温度不得超过 170℃，以免包装纸烧焦。灭菌好的器皿应保存好，切勿弄破包装纸，否则会染菌。

2. 湿法灭菌（用高压蒸汽灭菌法）

该法使用高压灭菌锅（见图 9.7），微生物实验所需的一切器皿、器具、培养基（不耐高温者除外）等都可用此法灭菌。

高压蒸汽灭菌锅是能耐一定压力的密闭金属锅，有立式和卧式两种。灭菌锅上附有压力表、排气阀、安全阀、加水口、排水口等。卧式灭菌锅还附有温度计。有的还有蒸汽入

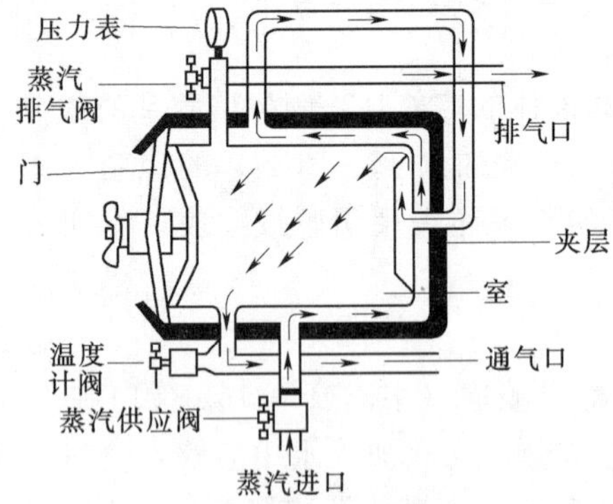

图9.7 高压灭菌锅

口。灭菌锅的加热源有电、煤气和蒸汽三种。

灭菌的操作过程：加水至锅内底部隔板以下1/3处；把需灭菌的器物放入锅内，关严锅盖（对角式均匀拧紧螺旋），打开排气阀；打开电源；待锅内水沸腾后，蒸汽将锅内冷空气驱净，当温度计指针指向100℃时，证明锅内已充满蒸汽，则关排气阀；升压、升温，当压力达到1.05kg/cm^2（温度为121℃）即灭菌开始；维持15～30min；达到灭菌时间要求后停止加热，任其自然降压，当指针回到0时，打开排气阀，揭开锅盖，取出器物，排掉锅内剩余水。

五、作业题

（1）培养基是根据什么原理配制而成的？牛肉膏、蛋白胨、琼脂培养基中不同成分各起什么作用？

（2）试述配制培养基要注意哪些问题？

（3）为什么湿热灭菌比干热灭菌优越？

（4）为什么干热灭菌比湿热灭菌用的温度高？

实验五 细菌纯种分离、培养和接种技术

一、目的

（1）掌握微生物接种和分离技术。

（2）掌握无菌操作的基本环节。

二、原理

自然界中各种微生物在互相依赖的关系下共同生活。因此，为了取出特定的微生物进行纯培养，必须分离出来。

接种是将微生物或者微生物悬液引入新鲜培养基的过程。微生物的接种技术是进行微生物实验和研究的基本操作技能。由于实验目的、培养基种类和实验器皿的不同，接种方法也不同。无菌操作是关键。

三、仪器和材料

无菌培养皿（直径90mm）10套、无菌移液管（1mL）2支、（10mL）1支；营养琼脂培养基1瓶、活性污泥或土壤或湖水1瓶、无菌稀释水（90mL）1瓶、（9mL）5管；接种环、酒精灯或煤气灯、恒温箱。

四、操作方法、步骤

（一）稀释平板法分离步骤

细菌纯种分离的方法有很多，本实验以稀释平板法分离。

1．取样

用无菌锥形瓶到现场取一定量的活性污泥或土壤或湖水，迅速带回实验室。

2. 稀释水样

将 1 瓶 90mL 和 5 管 9mL 的无菌水排列好，按 10^{-1}、10^{-2}、10^{-3}、10^{-4}、10^{-5} 及 10^{-6} 依次编号。在无菌操作条件下，用 10mL 的无菌移液管吸取 10mL 水样（或其他样品 10g）置于第一瓶 90mL 无菌水（内含玻璃珠）中，将移液管吹洗三次，用手摇 10min 将颗粒状样品打散。即为 10^{-1} 浓度的菌液。用 1mL 无菌移液管吸取 1mL 的 10^{-1} 浓度的菌液于一管 9mL 无菌水中，将移液管吹洗三次，摇匀即为 10^{-2} 浓度菌液。同样方法，依次稀释到 10^{-6}。稀释过程如图 9.8 所示。

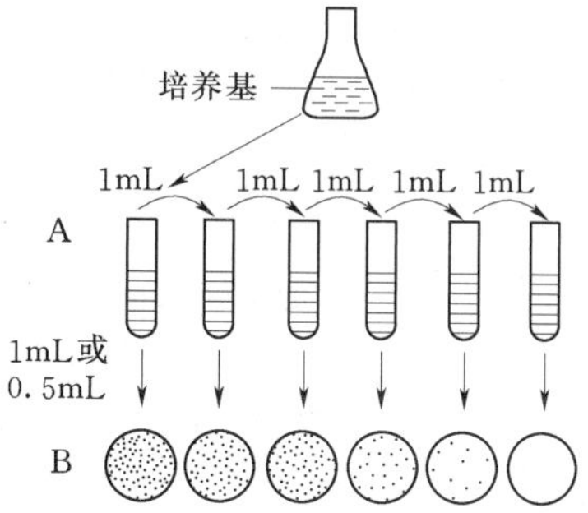

图 9.8　菌液稀释过程

3. 平板的制作

取 10 套无菌培养皿编号，10^{-4}、10^{-5}、10^{-6} 各 3 个，另 1 个为空气对照。取 1 支 1mL 无菌移液管以 10^{-6}、10^{-5}、10^{-4} 为序分别吸取 0.5mL 菌液于相应编号的培养皿内（注：每次吸取前，用移液管在菌液中吹泡使菌液充分混匀），加热融化培养基，当培养基冷至 45℃左右时，右手拿装有培养基的锥形瓶，左手拿培养皿，以中指、无名指和小指托住皿底，拇指和食指夹住皿盖，靠近火焰，将皿盖掀开，倒入培养基后将培养皿平放在桌上，顺时针和反时针来回转动培养皿，使培养基和菌液充分混匀，冷凝后即成平板，倒置于 30℃培养箱内培养 24～48h，然后观察结果。（注：若在无菌室内操作，倒平板按图 9.9 操作）取“对照”的无菌培养皿，倒平板待凝固后，打开皿盖 10min 后盖上皿盖，倒置于 30℃培养 24～48h 后观察结果。

取无菌培养皿倒平板凝固后，倒置于 30℃培养 24～48h 后观察结果。

（二）接种技术操作

由于实验的目的、所研究的微生物种类、所用的培养基及容器的不同，因此，接种方法也有多种，本实验主要介绍斜面接种技术。

常用的接种用具有接种环、接种针、接种钩、玻璃刮刀、铲、移液管、滴管等。接种环和接种针等总长约 25cm，环、针、钩的长为 4.5cm，可用白金、电炉丝或镍丝制成。见图 9.10。上述材料以白金丝最为理想，其优点是：在火焰上灼烧红得快，离火焰后冷得快，不易氧化且无毒。但价格昂贵，一般用电炉丝和镍丝。接种环的柄为金属的，其后端套上绝热材料套。柄也可用玻璃捧制作。

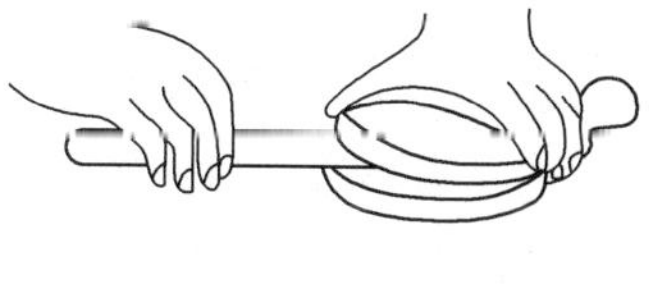

图 9.9　倒平板

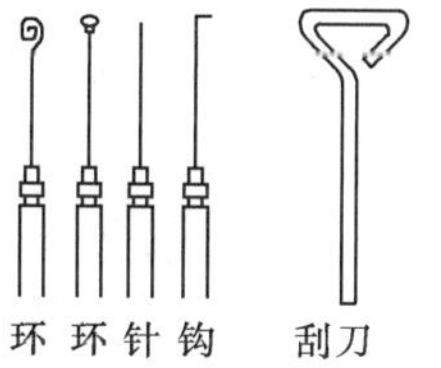

图 9.10　接种环及其他器具

斜面接种技术：是将长在斜面培养基（或平板培养基）上的微生物接到另一支斜面培养基上的方法（见图 9.11）。接种前将桌面擦净，将所需的物品整齐有序地放在桌上；将试管贴上标签，注明菌名、接种日期、接种人、组别、姓名等；点燃煤气灯（或酒精灯）；将一支斜面菌种和一支待接的斜面培养基放在左手上，拇指压住两支试管，中指位于两支试管之间，斜面向上，管口齐平。

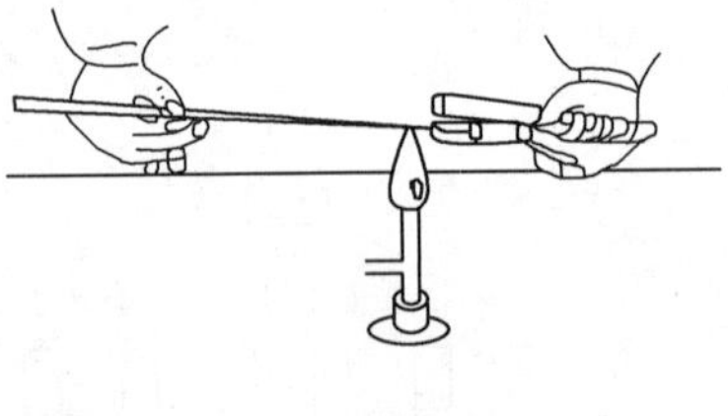

图 9.11 μ斜面接种示意图

右手先将棉塞拧松动，以便接种时拔出。右手拿接种环，在火焰上将环烧红以达到灭菌（环以上凡是可能进入试管的部分都应灼烧）；在火焰旁，用右手小指、无名指和手掌夹住棉塞将它拔出。试管口在火焰上微烧一周，将管口上可能沾染的少量菌或带菌尘埃烧掉。将烧过的接种环伸入菌种管内，先触及没长菌的培养基使环冷却，然后轻轻挑取少许菌种，将接种环抽出管外迅速伸人另一试管底部，在斜面上由底部向上划曲线。抽出接种环，将试管塞上棉塞并插在试管架上，最后再次烧红接种环，则接种完毕。

微生物的分离培养、接种等操作需在经紫外线灯灭菌的无菌操作室、无菌操作箱或生物超净台等环境下进行。教学实验由于人多，无菌室小，无法一次容纳所有实验者。所以，在一般实验室内进行时要特别注意无菌操作。也可多组分批进行。

五、作业题

(1) 分离活性污泥为什么要稀释?

(2) 用一根无菌移液管接种几种浓度的水样时，应从哪个浓度开始? 为什么?

(3) 培养微生物时为什么要倒置?

(4) 为什么要求微生物实验工作必须在无菌条件下进行?

实验六 纯培养菌种的菌体、菌落形态的观察

一、目的

(1) 通过观察了解酵母菌、放线菌及霉菌的细胞结构形态及与其相应的菌落形态特征。

(2) 通过革兰氏染色进一步巩固染色技术。

(3) 通过观察和比较细菌、放线菌、酵母菌及霉菌的菌落特征，达到初步鉴别上述微生物的能力。

二、原理

细菌菌落多为光滑型、湿润、质地软、表面结构及边缘结构特征很多，具各种颜色。但也有干燥、粗糙的，甚至呈霉状但不起绒毛。

放线菌是纤细的有分枝的菌丝构成；菌丝体为单细胞原核生物。大多数为营养菌丝和气生菌丝两部分。放线菌的菌落硬度较大，干燥致密，且与基质结合紧密，不易被针挑取。菌落表面呈粉状或皱褶呈龟裂状，具有各种颜色，正面和背面颜色不同。

霉菌是具有分枝的菌丝体，分基内菌丝和气生菌丝两部分。气生菌丝生长到一定阶段分化产生繁殖菌丝，由繁殖菌丝产生孢子。霉菌菌落长成绒状或棉絮状，能扩散生长，疏松，用接种环很易挑取。也具有各种颜色，正面和背面不尽相同。

酵母菌细胞较大，不必染色即可在显微镜下观察其形态。酵母菌菌落呈圆形，大小接近细菌，表面光滑、质地软、颜色多为白色和红色。

三、仪器和材料

（1）仪器和材料。显微镜、载玻片、接种环、酒精灯（或煤气灯）。

（2）药品。革兰氏染色液一套（草酸铵结晶紫、革氏碘液、95%乙醇、蕃红染液）。

（3）菌种。放线菌、酵母菌及霉菌等的菌落。

四、实验内容与方法

（一）细菌菌落形态和菌体染色及其形态观察

1. 接种斜面培养基

在无菌操作条件下，用接种环分别挑取平板上长出的各种细菌，并将它们分别接种于各管斜面培养基上，塞好棉塞，放在试管架上置于30℃恒温箱中培养36h后观察。

2. 菌落形态特征的观察

由于微生物个体表面结构、分裂方式、运动能力、生理特性及产生色素的能力等各不相同，因而个体及它们的群体在固体培养基上生长状况也不一样。按照微生物在固体培养基上形成的菌落特征，可初略辨别是何种类型的微生物。应注意菌落的形状、大小、表面结构、边缘结构、菌丛高度、颜色、透明度、气味、粘滞性、质地软硬情况、表面光滑与粗糙情况等。

微生物个体形态和菌落形态的观察是菌种鉴定的第一步工作，很重要。

3. 观察步骤

（1）将自己培养的细菌菌落逐个辨认并编号，按号码顺序将各细菌的菌落特征描述、记录，绘菌落形态图。

（2）用接种环按号码顺序取各种细菌少许做涂片，进行革兰氏染色，确定其革兰氏染色反应，并绘其形态图。

（二）细菌、放线菌、酵母菌及霉菌菌落特征的比较

对细菌、放线菌、酵母菌、及霉菌的菌落特征仔细观察，并将上述四种微生物进行比较，作详细记录。

五、作业题

（1）你分离培养出几种细菌？其菌落形态和个体形态是怎样的？革兰氏染色呈什么反应？

（2）放线菌的菌体为何不容易被挑起？

（3）在显微镜下，酵母菌有哪些突出的特征区别于一般细菌？

实验七　水中细菌总数的测定

一、实验目的

（1）学习水样的采集方法和水样中细菌总数的测定方法。

（2）了解水源水的平板菌落计数原则。

二、实验内容

细菌总数是指1mL或1g水样中所含细菌菌落的总数，所用的方法是稀释平板计数法，由于计算的是平板上形成的菌落（colony-formingunit，CFU）数，其单位为CFU/mL或CFU/g。它反映的是水样中活菌的数量。

用肉眼观察，计数平板上的细菌菌落数，必要时用放大镜和菌落计数器计数，以防遗漏。若同一稀释度中一个培养皿有较大片状菌落生长时，则不宜采用，而应以无片状菌落生长的培养皿作为该稀释度的菌落计数。若片状菌落只是分布在培养皿的一侧区域，而另一半区域中的菌落分布均匀，则可计算半个培养皿的菌落数乘以2来代表全皿的数值。对于相互间距离很近，但又不互相接触的相似菌落只要彼此间的距离大于最小菌落的直径，应全部计数。对虽紧密接触但特征不同的菌落，也应全部计数。各种不同情况的计算方法如下：

（1）首先选择平均菌落数在30～300之间者进行计算，当只有一个稀释度的平均菌落数符合此范围时，则以该平均菌落数乘以其稀释倍数报告（表9.1例1）。

（2）若有两个稀释度，其平均菌落数在30～300之间，则按两者之菌落总数的比值来决定，若其比值小于2应报告两者的平均数，若大于2则报告其中较小的菌落总数（表9.1例2及例3）。

（3）若所有稀释度的平均菌落数均大于300，则应按稀释度最高的平均菌落数乘以稀释倍数报告（表9.1例4）。

（4）若所有稀释度的平均菌落数均小于30，则应按稀释度最低的平均菌落数乘以稀释倍数报告（表9.1例5）。

（5）若所有稀释度的平均菌落数均不在30～300之间，则应按最接近300或30的平均菌落数乘以稀释倍数报告（表9.1例6）。

（6）菌落计数的报告。菌落数在100以内时按实有数报告，大于100时，采用二位有效数字，在二位有效数字后面的位数，以四舍五入方法计算。为了方便，可用10的指数来表示（表9.1报告方式栏）。在报告菌落数为“无法计数”时，应注明水样的稀释倍数。

表9.1　稀释度的选择及菌落总数报告

例次	不同稀释度的平均菌落数			两个稀释度菌落数之比	菌落总数(CFU/mL)	报告方式(CFU/mL)
	10^{-1}	10^{-2}	10^{-3}			
1	1365	164	20	—	16400	1.6×10^4
2	2760	295	46	1.6	37750	3.8×10^4
3	2890	271	60	2.2	27100	2.7×10^4
4	无法计数	4650	513	—	513000	5.1×10^4
5	27	11	5	—	270	2.7×10^4
6	无法计数	305	12	—	30500	3.1×10^4

三、实验器材

（1）锥形瓶1个、试管6或7支、大试管2支、移液管（1mL）2支和（10mL）1支、培养皿10套、接种环、试管架各1个。

（2）革兰染色液一套：草酸铵结晶紫、卢戈碘液、95%乙醇、番红染液。

（3）显微镜。

（4）自来水（或受粪便污染的河、湖水）400mL。

（5）蛋白胨、牛肉膏、氯化钠、琼脂、10%NaOH 和 10%HCl 溶液、精密 pH（6.4～8.4）试纸、无菌水。

四、实验步骤

（一）培养基的制备

按实验四中培养基的配制方法配置培养基。

（二）水样的采集与保藏

1. 自来水水样的采集

先将自来水水龙头用酒精灯灼烧 3min，再放水 5～10min 后，在酒精灯旁打开已灭菌的水样瓶瓶盖（或棉花塞），接取水样，盖上瓶盖迅速送回实验室。

2. 池水、井水、河水及湖水的采集

用一种特制的采样器（采样器是一金属框，内装玻璃瓶，瓶盖上系有绳索，拉起绳索即可把瓶盖打开，松开绳索瓶盖自行塞好瓶口）取距水面 10～15cm 的深层水样。水样采集后，将水样瓶取出，迅速送回实验室（若是测定好氧微生物，应立即改换无菌棉花塞）。

3. 水样的保藏

水样采集后，应立即检验。若来不及检验时，应将水样放在 4℃冰箱内保存。如果缺乏低温保存条件，应在报告中注明水样采集与检验相隔的时间。较清洁的水可在 12h 以内检验，污水要在 6h 以内进行检验。

（三）细菌总数的测定

1. 自来水

按照无菌操作规则，用无菌移液管吸取 1mL 充分混匀的水样注入无菌培养皿中，倾注约 10mL 已融化并冷却至 45℃左右的营养琼脂培养基，平放于桌上迅速旋摇培养皿，使水样与培养基充分混匀，冷凝后成平板。每个水样倒入 3 个平板。另取一个无菌培养皿倒入培养基冷凝成平板作空白对照。将以上所有平板倒置于 37℃恒温箱培养 24h，记菌落数。3 个平板上长的平均值即为 1mL 水样中的细菌总数。

2. 池水、井水、河水和湖水

（1）稀释水样。在无菌操作条件下，以 10 倍稀释法稀释水样，视水体污染程度确定稀释倍数，一般取在平板上能长出 30～300 个菌落的该种水样的稀释倍数。具体操作如下：取 3 个灭菌的空试管，分别加入 9mL 无菌水。取 1mL 水样注入第一管 9mL 无菌水内摇匀，再自第一管内至下一管无菌水内，如此稀释到第三管，稀释度分别为 10^{-1}、10^{-2}、10^{-3}。若 3 个稀释度的菌数均多到无法计数或少到无法计数，则需继续稀释或减小稀释倍数。一般中等污染的水样取 10^{-1}、10^{-2}、10^{-3} 3 个连续稀释度，污染严重的取 10^{-2}、10^{-3}、10^{-4} 3 个连续稀释度。

（2）接种。用无菌移液管自最后 3 个稀释度的试管中各取 1mL 稀释水，分别加入无菌培养皿内，倒入培养基，待冷凝后置于 37℃恒温箱中培养。

(3) 菌落计数。将培养24h的平板取出计菌落数。

五、作业题

(1) 测定水中细菌菌落总数有什么实际意义?

(2) 根据我国饮用水水质标准，讨论你的检验结果。

实验八 水中大肠菌群数的测定

一、实验目的

(1) 学习利用多管发酵法和滤膜法测定水中的大肠菌群数量。

(2) 通过大肠菌群数的测定，了解大肠菌群的生化特性。

(3) 了解大肠菌群的数量测定对饮用水卫生的重要意义。

二、实验器材

(1) 锥形瓶1个、试管6或7支、大试管2支、1mL移液管2支和10mL移液管1支、培养皿10套、接种环、试管架各1个。

(2) 革兰染色液一套：草酸铵结晶紫、卢戈碘液、95%乙醇、番红染液。

(3) 显微镜。

(4) 自来水(或受粪便污染的河、湖水)400mL。

(5) 蛋白胨、乳糖、磷酸氢二钾、牛肉膏、氯化钠、1.6%溴甲酚紫乙醇溶液、5%碱性品红乙醇溶液、2%伊红水溶液、0.5%美兰水溶液。

(6) 10%NaOH和10%HCl溶液、精密pH(6.4～8.4)试纸、无菌水。

三、实验步骤

(一) 水样采集与保藏

方法同实验七。

(二) 培养基的配制

1. 乳糖蛋白胨培养基(供多管发酵法复发酵用)

配方

蛋白胨	10g
牛肉膏	3g
乳糖	5g
氯化钠	5g
1.6%溴甲酚紫乙醇溶液	1mL
蒸馏水	1000mL

制备

(1) 按配方分别称取蛋白胨、牛肉膏、乳糖及氯化钠，加热溶解于1000mL蒸馏水中，调整pH为7.2～7.4。

(2) 加入1.6%溴甲酚紫乙醇溶液1mL，充分混匀，分装于试管中，每管装10mL，另取一小试管装满培养基倒放入试管内，塞好棉塞并包扎。

(3) 置高压蒸汽灭菌锅中，以68.7kPa($0.7kg/cm^2$)灭菌20min。

（4）贮存于冷暗处备用。

2. 三倍浓缩乳糖蛋白胨培养基（供多管发酵法初发酵用）

制备

（1）按上述配方将“乳糖蛋白胨培养基”浓缩 3 倍配制。

（2）分装于试管中，每管装 5mL；再分装大试管，每管装 50mL，然后在每管内倒放装满培养基的小试管，塞好棉塞，包扎。

（3）置高压蒸汽灭菌锅中，以 68.7kPa（0.7kg/cm^2）灭菌 20min。

（4）贮存于冷暗处备用。

3. 品红亚硫酸钠培养基（甲）

配方

蛋白胨	10g
乳糖	10g
磷酸氢二钾	3.5g
琼脂	20～30g
蒸馏水	1000mL
无水亚硫酸钠	5g
5%碱性品红乙醇溶液	20mL

制备

（1）先将琼脂加至 900mL 蒸馏水中，加热溶解，然后加入磷酸氢二钾及蛋白胨，混匀使溶解，再以蒸馏水补足至 1000mL，调整 pH 值为 7.2～7.4。

（2）趁热用脱脂棉或绒布过滤，再加入乳糖，混匀后定量分装于锥形瓶内，置高压蒸汽灭菌器中以 115℃（0.7kg/cm^2）灭菌 20min，贮存于冷暗处备用。

4. 品红亚硫酸钠培养基（乙）

配方

蛋白胨	10g
酵母浸膏	5g
牛肉膏	5g
乳糖	10g
琼脂	20g
磷酸氢二钾	3.5g
无水亚硫酸钠	5g
5%碱性品红乙醇溶液	20mL
蒸馏水	1000mL

培养基及平板的制备方法与“品红亚硫酸钠培养基（甲）”的制备法相同，但须加酵母浸膏和牛肉膏。

5. 伊红美蓝培养基

配方

蛋白胨	10g

乳糖	10g
磷酸氢二钾	2g
琼脂	20～30g
蒸馏水	1000mL
2%伊红水溶液	20mL
0.5美蓝水溶液	13mL

制备

按品红亚硫酸钠培养基的制备过程制备。

(三) 水中大肠菌群的测定

1. *多管发酵法*

多管发酵法就是以最大可能数（most probable number，MPN）来表示检测结果。大量实验证明，该方法的检测结果有可能大于实际的数量，但只要适当增加每个试管的重复数目，就能减少这种误差。因此，在实际检测过程中，应根据要求数据的准确性来确定发酵试管的重复数目。

(1) 生活饮用水的检验。

1) 初步发酵试验。在2支各装有50mL三倍浓缩乳糖蛋白胨培养液的大发酵管（内有反应管）中，以无菌操作各加入100mL水样。在10支各装有5mL三倍浓缩乳糖蛋白胨培养液的发酵管（内有发酵管）中，以无菌操作各加入100mL水样，混匀后置于37℃恒温箱中培养24h，观察其产酸产气的情况。

若培养基颜色不变为黄色，其中的反应管内没有气体产生，即不产酸又不产气，为阴性反应，表明无大肠菌群存在；若培养基由红色变为黄色，其中的反应管内有气体产生，既产酸又产气，为阳性反应，说明有大肠菌群存在；培养基由红色变为黄色说明产酸，但不产气，仍为阳性反应，表明有大肠菌群存在。结果为阳性者，说明水可能被粪便污染，需进一步检验；若有气体产生，而培养基红色不变，也不浑浊，说明操作技术上有问题，需重新检验。

2) 平板划线分离。取经培养24h后产酸（培养基呈黄色）、产气或只产酸不产气的发酵管，以无菌操作，用接种环挑取一环发酵液在品红亚硫酸钠培养基（或伊红美兰培养基）平板上划线分离，平行接种三个平板。置于37℃恒温培养箱内培养18～24h，记其结果如下：

A. 如无细菌增殖现象，可认为是阴性反应，无大肠菌群存在。

B. 如仅发现芒状、霉状或其他无关菌属的菌落，则表示无粪便性的污染。

C. 如发现有下列特征的菌落，则应取菌落的一小部分进行涂片、革兰氏染色、镜检。如涂片中没有革兰氏阴性的杆菌，则表示无大肠菌群存在；如涂片中有革兰氏阴性无芽孢的杆菌时，则进行复发酵试验。

品红亚硫酸钠培养基上的菌落：

a. 紫红色，具有金属光泽的菌落。

b. 深红色，不带或略带金属光泽的菌落。

c. 淡红，中心色较深的菌落。

伊红美蓝培养基上的菌落：

a. 深紫黑色，具有金属光泽的菌落。

b. 紫黑色，不带或略带金属光泽的菌落。

c. 淡紫红色，中心色较深的菌落。

3）复发酵试验。用无菌接种环挑取一环上述涂片镜检显示革兰氏阴性无芽孢杆菌的菌落接种于已灭菌的装有 10mL 普通浓度乳糖蛋白胨培养基的小发酵管（内有倒管）中，管可接种分离自同一初发酵管或发酵瓶的最典型的菌落 1～3 个。盖上棉塞置于 37℃恒温箱中培养 24h，有产酸产气者（不论倒管内气体多少皆作为产气论），即证实大肠菌群存在。

4）根据证实有大肠菌群存在的阳性管数或瓶数，查表 9.2，报告每升水样中的大肠菌群数（MPN）。

表 9.2　　大肠菌群检数表（一）

10mL 水样的阳性管数	100mL 水样的阳性管（瓶）数			10mL 水样的阳性管数	100mL 水样的阳性管（瓶）数		
	0	1	2		0	1	2
	每升水样中大肠菌群数				每升水样中大肠菌群数		
0	<3	4	11	6	22	36	92
1	3	8	18	7	27	43	120
2	7	13	27	8	31	51	161
3	11	18	38	9	36	60	230
4	14	24	52	10	40	69	>230
5	18	30	70				

注　水样总量 300mL（2 份 100mL，10 份 10mL），此表用于生活饮用水的检测。

（2）水源水的检验

1）方法一。

稀释水样：根据水源水的清洁程度确定稀释倍数，除严重污染外，一般稀释倍数为 10^{-1} 及 10^{-2}，稀释方法采用 10 倍稀释法，无菌操作。

初步发酵试验：以无菌操作，用无菌移液管吸取 1mL 的 10^{-2}、10^{-1} 的稀释水样及 1mL 原水样，分别注入装有 10mL 普通浓度乳糖蛋白胨培养基的发酵管中，另取 10mL 原水注入装有 5mL 三倍浓缩乳糖蛋白胨培养基的发酵管中，置于 37℃恒温箱中培养 24h 后观察结果。

以下的检验步骤与“生活饮用水的检验步骤”相同。根据证实有大肠菌群存在的阳性管数查表 9.3，报告每升水样中的大肠菌群数（MPN）。

若水样较清洁，可再取 100mL 水样注入装有 50mL 三倍浓缩乳糖蛋白胨培养基发酵管中，与其他发酵管同时培养。根据证实有大肠菌群存在的阳性管数查表 9.4，报告每升水样中的大肠菌群数（MPN）。

表 9.3　中度污染水大肠菌群数检验表（个/L）

接种水样量（mL）				水中大肠菌群数	接种水样量（mL）				水中大肠菌群数
10	1	0.1	0.01		10	1	0.1	0.01	
—	—	—	—	<90	—	+	+	+	280
—	—	—	+	90	+	—	—	+	920
—	—	+	—	90	+	—	+	—	940
—	+	—	—	95	+	—	+	+	1800
—	—	+	+	180	+	+	—	—	2300
—	+	—	+	190	+	+	—	+	9600
—	+	+	—	220	+	+	+	—	23800
+	—	—	—	230	+	+	+	+	>23800

注　1. 水样总量 11.11mL，其中 10mL、1mL、0.1mL、0.01mL 各一份。
2. "+"表示有大肠菌群，"—"表示无大肠菌群。

表 9.4　轻度污染水大肠菌群数检验表（个/L）

接种水样量（mL）				水中大肠菌群数	接种水样量（mL）				水中大肠菌群数
10	1	0.1	0.01		10	1	0.1	0.01	
—	—	—	—	<9	—	+	+	+	28
—	—	—	+	9	+	—	—	+	92
—	—	+	—	9	+	—	+	—	94
—	+	—	—	9.5	+	—	+	+	180
—	—	+	+	18	+	+	—	—	230
—	+	—	+	19	+	+	—	+	960
—	+	+	—	22	+	+	+	—	2380
+	—	—	—	23	+	+	+	+	>2380

注　1. 水样总量 11.11mL，其中 10mL、1mL、0.1mL、0.01mL 各一份。
2. "+"表示有大肠菌群，"—"表示无大肠菌群。

2）方法二。

稀释水样：将水样作 1∶10 稀释。

在各装有 50mL 3 倍浓缩乳糖蛋白胨培养基的 5 个试管中（内有倒管），各加入 10mL 水样；在各装有 10mL 普通浓度乳糖蛋白胨培养基的 5 个试管中（内有倒管），各加入 1mL 水样；在各装有 10mL 普通浓度乳糖蛋白胨培养基的 5 个试管中（内有倒管），各加入 1mL1∶10 稀释水样，共计 15 管，3 个稀释度。将各管充分混匀，置于 37℃恒温箱中培养 24h 后观察结果。以后的检验步骤同上述生活饮用水的检验方法。

根据证实有大肠菌群存在的阳性管数查表 9.5，即可求得 100mL 水样中存在的大肠菌群数。乘以 10 即为 1L 水中的大肠菌群数。

表 9.5　　大肠菌群的最大可能数（MPN）/（个/100mL）

出现阳性份数			每 100mL 水样中大肠菌群可能数	95%可信限		出现阳性份数			每 100mL 水样中大肠菌群可能数	95%可信限	
10	1	0.1		上限	下限	10	1	0.1		上限	下限
0	0	0	<2			4	2	1	26	9	78
0	0	1	2	<0.5	7	4	3	0	27	9	80
0	1	0	2	<0.5	7	4	3	1	33	11	93
0	2	0	4	<0.5	11	4	4	0	34	12	93
1	0	0	2	<0.5	7	5	0	0	23	7	70
1	0	1	4	<0.5	11	5	0	1	34	11	89
1	1	0	4	<0.5	11	5	0	2	43	15	110
1	1	1	6	<0.5	15	5	1	0	33	11	93
1	2	0	6	<0.5	15	5	1	1	46	16	120
2	0	0	5	<0.5	13	5	1	2	63	21	150
2	0	0	7	1	17	5	2	0	49	17	130
2	1	0	7	1	17	5	2	1	70	23	170
2	1	1	9	2	21	5	2	2	94	28	220
2	2	0	9	2	21	5	3	0	79	25	190
2	3	0	12	3	28	5	3	1	110	31	250
3	0	0	8	1	19	5	3	2	140	37	310
3	0	1	11	2	25	5	3	3	180	44	500
3	1	0	11	2	25	5	4	0	130	35	300
3	1	1	14	4	34	5	4	1	170	43	190
3	2	0	14	4	34	5	4	2	220	57	700
3	2	1	17	5	46	5	4	3	280	90	850
3	3	0	17	5	46	5	4	4	350	120	1000
4	0	0	13	3	31	5	5	0	240	68	750
4	0	1	17	5	46	5	5	1	350	120	1000
4	1	0	17	5	46	5	5	2	540	180	1400
4	1	1	21	7	63	5	5	3	920	300	3200
4	1	2	26	9	78	5	5	4	1600	640	5800
4	2	0	22	7	67	5	5	5	≥2400		

注　水样总量为 55.5mL，其中 5 管 10mL 水样，5 管 1mL 水样，5 管 0.1mL 水样。

2. *滤膜法*

（1）基本原理。滤膜法是先将水样注入已灭菌的放有滤膜（一种微孔薄膜，其孔径约为 0.45～0.65μm）的滤器中，抽滤后细菌即被截留在膜上，然后将此滤膜贴于品红亚硫酸钠培养基上，进行培养，并计数与鉴定滤膜上生长的大肠菌群菌落，最后算出每升水样中含有的大肠菌群数。

本法适用于低浊度水样中大肠菌群数的测定。

(2) 准备工作。

1) 滤膜灭菌。将滤膜放入烧杯中，加入蒸馏水，置于沸水浴中煮沸灭菌3次，每次15min。前两次煮沸后需更换水洗涤2～3次，以除去残留溶剂。

2) 滤器灭菌。用点燃的酒精棉球，火焰灭菌。也可用121℃（$1kg/cm^2$）高压蒸汽灭菌20min。

(3) 过滤水样。

1) 用烧灼冷却的镊子夹取灭菌滤膜边缘部分，将粗糙面向上，贴放在已灭菌的滤床上，稳妥地固定好滤器。将333mL水样（如水样含菌数较多，可减少过滤水样量）注入滤器中，加盖，打开滤器阀门，在负0.5大气压下进行抽滤（一般直径30mm左右的滤膜过滤的水量，应按培养后滤膜上长出的菌落不多于50个的原则来确定）。

2) 水样滤完后，再抽气约5s。关上滤器阀门，取下滤器，用灭菌镊子夹取滤膜边缘部分，移放在品红亚硫酸钠培养基（乙）上。滤膜截留细菌的面应向上。滤膜与培养基应完全贴紧，两者间不得留有气泡。然后将培养皿倒置于37℃恒温箱中培养22～24h。

(4) 观察结果。

1) 培养皿经22～24h培养后，挑选具有大肠菌群特征的菌落（菌落特征见上述“发酵法”）进行革兰氏染色、镜检。如无革兰氏阴性的杆菌，则可认为该体积水中无大肠菌群存在。当发现有革兰氏阴性无芽孢杆菌时，作下一步检验。

2) 从镜检过的菌落中，取材料再接种至乳糖蛋白胨培养基或穿刺接种至乳糖蛋白胨半固体培养基（接种前应将此培养基放入水浴中煮沸排气冷却凝固后方能使用），经37℃培养，前者于24h产酸产气者，或后者经6～8h培养后产气者，则可判定为大肠菌群阳性。乳糖蛋白胨半固体培养基产生气体后，将使其内部形成龟裂状，有时甚至会有部分培养基上浮，见图9.12。

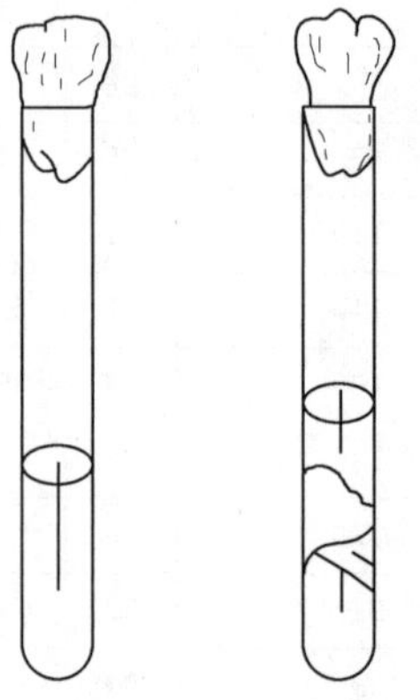
阴性
（未产生气体）
阳性
（有气体产生）

图9.12　产气作用

3) 将检得的大肠菌群菌落数换算成1L水中所含的菌数，即得大肠菌群数。

四、作业题

1. 多管发酵法与滤膜法检验大肠菌群各有什么优缺点？

2. 测定水中的大肠菌群数有什么实际意义？为什么选用大肠菌群作为水的卫生指标？

实验九　大肠菌群生长曲线的测定

一、实验器材

(1) 培养基及大肠菌液。

1) 营养琼脂斜面培养基。可根据前面的实验——培养基的制备与灭菌中的配方，配制营养琼脂培养基后，再制成斜面。

2）肉膏蛋白胨液体培养基。配制方法同前面的实验——培养基的制备与灭菌中的营养培养基，但不加琼脂。

3）浓肉膏蛋白胨液体培养基。配置方法同肉膏蛋白胨液体培养基，但浓度要高5倍。

4）大肠杆菌培养液。将大肠杆菌接种于营养琼脂斜面培养基上，在37℃下培养18h后，用无菌水加在斜面上，将菌洗下，做成一定浓度的细菌悬液，直接供实验接种用。或吸取0.3mL细菌悬液，接种到装有20mL的肉膏蛋白胨液体培养基的大试管（20mm×220mm）内，在37℃下振荡培养18h。

（2）吸管、烧杯等。

（3）光电比色计、高压蒸汽灭菌器、电冰箱、振荡器或摇床等。

二、实验内容

1. 实验处理

将一定浓度的细菌悬液，分别等量地接种在12支液体培养基中，在培养后隔不同时间取出，放入冰箱保存。最后，用比浊法测定菌体的生长情况。

测量微生物生长的方法有多种。活菌数可用平板计数（菌落计数）法或稀释计数法。总菌数（包括活菌和死亡菌的个数）可在显微镜下直接计数而求得，由于细菌悬液的浓度与其混浊度成正比，因此，也可利用光电比色计测定细菌悬液的光密度，从而推知菌液的浓度，本实验就是利用光电比色计进行量测。（注：用平板计数法或稀释计数法可测出活菌数，从而得出不包括死菌的生长曲线。若教学时间和设备条件容许，宜采用平板计数法或稀释计数法）。

为了阐明生长曲线的形成原因，做3个实验处理：

（1）正常生长曲线。

（2）追加营养液处理。

（3）加酸处理。

2. 实验步骤

（1）接种。取12支装有灭过菌的肉膏蛋白胨的液体培养基试管（每支装有20mL培养基），再贴上标签（应注明菌名、培养时间等）。然后，用1支1mL的无菌吸管每次准确地吸取0.2mL培养18h的大肠杆菌培养液，接种到肉膏蛋白胨液体培养基内。接种后，轻轻摇晃，让菌体分布均匀。

（2）培养。将接种后的12支液体培养基，置于振荡器或摇床上，在37℃条件下进行振荡培养。其中9支，分别在培养0h、1.5h、3h、4h、6h、8h、10h、12h、14h后取出，放入冰箱中储存，最后一起比浊测定。

酸处理的1支试管，在培养4h后取出，加1mL无菌酸溶液（甲酸：乙酸：乳酸=3：1：1的体积比），然后继续进行振荡培养，在培养14h后取出，放入冰箱内储存，最后一起比浊测定。

追加营养的2支试管，在培养6h后取出，各加入无菌液肉膏蛋白胨液体培养基1mL，然后继续进行振荡培养，在培养8h、14h后取出，分别放入冰箱内储存，最后一起比浊测定。

（3）比浊。把培养不同时间而形成不同浓度的细菌培养液，置于光电比色计中进行比浊。用混浊度的大小来代表细菌的生长量。

在比色计中应插入适当波长的滤光片，以没有接种的肉膏蛋白胨液体培养基为空白对照，从最稀浓度的细菌悬液开始，依次测定。细菌悬液如果太浓，应适当稀释，使光密度降到 0～0.4 范围内。

液体的混浊度也可用比浊计测定。

三、报告要求

（1）记录培养 0h、1.5h、3h、4h、6h、8h、10h、12h、14h 之后细菌悬液的光密度值，以及 4h 加酸和 6h 追加营养液后，这 3 管菌液在所要求的培养时间时的光密度值。

（2）以细菌悬液光密度值为纵坐标，培养时间为横坐标，分别绘出大肠菌群在正常情况、加酸、追加营养时的 3 条生长曲线，并加以比较，标出正常生长曲线中对数期的大致位置。

四、作业题

1. 利用混浊度所表示的细菌生长量是否包括死细菌？
2. 常用的测定微生物生长的方法有哪几种？试略加讨论。
3. 你认为活性污泥的增长曲线应怎样测定才比较合适？

参 考 文 献

1 张胜华主编．水处理微生物学．北京：化学工业出版社，2005

2 顾夏声主编．水处理微生物学．北京：中国建筑工业出版社，1998

3 胡家骏，周群英主编．环境工程微生物学．北京：高等教育出版社，1988

4 谭志琼等编．水化学与水微生物学．第2版．北京：中国建筑工业出版社，1993

5 孔繁翔主编．环境生物学．北京：高等教育出版社，2000

6 李建政主编．环境工程微生物学．北京：化学工业出版社，2004

7 诸葛健主编．微生物学．北京：化学工业出版社，2005

8 李军等编．微生物学与水处理工程．北京：化学工业出版社，2002

9 薛金龙等编．用水污染监测控制与净化处理技术手册．北京：中国科技文化出版社，2005

10 （美）里特曼（Rittmann，B. E.）等著，文湘华等译．环境生物技术原理与应用．北京：清华大学出版社，2004

11 周群英，高廷耀．环境工程微生物学．北京：高等教育出版社，2001

12 岑沛霖，蔡谨．工业微生物学．北京：化学工业出版社，2000

13 张玉中，阎一林．基础生物化学问答．北京：科学普及出版社，1980

14 吴梧桐．生物化学．北京．人民卫生出版社，1979

15 周德庆．微生物学教程．北京：高等教育出版社，2002

16 许保玖编著．当代给水与废水处理原理讲义．北京：清华大学出版社，1983

17 贺延龄编著．废水的厌氧生物处理．北京：中国轻工业出版社，1998

18 谭志琼编著．水化学与水微生物学．北京：中国建筑工业出版社，1993